数据化

HOW TO MEASURE ANYTHING 3rd Edition

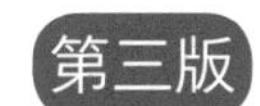

[美] 道格拉斯 · W. 哈伯德 ◎著
（Douglas · W. Hubbard）
邓洪涛　王正林 ◎译

中国科学技术出版社
· 北　京 ·

图书在版编目（CIP）数据

数据化决策 ：第三版 ／（美）道格拉斯 · W. 哈伯德著 ；邓洪涛，王正林译 . -- 北京 ：中国科学技术出版社，2022.7（2023.8 重印）
书名原文 : How to Measure Anything: Finding the Value of Intangibles in Business, 3rd Edition
ISBN 978-7-5046-9568-0

Ⅰ. ①数… Ⅱ. ①道… ②邓… ③王… Ⅲ. ①数据管理 Ⅳ. ① TP274

中国版本图书馆 CIP 数据核字 (2022) 第 070769 号

执行策划	黄　河　桂　林
责任编辑	申永刚
策划编辑	申永刚　陆存月
特约编辑	魏心遥
封面设计	东合社 · 安宁
版式设计	孟雪莹
责任印制	李晓霖

出　版	中国科学技术出版社
发　行	中国科学技术出版社有限公司发行部
地　址	北京市海淀区中关村南大街 16 号
邮　编	100081
发行电话	010-62173865
传　真	010-62173081
网　址	http://www.cspbooks.com.cn

开　本	787mm × 1092mm　1/32
字　数	297 千字
印　张	13
版　次	2022 年 7 月第 1 版
印　次	2023 年 8 月第 3 次印刷
印　刷	深圳市雅佳图印刷有限公司
书　号	ISBN 978-7-5046-9568-0/TP · 438
定　价	98.00 元

（凡购买本社图书，如有缺页、倒页、脱页者，本社发行部负责调换）

致中国读者信

To my Chinese readers,

I am honored that my book has been translated into Chinese! It has already been translated into four other languages but not for a language with such a large number of speakers. The challenges of measurement span all languages and some address global problems. I hope you find all your measurement solutions here!

Doug W Hubbard

致我的中国读者：

很荣幸，我的书被翻译成中文出版！

它已经被翻译成 4 种语言，不过翻译成中文这种被如此多人使用的语言还是第一次。无论什么地方的人，说着哪国语言，都面临量化挑战，其中一些挑战还会涉及全球性问题。我衷心地希望你能在本书中找到所需的量化答案！

道格拉斯 ·W. 哈伯德

权威推荐

How To Measure Anything

钱小军　清华大学经济管理学院领导力与组织管理系教授

清华大学苏世民书院副院长

《数据化决策》(第三版)这本书最神奇之处，在于它用众多有趣的实例展示了怎样用“令人吃惊的简单方法”量化看似难以量化的问题。读者不难从本书中发现，看似深奥难懂的统计概念和方法原来可以如此简单易懂，并在社会、经济和管理等领域有如此广泛的应用。

涂子沛　信息技术管理专家、畅销书《大数据》作者

“无量化，无管理”(No Measurement, No Management)。这是美国职业经理人耳熟能详的一句话。意思是说，管理的前提是可以量化、估算被管理的事物。在这本书中，哈伯德主张，在商业管理中，万事万物皆有方法量化。本书为中国的管理人员、决策机构提供了新鲜的思路和实用的方法，其出版恰逢其时，值得读者认真思考和阅读。

姜奇平　中国社科院信息化研究中心秘书长、《互联网周刊》主编

大数据时代充满复杂性、多样性。这给我们探测并把握数据与信息的无形价值带来了困难。价值不可见就不可管理，没有数据价值也无法评估，而没有量化思路我们更无法驾驭数据。道格拉斯·W. 哈伯德的杰作，向我们展示了利用数据把握商业无形因素价值的智慧。

刘　松　甲骨文大中华区技术战略部总经理

管理最重要的是决策，而正确决策又依赖充足的信息、准确的判断。彼得·德鲁克曾说："人们永远无法管理不能量化的东西。"今天，管理者和决策者不缺乏数据，不缺乏信息，缺乏的是依靠量化做决策的态度和方法。《数据化决策》（第三版）雄辩地展示了量化的艺术，并为大数据时代提供了一种实现管理目标的量化方法。

王福重　著名经济学家、中国世界经济学学会理事

无法准确估计信息价值，时常令商务人士头疼不已。哈伯德教授在总结相关统计学理论并进行伟大实践的基础上，提炼出了令人拍案叫绝的评估商业信息价值的简便办法。

张厚粲　国际心理科学联盟副主席、中国心理学界公认的奠基者

由于统计测量的对象一般被认为必须真实和具体，再加上统计技术枯燥复杂，企业界多对其望而却步，这多少影响了企业的发展。这本《数据化决策》（第三版）生动直观地介绍了一些简单易行的实用技术，趣味性、可读性都很强，而且具有很高的实用价值。

沈　浩　中国传媒大学调查统计研究所所长

当谈到用数据解决问题时，我常用这样的话语诠释："如果你不能量化，就不能理解；不能理解就不能控制，不能控制也就不能解决。"量化商业价值，让一切"尽在掌握"。

刘建位　汇添富基金公司首席投资理财师

巴菲特说他极为重视确定性。如何提高确定性？定量分析至关重要且必须先行。如何进行定量分析呢？大致的正确胜过精确的错误。无需统计学基础，你就能阅读这本美国第一商业定量分析畅销书。看完本书，你会发现，任何事物都能定量分析。而本书提供的方法简单可靠，它可以帮你降低投资不确定性风险，提高收益。

蒋　涛　全球知名中文 IT 社区 CSDN、《程序员》杂志创始人

如果决策时能量化关键因素，那么公司就不会犯下太大的错误。

随着科技的发展和信息的海量化，量化和大数据已经成为新时代发展的魔棒。人们获取数据的渠道越来越便捷，但怎么有效量化却是个难题。这本《数据化决策》（第三版）的作者破解了这个秘密。书中案例生动，方法系统可行，向我们展示了有效量化比想象的简单而有效。

汪小帆　上海交通大学长江学者特聘教授

随着大数据时代到来，基于数据科学方法的定性和定量结合的研究会越来越多，其在管理和决策中发挥的作用也会越来越大。《数据化决策》（第三版）介绍了定量研究的许多生动例子，有助于大众揭开定量研究的面纱。

林永青　价值中国新经济智库 CEO

大数据时代已然到来，数据已和我们的思想、行为息息相关，而道格拉斯·W. 哈伯德的《数据化决策》（第三版）则更进一步："数据即资产；一切皆可量化。"

郑　磊　《区块链＋时代》作者、萨摩耶云科技集团首席经济学家

企业决策方法既是科学又是艺术，既需要常识，也需要数据，但是很少有人能恰到好处地结合这两方面。这本书给出了很有启发性的方法论和有趣案例。

周　昊　企业战略管理专家、知名财经作家

作为美国数据分析大师道格拉斯·W. 哈伯德的代表作，《数据化决策》（第三版）在当今"大数据"大行其道的时代绝对是应时应景的。本书的核心，在于阐释了"无测量、无管理"的理念，只要找到合适的方法，任何事物都可以被量化管理。商业经营的要诀，在于对于顾客，要尽可能地“投其所好”，而通过科学地判读和使用数据，可以使顾客群体的偏好和取向“表露无遗”。

吉姆·弗利齐克（Jim Flyzik）
政府首席信息官、白宫技术顾问、《CIO》杂志名人堂入选者

道格拉斯·W. 哈伯德的这本书是关于如何定义合理量化标准，以论证和管理复杂项目的精彩教程。对于任何希望减少资本规划、投资决策和项目管理风险的人来说，这都是一本必读书。

杰克·斯坦纳博士（Dr.Jack Stenner）
教育测评机构 MetaMetrics 联合创始人兼 CEO

书中提及的多个量化应用范围以及简洁清晰的量化方式都让人印象深刻。对于那些经常抱怨“这件事很重要，但我们要如何量化它呢？”的专业和非专业人士而言，本书都是必读之作。

约翰·巴拉特博士（Dr. Johan Braet）
安特卫普大学应用经济学院风险管理和创新研究员

《数据化决策》（第三版）是我很喜欢的书，我会把它推荐给我的学生和同事。作为物理学家和经济学家，我已在多个领域使用了量化技术，而这是第一次有专家把适用于各领域的量化技术系统地写出来。本书是从事分析和决策的专家及学生的必读书。

彼得·蒂佩特（Peter Tippett）
安全服务公司 CyberTrust 首席技术官、首位反病毒软件发明者

我喜欢这本书。道格拉斯·W. 哈伯德帮助我们开辟了一条道路，让我们知道几乎所有问题的答案，无论是在商业、科学还是生活中。这正是我们大多数人所需要的工具。他可以帮助我们有效衡量任何事物，获得洞察力并取得成功。”

《计算机世界》（*Computer World*） 全球历史最悠久的科技杂志

哈伯德一生都在探索和研究如何量化不可量化之物。例如产品品质、远程办公的价值，以及更强大的信息安全系统所创造的经济收益等。哈伯德说："一切事物皆可量化，而且你也无须为之倾家荡产。”若你想在大数据时代抢夺优势竞争地位，本书可谓不可不读。

《战略财经》（*Strategic Finance*）

本书写作风趣幽默，书中充满了实用的案例研究，对于日常决策者，尤其是在面对诸多不确定的情况下做决策的人，本书是非常有价值的现实依据。即使平时对统计学不感兴趣的读者，也会对本书的可读性和趣味性称道有加。

权威推荐序

How To Measure Anything

大数据时代的量化决策方法

刘　松

甲骨文大中华区技术战略部总经理

本书英文版书名是 *How to Measure Anything: Finding the Value of Intangibles in Business, 3rd Edition*，目的是为面对公共与商业问题的政府、企业提供量化的方法。近些年“大数据”成为热词后，诸如“贝叶斯方法”这样的统计学名词也随之在信息技术领域热起来，同时，Hadoop 这种软件框架，也为大数据处理提供了一种有效范式。

但仅仅这些是不够的，当把互联网分析趋势的方法应用于各个传统行业时，一个更大的问题出现了：对于特定的公共与商业问题，如何为它们提供一种量化决策方法？对这个问题的解决方案只有和大数据处理方式相结合，才能完成大数据决策时代的真正革命。

谁应该看这本书呢？政府官员、公共政策制定者、投资人、首席执行官（CEO）、首席财务官（CFO）、首席信息官（CIO）、风险管理者、大数据与商业智能从业者等，都是本书的目标读者群。本书在结尾提供的两个案例——美国环保局通过量化方法提升居民的用水安全、美国军方通过量化预测海外作战的海军陆战队燃油需求，类似的实际操作型案例也是所有管理决策者面临的问题。

基于数据的量化管理方式，随着大数据时代的来临变得更迫切，这也是当今每一位政府官员以及CEO每天都要面对的。而那些看起来难以量化的问题，在本书作者看来，都有一套完整的方法，都是可以量化的，而且并不复杂。这些问题范围广阔，上到人口、环境、空气污染对健康的影响，比如北京的细颗粒物（PM2.5）到底对市民有多大影响，下到典型的行业问题，如中国四线城市的人寿保险市场容量有多大等，都是可以量化的，而本书中的大量案例也证明了这一点。在结尾处，作者将这门通用的量化学问称为“应用信息经济学”。

前面提到的管理者型读者，不用逐字逐句地看这本书。本书有大量的方法论和统计学细节论述，尤其在中前部。不过，作者想让这些管理者知道，凡事都可以量化，量化需要一套完整的方法，新技术使得这种量化方法更为简化了，比如互联网就是一个潜力巨大的量化工具。

在本书的第四部分尤其是第13章，作者探讨了“利用互联网舆论进行市场预测”这一大数据领域常常引用的话题。他从另一个角度论述了互联网在量化商业问题上的价值，甚至包括如何量化健康、幸福等这类抽象的事物。当这种方法用于更为复杂的命题时，需要的量化分析模型就不那么简单了，这正好是本书谈论的重点。

正热衷于大数据应用的人士、商业智能与数据仓库从业者、普通的信息技术行业从业人士，可以重点看看第四部分以后的内容，结合前面一些量化“基础知识”扩展对于“企业级决策”的宏观视野，尤其从管理层的决策视角去做量化。

本书最有价值的地方，就是提出了一套完整的量化方法论，一套类似咨询公司的行动计划，通过对重大商业决策的变量定义、不确定与价值建模，可以为任何投资与商业决策进行风险量化分析。作者说，仅仅是接受“任何事情都是可以量化的”这个理念，读者都已经受益匪浅了。

作者出身于咨询公司，学术与实际经验兼备。本书不是一本关于“忽悠”的书，而是一本对界定问题给出清晰分析方法的实用书。如果读者能抓住作者思维方法的精髓，并应用到自己的专业领域，从而避免低效的投资与管理决策，那么读者所得定会大大多于阅读本书所花的时间。

前　言

How To Measure Anything

万事万物皆可量化

我不能为所有作者代言，但我认为一本书永远没有真正完结的时候，尤其是一本主要基于正在进行研究的书。这正是不同版本的用武之地。在本书的第二版出版后，我又发现了一些关于人类决策的力量与奇怪之处的研究，它们非常引人入胜。随着我的公司继续将本书中的方法应用于解决现实中的问题，我有了更多案例来证明这些理论。读者的反馈以及我向许多读者解释这些概念的经历，也帮助我进一步提炼了这些信息。

当然，假如本书在第一版出版 6 年后的市场反响依然不温不火，我和出版商就不会那么有动力出版另一个版本了。我们发现，这本专为企业管理者写的书在大学里也很受欢迎。世界各地的教授都在联系我，说他们开设的课程中要用到本书。由于还没有人将“如何量化万事万物”写成教科书，的确在某些情况下，本书是主要的课本。现在，我们看到这一领域逐渐发展壮大。

《数据化决策》（第三版）新增内容

在我写《数据化决策》第一版的时候，我就已经撰写了第二版（2010年），并撰写了另外两本书，分别是《风险管理的失败：为什么失败以及如何修复》（*The Failure of Risk Management: Why It's Broken and How to Fix It*）以及《脉搏：利用互联网舆论追踪威胁与机遇的新科学》（*Pulse: The New Science of Harnessing Internet Buzz to Track Threats and Opportunities*）。之所以写这些书，是为了详细阐述我在《数据化决策》的第一版中提到的观点，同时我也把我在上述这些书中提出的一些重要观点结合到新的版本中。

例如，我开始撰写《风险管理的失败》，因为我觉得风险这个话题值得我多写一些篇幅，而在《数据化决策》中，我却只能用1章的篇幅来讨论该话题，其他的参考文献也很少。我认为，绝大多数用于风险评估和风险管理的普通方法根本经不起科学的严格检验。在金融危机前我就开始写作这本书了，而且我谈的不仅仅是金融行业于金融危机，我还想谈谈卡特里娜飓风或“9·11”之类的事件。

我的第三本书《脉搏》讲的是我认为21世纪最强大的新量化工具之一。它描述了如何将互联网作为量化各种宏观趋势的巨大数据来源，特别是如何利用社交媒体。

我结合了后来所写的几篇文章中的研究、我的其他书籍以及读者的评论，为《数据化决策》（第三版）添了新的材料。《数据化决策》（第三版）还增加了关于概率论的更多概念和方法，包括对“贝叶斯学派”和“频率学派”的更详细的解释。这些知识似乎并不总是与直接教人们“怎么做”的实用商业书籍相关联，但我相信，作为更好理解一般量化方法的基础，它们是重要的问题。有些读者也许对这些问题不感兴趣，我将其中的一些讨论归入某些章节中的“纯理论”部分，读者可以根据自己的兴趣自主学习这些内容。那些选择深入研究“纯理论”的读者会发现我强烈支持所谓的贝叶斯概率方法。

虽然直到这一版才明确，但我所主张的立场始终是我撰写的关于量化万事万物的内容的基础。一些固执己见的读者可能会对我描述的内容提出异议，但我认为从决策分析的目的来看，贝叶斯方法最合适。不过，我之所以还在讨论非贝叶斯方法，一方面是因为它们本身很有用，另一方面是因为人们依然广泛采用它们。如果不了解这些方法，读者对更大的量化问题的理解就会受到限制。

我为什么写这本书?

我写作该书是为了纠正当今很多组织中普遍存在的一个已经固化的观念：某些事物不可量化。人们主要通过直觉获得这个观念，它的代价是昂贵的。这种广泛存在的观念对经济、公共福利、环境甚至国家安全都是巨大的消耗。实际上，诸如产品质量的价值、员工士气、更加清洁的水对经济产生的影响等“无形之物”，经常是影响商业决策和政府政策的关键因素。一个重要的决策，常常需要人们对所谓的无形之物有更多了解，但如果决策者相信某些事情不可量化，那就根本不会考虑试着量化一下。

因此，人们做决策时，经常得不到本应得到的充分信息，出错的概率当然就增加了：资源有可能分配不当，好想法被拒绝，而坏想法却被接受，资金就这样被浪费了；甚至在某些情况下，生命和健康也被置于危险的境地。人们普遍认为，某些事物，即使是非常重要的事物，也许根本就不可量化，而这种观念就像散布在整个经济传动齿轮里的沙子。

如果了解到任何事物都可以量化，那么所有重要事情的决策者肯定会受益无穷。当然，在一个民主和自由的社会里，选民和消费者也属于重要决策者。另外，更好的量化方式也将有助于你的生活或职业生涯中的决策。因此，我几乎可以肯定，你的生活早就受此影响了，只不过是负面的影响，因为你在做决策时缺乏定量研究。

本书适合谁读?

我的职业是量化那些被许多人认为无法量化的东西。我第一次注意到需要更好地量化是在 1988 年。那时，我作为一名刚刚毕业的工商管理硕士，刚开始为永道国际会计公司（Coopers & Lybrand）工作不久。令我惊讶的是，客户经常缺乏某些关键数据，这些数据将对其决策产生重大影响，但他们根本就没想过量化这些数据。那时我对统计学和定量方法的课程记忆犹新。

当某人认为某物不可量化时，我就会想出一个量化它的具体方法。我开始怀疑“某物不可量化”是不成熟的结论，并且做了一些研究，以证明或否定该结论。但随着时光流逝，我总是发现，所谓不可量化的事物，早就被某个学者或其他领域的专家量化过了。

与此同时，我还注意到，很多关于量化方法的书并没有把焦点放在“任何事物都可量化”上面，也没有把焦点放在让真正需要它们的人掌握这些方法上。这些书总是先假定读者早就知道某些事物可以被量化，然后便推演适当的算法。而且，这些书倾向于假设科学期刊上发表的文章可以满足读者的需求，因而并不讲解一般人能理解的、降低某些关键决策不确定性的方法。

1995 年，我在观察多年之后得出结论，认为更好的量化方法可用于管理，而且这是一个市场。我把多个领域的方法汇集起来，开始创造这个市场。1995 年以来，我从事了多个和量化有关的项目，它们范围广泛，让我对这个领域越发了解。事实上，不仅每一个被认为不可量化的事物都有量化手段，而且最难量化的无形之物也往往可以用令人吃惊的简单方法量化。所以，现在已经到了挑战人们旧观念的时候了。

写作本书的过程中，我好像在揭示一个巨大的秘密，一旦秘密被揭开，很多事情也许就与以往不同了。我甚至觉得，对管理者来说，这也许是一场小型科学革命，是一场可以和一个世纪前由弗雷德里克·泰勒（Frederick Taylor）提出的“科学管理”方法所带来的管理革命比肩的运动。但和泰勒的方法相比，本书更适合 21 世纪的管理者。早期的科学管理聚焦于优化劳动过程，而我们现在需要优化用于管理决策的量化方法。

如何使用本书？

正如第 1 章将会进一步解释的那样，本书分为 4 个部分。所有章节请按顺序阅读，因为每个部分的内容都是连续的。

第一部分说明所有事物都是可量化的，并提供了一些看起来似乎不可能量化的例子。这些内容应该会激发你进一步学习量化知识的求知欲。另外，该部分还包含了全书的哲学思想基础。所以，如果你以前没有读过任何这方面的东西，就得读这部分，尤其重要的是关于量化的具体定义的讨论，因为它会让你正确理解本书其余各部分的内容。

在第1章中，我为你提出了一个要求，现在我提到这个要求是为了进一步强调它。请写下你在家庭生活或工作中遇到的一个或多个看似不可量化的问题，然后带着这些特定问题来阅读本书，找到量化它们的具体方法。如果运用本书所讨论的量化方法，至少对你的一个重要决策产生了影响，那你在本书上所花费的时间和金钱，就获得了丰厚的回报。

目 录

How To Measure Anything

开展营销活动可能损失 200 万美元；不开展营销活动，潜在损失竟高达 2 400 万美元，这笔账是如何算出来的？
如何计算出新的广告活动会增加多少销量？
不确定性越高，需要的信息反而越少？确定性越高，反而需要越多数据以减少不确定性？

PART 1

第一部分

量遍天下

没有什么不可量化

坐在图书馆里，通过不同城市正午阴影的不同长度，古希腊人就能测出地球周长？

通过一个简单的乘法公式，费米就能测算出芝加哥的钢琴调音师有多少？

只花 10 美元的实验，就能让 9 岁女孩测出医学中关于超自然能量的谎言？

第 1 章

无形之物有法可测

当你能够量化你谈论的事物，并且能用数字描述它时，你对它就确实有了深入了解。但如果你不能用数字描述，那么你的头脑根本就没有跃升到科学思考的状态。

——英国物理学家　开尔文勋爵

凡事皆可量化。如果人们找到观测事物的方式，并找到某种方法，无论这种方法多么“模糊”，只要它能让你知道得比以前更多，那么它就是一种量化方法。实际上，对那些看似不可量化的东西，人们总能找到相对简单的量化方法。

在本书中，我们将讨论怎样找到那些在商业领域中经常被称为“无形之物”（Intangibles）的价值。事实上，定量测量的方法同样适用于商业领域之外，我们能将这种方法应用于各种问题，如军事、政治以及减少非洲贫困与饥饿的干预措施等。

和许多困难一样，看似不可能的量化始于提出正确的问题。然而，即使问题有了正确的方向，管理人员和分析人员可能还需要一种实用的方法并使用工具来切实解决复杂问题。因此，在第 1 章中，我将介绍一种方法，帮助你定义量化问题。同时，我还将介绍如何用一些强大的工具来解决量化问题。本章的结尾是本书其余部分的纲要，而本书其余部分将在这些基础概念上更进一步。

首先，让我们讨论一下这些所谓的“无形之物”。对“无形之物”这个词一般有两种理解。一种理解是按照字面之意，无形之物从物理上说确实是触摸不到的东西，但这些事物却被广泛认为是可量化的，这是最普遍的一种理解。例如时间、财政预算、专利权等。实际上，围绕诸如版权和商标估价等所谓的无形之物，人们已经建立起了发达的产业。另一种理解是，从任何方面都完全无法直接或间接量化的事物。我认为，从这个意义上说，无形之物根本就不存在。

在你工作的组织里，或许你已经听说了“无形之物”：那些可能用任何方法都无法量化的东西。这些东西无法量化的想法是如此强烈，以至于你根本不再量化了。然而，这些量化方法或许会告诉你一些令你吃惊，进而促进你学习的知识。在现实生活中，你也许已经遇到过一个或多个这样的“无形之物”，例如：

◎ 管理效益；

◎ 预测新产品的收益；

◎ 政府新环境政策对公共卫生的影响；

◎ 科学研究的生产率；

◎ 创造新产品的“柔性”；

◎ 信息的价值；

◎ 破产的风险；

◎ 某个政党赢得大选、入主白宫的机会；

◎ 信息技术项目失败的风险；

◎ 质量；

◎ 公众形象；

◎ 发展中国家发生饥荒的风险。

以上例子都和一个组织做出的重大决策密切相关，无论是商业计划还是政府政策，一项耗资巨大的项目都可能具有无法估量的重要影响。但在绝大多数组织里，由于相关的“无形之物”在人们眼里是不可量化的，因此在做决策时，人们几乎从未获得充分的信息，而这本书可以做到。

在审议投资提案和决定是否通过“指导委员会”时，我曾多次看到这样一种情况：有时，委员会会断然拒绝看起来收益比较“微薄”的投资提案。这些投资提案也许和信息技术、新产品的研究与开发、重大房地产开发或广告宣传活动相关。诸如“口碑宣传的效果提高了”“减少战略风险”或“优质品牌定位”等重要因素，在评价过程中都被忽视，因为它们是不可量化的。提议被否决并不是因为提议人没有测算收益，而是人们相信不可能测算出收益，永远不可能。

由此带来的后果是仅仅因为人人都知道如何量化一些事物，而不知道如何量化另一些事物，一些最重要的战略提议就这样被忽视了，但诸如节约开支这样的小建议却得到了重视。同样令人不安的是，很多重大投资项目根本没有衡量标准，却都通过了议案。而事实上，一些组织在分析和量化上述列表中的所有项目时取得了成功，而他们使用的方法也许不像你想象的那么复杂。本书的目的就是让组织机构明白两件事：

◎ 看起来完全没有踪迹可循的无形之物，是可以量化的。

◎ 这种量化可以用比较经济的方法来实现。

为了实现这两个目标，本书将指出对无形之物的常见认识误区，呈现如何量化无形之物的通用方法，并为一些特殊问题提供有趣的解决方法。此外，我还搜集了一些人们解决最困难的量化问题的实例，希望能给读者启发。

通过本书，我还希望与量化工作紧密相关的、看似神秘难懂的统计学变得通俗易懂，而通过对统计学的讲解完全可以做到这一点。本书中，大多数数学问题都尽可能地被转化为简单的图形、表格和计算过程。本书所用方法比统计学的传统教材简单得多，所以大家要克服对量化方法的恐惧情绪。实际上，读者根本不需要任何高级的数学训练，只要有一定清晰定义问题的能力就行了。

幸福婚姻的价值和人生的价值都可量化？

我有一个建议：当你阅读本书前，请写下你认为不可量化或者找不到量化方法的事物。在读完本书后，你应该能解决这些问题，请别退缩。我们将谈论看起来几乎不可量化的事物，例如，海洋里有多少鱼、幸福婚姻的价值甚至人生的价值。如果你想量化任何和商业、政府、教育、艺术等有关的事物，都可采用本书的方法。

如果以“数据化决策”这类文字为标题，即使写出多本大部头著作，也很难保证面面俱到。我的目标并非想囊括每个物理学或经济学领域，这些学科早就有解决各种有趣问题的量化方法了，而且这些领域的专家们早已认定他们研究的东西并非“无形之物”。因此，本书关注的焦点是与组织机构的主要决策相关甚至是至关重要的，但目前看起来没有量化方法的事物。

如果我没有提到你遇到的难题，请不要认为本书的解决方法对你不适用。本书后面谈到的方法适用于和你公司、社区甚至个人生活息息相关的任何不确定性问题。做出这个推断并不困难，你可以回顾一下，学习小学数学时，你可能没有学过怎样计算 347 × 79，但你知道同样的数学运算过程适用于任何数字的计算。因此，如果你的问题恰好是本书没有特别提到的，比如量化更好的产品标签法的价值、量化电影脚本的质量，或者量化动员大会的效果等，请不要沮丧。请读完整本书并按照书中提供的步骤操作吧，它们将成为完全可测之物。

管理顾问、绩效测评专家无法解决，但本书可搞定

首先，我给出定义和解决商业领域中的量化难题的 3 个建议：

◎ 关心量化工作，因为它会为决策提供信息。

◎ 决策前，需要量化多方面的事物，量化方案也很多，面对多种方案，管理者可能难以取舍。

◎ 管理者需要运用一些方法来分析、选择这些方案，以减少决策的不确定性。

也许你会认为前两点显而易见，根本不值一提。它们的确看起来很明显，但即使管理顾问、绩效测评专家甚至统计学家已经在头脑中做了充分准备，也很少能解决这些用于辅助决策的、意图明显的难题，因为他们也缺乏很多商业量化手段。

量化是减少不确定性、优化问题的有效手段。一个商学院的教授在读了本书第一版内容后认为，我写了一本关于“决策分析”这一多少有些生僻的领域的书，并把它隐藏在关于量化的标题之下，所以商业和政府人士可能会读它。虽然这并不是我写此书的本意，但我认为他的评论正中要害。量化和决策支持密切相关，而且在量化领域本身，也要做一些决策。

如果决策难题有相当高的不确定性，而且如果决策错误会导致严重后果，那么减少不确定性的量化工作就具有很高价值；但如果量化结果无法产生重要影响，那么就没人会关心量化工作。同样，如果量化可以随时随意地做，并且量化结果较有价值，那么我们就不会在量化什么、怎样量化，甚至是否量化等方面陷入进退两难的境地。

的确，量化本身是有市场价值的，例如对消费者的调查，哪怕量化结果只是为了满足人们的好奇心或娱乐心理，它也是有价值的。但是在辅助决策领域，量化方法必须满足该领域的需要。即使一项量化工作不能给你的决策提供信息帮助，也仍然会对其他决策有所帮助。如果这样，就会有人愿意为之付费。如果你对浑身长毛的猛犸象到底出了什么问题而导致其灭绝有兴趣，那我将再次确信本书对你如何定义问题会有所帮助。从这里开始，本书将在三大领域展开探讨：

◎ 为什么凡事皆可量化？

◎ 怎样设置和定义量化难题？

◎ 如何使用强大实用的量化方法解决难题？

实际上，有效量化往往比人们一开始想象的简单得多。在第 2 章，我将通过三个聪明人的例子来说明这点，他们所量化的事物，以前都被认为很难量化，甚至不可能量化。

使用“强力工具”进行量化分析

我想大多数人都有这样一种印象：统计或科学方法在现实决策中并不适用。比如，企业管理者可能在高中化学实验室里了解过科学量化的基本概念，但他们会以为量化的精确性只适用于可直接测量的量，比如温度和质量。他们或许在大学里接触过一些统计学知识，但并不知道应该如何运用。大学毕业以后，他们可能在会计等领域进行量化分析，因为这些领域有可供查询的庞大而精确的数据库。但企业管理者从中学到的似乎是“没有大量的数据，就不能使用统计方法，精确的方程式并不能帮助我们应对现实生活中混乱而庞杂的问题，从而帮助我们做出决策”。或者，人们需要统计学博士学位，才能对统计数据应用自如。

我们需要改变这些错误的认识。抛开你在统计学或科学量化方法方面的学科背景，本书旨在帮助你像一个真正的科学家那样使用量化方法。有些人可能会惊讶地发现，所谓科学家并不需要为了进行研究而记住数百个复杂的定理，或掌握深刻而抽象的数学概念。我的许多客户都是各领域中拥有博士学位的科学家，他们之中没有谁凭借记忆力来应用那些常用公式。相反，他们只是学会了选择正确方法，然后依靠软件工具将数据转换为所需的结果。

科学家有效地“复制 / 粘贴”数据分析结果，哪怕是在生命科学和物理学的核心期刊上发表研究成果，采用的也是这种方法。所以，就像科学家一样，我们也将使用“强力工具”来进行量化分析。正如你已经使用的许多“强力工具”（包括你的汽车、计算机和电钻）那样，这些工具也会让你更高效地完成那些原本很难或不可能的事情。

统计图表和软件程序这样的“强力工具”将帮助你运用实用的统计方法，而你无须记住方程式，更不用知道如何从概率论的基本公理推导出它们。我并不是说你可以在什么都不知道的情况下就开始输入数据。很重要的一点是，你需要先理解统计方法的基本原理，才能避免错误运用。不过，就像你并不需要亲自制造计算机或汽车一样，你也不需要记住统计方程（更不用说推导其数学证明）。

因此，在不影响实质的前提下，我们将努力使看似深奥的统计数据尽可能简单。无论何时，只要条件允许，我们使用 Excel 电子表格或者更简单的图表和程序来简化其中的数学原理。我会展示一些简单的方程，但即便如此，这些方程通常也会以 Excel 函数的形式来展现，这样你就可以直接将数据输入电子表格中。我希望这其中的某些方法比典型的统计学入门课程所教的内容还要简单，这样我们也许就能够克服对定量量化方法的恐惧。作为读者的你根本不需要参与任何数学方法的高级训练，只需具备清晰定义问题的能力即可。

本书中提到的一些“强力工具”采用电子表格形式，可从与本书同名的网站上获取。由于相关技术与量化分析的发展速度比图书的出版周期要快，这个网站还为我提供了一种讨论新问题的方式。

本书阅读指南

如前文所述，本书的各章并不是按照量化的类型来组织的，你无法在某一章中看到量化方法提高效率或改进质量的整个流程。要量化任何单一的事物，你需要了解流程中各步骤的顺序，我将在各个章节中依次描述这些步骤。出于这个原因，我不建议读者在阅读本书时跳过一章又一章的内容。但我认为，快速浏览一下整本书，将有助于读者了解哪一章将讨论哪些主题。我将这本书的 14 章内容分为以下 4 个主要部分。

第一部分：量遍天下——没有什么不可量化。第一部分的三章（包括本章）广泛论述了不可量化性的主张。在下一章中，我们将重点关注三个有趣的人以及他们解决有趣问题的方法，以探究一些有趣的量化的例子（第 2 章）。这些例子有来自古代的，也有来自近代的，主要是为了让我们了解一般的量化方法。在此基础上，我们将直接讨论对量化方法的常见异议（第 3 章）。这是我们优先考虑许多管理者或分析师在思考量化方法时会提出的异议的一次尝试。我从来没有在标准的大学教科书中见过这种处理方法，但重要的是直面那些在一开始就阻止人们尝试使用强大方法的错误观念。

第二部分：量化什么——不确定性、风险、信息价值。第 4 章到第 7 章讨论了重要的“设置”问题，这些问题是良好量化的先决条件，并且与第 3 章所描述的量化的五大步骤中的步骤 1 至步骤 3 的内容相一致。

这些步骤很好地定义了决策问题（第 4 章）。接下来，我们会评估某个问题当前的不确定性水平。我们将学会如何提供“校准的概率评估”，以定量地表达我们的不确定性（第 5 章）。再接下来，我们把这些对不确定性的初步评估一同放进决策风险模型之中（第 6 章），并且计算附加信息的价值（第 7 章）。在我们讨论如何量化之前，这些循序渐进的步骤对于帮助我们确定量化什么以及量化有什么价值非常关键。

第三部分：量化方法——如何减少不确定性。确定了量化的对象后，我们将在第 8 ~ 10 章中解释一些关于如何进行所需的量化的基本方法。这与第 3 章所描述的量化的五大步骤中的步骤 4 所需的部分内容相吻合。我们探讨了如何对一般问题进行进一步的分解量化，考虑了其他人先前的研究，并且概述了一些测量仪器的选择方法（第 8 章）。然后，我们讨论了基本的随机抽样统计方法，阐述了如何在减少错误认识的前提下思考抽样方法（第 9 章）。这个部分的最后一章描述了另一种强大的抽样方法，它基于所谓的“贝叶斯方法”，和其他方法相比，这种方法适用于一些有趣和常见的量化问题（第 10 章）。

第四部分：量化抽象事物——偏好、态度和判断。最后一个部分介绍了一些额外的工具，并将它们与案例结合起来一同展示。首先，当量化的对象是人类的态度和偏好时，我们通过描述量化手段来确定抽样方法（第 11 章）。然后，我们讨论了如何使人类的判断本身成为一种强大的量化手段（第 12 章）。接下来，我们探讨了一些最新的技术发展趋势，这些技术将为管理者提供全新的数据源，比如将社交媒体的使用，以及将个人健康与活动的监测作为量化手段（第 13 章）。这 3 章的内容还完成了量化的五大步骤中步骤 4 和步骤 5 的其余一些问题。最后，我们将从头到尾对一些案例的全过程进行解释，并帮助读者开始了解另一些常见的量化问题（第 14 章）。

同样，每一章都建立在前面章节的基础上，尤其是当我们读到本书的第二部分时。读者也许决定直接浏览后面的章节，比如第 9 章之后的章节，或者以不同的顺序阅读它们。但是，跳过前面的章节，将导致一些问题。其原因在于，尽管它们在某种程度上可能稍显哲理性，但它们是其他内容的重要基础。

有时细节可能很复杂，但这比许多组织通常运用的方法要简单得多。我知道，因为我帮助过众多组织将这些方法应用到真正复杂的问题上，比如分配风险资本，减少贫困和饥饿，确定技术项目的优先顺序，量化培训效果等。事实上，人类拥有一种量化的本能，但在一种强调团体共识而非基本观察的环境之中，这种本能被压制了。许多管理者根本不会想到，无形之物也可用简单的、巧妙设计的观察来进行量化分析。

同样，有用的量化通常比人们最初猜测的简单得多。在下一章中，我将通过展示三个聪明人如何量化之前被认为是很难或不可能量化的事物来说明这一点。用这些人的方式看待世界，也就是通过“校准”的、定量的眼光看待事物，已成为推动科学和经济生产力的一股历史力量。如果你准备好了重新考虑一些假设条件，并且可以投入精力去研究这些问题，你也将通过“校准”的眼光来观察世间万物。

第 2 章

不同时代、不同领域的量化大师

> 所有科学都建立在近似观念之上，如果一个人告诉你，他精确地知道某事，那么可以肯定，你正在和一个不精确的人说话。
>
> ——英国哲学家　伯特兰·罗素

要成为量化任何事物的大师似乎要具有一定野心，而且要不断前进。这就需要一些有启发性的案例不断激励我们。我们需要的是通过直觉就能找到量化方法，并能经常用令人吃惊的简单方法解决困难问题的量化“英雄”。

很幸运，有很多人为我们展示这种技艺，他们极具灵感、极富启发性。虽然这些实例来自商界之外，但它们可以开阔我们的视野，而且都可用于商界。

人们对定量调查研究的直觉如何？这里有几个人，虽不在商界从事量化工作，但可以教给商界人士这方面的知识。他们是：

◎ 一个通过观测不同城市正午阴影的不同长度，并应用简单的几何学知识，测出地球周长的古希腊人。

◎ 一个获得诺贝尔奖的物理学家，教会他的学生如何估算芝加哥钢琴调音师的数量。

◎ 一个在《美国医学会杂志》（*The Journal of the American Medical Association*）上发表论文的最年轻的女孩。9岁时她设计了一个实验，揭穿了在医学界不断普及的关于“抚触疗法”（Therapeutic Touch）的谎言。

你也许听说过这些人的名字，也许没有。这些人彼此都没有见过面，但每个人都显示出了在定义量化难题、找到快速简单并能揭示结果的量化方法方面的高超能力。把他们的方法和在商界中学到的估算方法进行对比是很重要的。

坐在图书馆里估算地球周长？

我们的第一位大师——古希腊人埃拉托色尼[①]（Eratosthenes）做了他同时代很多人认为不可能做到的事情。他首先测出了地球的周长。如果你觉得这个名字有些熟悉，或许因为很多高中几何学课本中都曾提到他。

埃拉托色尼没有使用精确的测量设备，也没有使用激光和卫星，更没有环游地球测量旅游线路的周长，因为那可能要用一生的时间，而且可能花费他一生的积蓄。当他在埃及亚历山大图书馆工作时，通过读书他知道了在埃及南部的阿斯旺有一口深井，每年中都有一天的正午，太

① 公元前276—公元前194年，希腊天文学家和地理学之父，曾任亚历山大图书馆馆长。——译者注（下文中除非特别注明，注释均为译者注。）

阳可以完全照到井底。

这意味着那个时刻的太阳完全在井底的正上方。但在同一时刻，几乎位于阿斯旺正北方的亚历山大城的垂直物体在太阳下有阴影，这意味着亚历山大城的阳光有一个小小的倾角。埃拉托色尼意识到，他可以运用此信息估算地球的周长。

他测量出这个阴影倾角的大小约为 7°，并根据几何学原理，推断这个阴影倾角等于地球中心点到阿斯旺和亚历山大城形成的圆心角大小，也是 7°。7° 约等于 360°（一个圆周）的 1/50，因此，阿斯旺和亚历山大城之间的距离相当于地球 7° 圆心角对应的圆弧长，即地球周长应该是这两座城市距离的 50 倍。

现代人如果重复埃拉托色尼的计算过程，会发现，无论是角度大小、计量单位大小还是古城之间的距离，得出的数据与埃拉托色尼的数据只有细微差别，而且他的计算结果与真实值之间的误差在 3% 以内。和之前的知识相比，埃拉托色尼的计算是一个巨大进步，而且他的误差比现代科学家的误差还要小。

显然在他 1 700 年后的哥伦布还不知道埃拉托色尼的计算结果，因为哥伦布的估值少了 25%，这可能是哥伦布认为他到达了印度，而不是我居住的这个介于欧洲和印度之间的巨大大陆的原因。实际上，之后又过了 300 年，哥伦布才出现了更精确的量化方法。当时，装备了 18 世纪晚期法国最先进测量设备的两个法国人，带着大量随从和特许令，才超过了埃拉托色尼。

埃拉托色尼以简单的观测为基础，只做了巧妙的数学运算，就完成了看似不可能的量化。我在量化工作和风险分析研讨班上询问学员，在不使用现代工具的情况下该如何估算地球周长？他们经常会使用“困难的方法”，如环球旅行，但埃拉托色尼在图书馆就把这项工作完成了。

部分观测者可能会说这是个量化难题，但埃拉托色尼采用了最简单的方法。他以有限事实为基础，就推算出了地球周长，而没有像他人一样认为困难的方法才是唯一的解决方法。

物理学家如何估算芝加哥的钢琴调音师有多少？

另一个不属于商界，但对商业领域的量化或许有启发的人是物理学家恩里科·费米（Enrico Fermi）。他在1938年获得了诺贝尔物理学奖。费米在使用各种高明技巧方面很有天分，在量化工作方面也是如此。下面是一个广为人知的例子。

打开天窗说“量化”

用碎纸片竟能估算原子弹爆炸当量？

1945年7月16日特里尼蒂[①]（Trinity）第一枚原子弹爆炸试验时，费米就展示了他的量化技巧。在其他科学家对量化爆炸当量[②]的仪器进行最后校正时，作为基地观测爆炸情况的原子弹科学家之一，费米正在把一张纸撕成碎片。

当第一波冲击波冲过营帐时，他把碎纸屑慢慢撒向空中，观

① 美国新墨西哥州洛斯阿拉莫斯附近的特里尼蒂沙漠。

② 指爆炸所产生的能量与多少吨TNT炸药爆炸所产生的能量相等。

察它们在冲击波的冲击下能飘多远，最远的碎片承受的就是波的压力峰值。费米据此得出结论，爆炸当量应该大于 10 000 吨。

这在当时是一条新闻，因为其他观测者还不知道这个下限。这次爆炸的当量会不会少于 5 000 吨甚至 2 000 吨？答案并不像初看时那么显而易见，因为这是原子弹的第一次爆炸，没人了解。在人们根据仪器的读数做了大量分析后，最终的计算结果为 18 600 吨。像埃拉托色尼一样，费米知道一条简单规则，那就是碎纸片在风力作用下的飘移和他想要量化的数据有关。

在整个职业生涯中，费米深谙快速估算的价值，并以教授学生们估算一些奇妙的数值而著称。学生们首次接触这些问题时，对所要量化的东西简直一无所知，最著名的例子就是“费米问题”。费米问他的学生该怎样估计芝加哥的钢琴调音师的人数，他们都是学科学和工程学的，开始时一般都会说他们对这个数据的相关知识知之甚少。

当然，也有一些解法是比较简单的，例如通过查看广告一个个统计钢琴调音师的数量，或者通过发证机构来检查某种执照的数量等。但是，费米要教给学生的是量化“无形之物”的方法，他希望学生们通过提问题并量化其数值，从而能真正了解并领悟到一些东西。

费米首先问学生关于钢琴和钢琴调音师的其他问题，这些问题虽也不确定，但相对容易些，包括芝加哥当前人口数量（1930—1950 年，略超过 300 万）、每家平均几口人（2 或 3 口人）、家庭平均拥有的需要定期调音的钢琴数量（10 家里最多 1 家，但 30 家至少有 1 家）、每架钢琴需要调音的频率（也许平均 1 年 1 次）、一个调音师平均每天能调多少部钢琴（4 ~5 部，包括交通时间）、一年工作多少天（约 250 天）等。此时，就可以计算结果：

芝加哥调音师的数量 = 人口 / 每家人口

× 有钢琴的家庭百分比

× 每年调音次数 /

(调音师每天调音的钢琴数 × 年工作天数)

根据选择的不同特定值，所得结果应该是 20 ~ 200，一般在 50 左右。费米可能从电话号码簿或行业协会弄到了真实值，当他把猜测值和真实值比较时，他发现自己总是比学生们猜测的更接近真实值。或许 20 ~ 200 这个范围看起来很大，但考虑到这是学生们最初从“我们怎么猜得到”的态度开始一步步改进而得来的，就已经很不错了。

这种解决费米问题的方法，被称为“费米分解法”或“费米解法”。这一方法不仅有助于估计不确定的数值，而且也给评估者提供了查看不确定性的来源。是每家平均拥有的钢琴数量不确定？还是钢琴每年需要调音的平均次数不确定？又或者是调音师每天调音的钢琴数量或者其他什么因素？弄清楚不确定性的来源，可以帮助我们量化相关事物，以便最大限度地减少不确定性。

从技术上说，费米分解法不完全是量化，因为它不是建立在一种新的观测方式基础上的，但它确实是一种让你更加了解问题的评估方式。在商业领域，我们就是要避免陷入不确定性及无法分析的泥潭。为了避免被显而易见的不确定性压倒，我们应该从知道的事情开始提问。正如后面看到的，评测我们目前了解的事物的数量，是量化那些似乎根本不可量化的事物的重要步骤。

打开天窗说“量化”

用新品牌在同一个市场上开设新的保险公司，获利空间大吗？

查克·麦凯（Chuck McKay）号称广告巫师，他鼓励公司使用费米的方法，评估某种产品在给定区域的市场规模。有一次，一个保险机构请查克评估在得克萨斯州的威奇托福尔斯小镇建立一个新公司的市场机会，因为它在当地没有任何业务，不知这个市场是否还能容得下另一个保险公司。

为了评估商业可行性，查克利用互联网上的搜索引擎回答了几个费米问题。像费米一样，查克从人口这个大问题开始，然后逐步推进。

City-Data 上的数据显示，威奇托福尔斯一共有 62 172 辆汽车；据美国保险信息研究所的信息，得克萨斯州每年每辆车的保险额是 837.40 美元。查克假设几乎所有汽车都有保险，这是强制性的，因此威奇托福尔斯一年的汽车保险总额就是 52 062 833 美元。保险公司知道保费的平均佣金率是 12%，因此每年的总佣金收入就是 6 247 540 美元。根据 Switchboard 上的数据显示，该镇共有 38 家保险机构，这和 Yellowbook 上披露的数据十分接近。当总佣金被这 38 家机构瓜分时，平均每家机构每年可得到 164 409 美元。

City-Data 还显示，该镇的人口已经从 2000 年的 104 197 人下降到 2005 年的 99 846 人，由此可见市场可能正在紧缩。而且几家大公司可能会扩大规模，因此年收益估计比上文预计的还要少。而所有这些工作都是查克在办公室里完成的。

查克的结论：用新品牌在该镇开设一家新保险公司，不太可能获得良好的收益，因此保险机构应该放弃这个机会。

这里显示的所有数据都是精确数字，但不久我们将讨论，当只有一个不太精确的数据范围时，该如何作同样的分析。

只花费 10 美元，9 岁女孩就揭穿医学谎言

另一个看起来有量化才能的人是艾米丽·罗莎（Emily Rosa）。当时还没有博士学位，甚至没有高中毕业文凭的她，在《美国医学会杂志》上发表了一份量化成果报告。艾米丽在开展这个科学实验项目时，还只是一个 9 岁的小学四年级学生。两年后，11 岁的她发表了自己的研究成果，揭穿了“抚触疗法”能治疗疾病的谎言。这让她成为在声誉卓著的医学刊物上发表论文的最年轻的人，也让她成为在尖端科学刊物上发表论文的最年轻的人。

1996 年，艾米丽发现妈妈琳达（Linda）在看一部录像，讲的是“抚触疗法”，其涉及的产业当时在不断发展中。**抚触疗法是一种通过操控患者的“能量场”来治疗疾病的有争议的方法。**当患者一动不动地躺着时，临床医生会将手移到离患者身体几英寸（1 英寸 = 2.54 厘米）的地方，然后检测并去掉“不希望有的能量”，这种能量被认为是产生各种疾病的

原因。艾米丽说，她可以根据这种方法做个实验。作为护士和美国国家反健康欺诈委员会的长期成员，琳达给她女儿的实验方法提了一些建议。

为了开展科学实验项目，艾米丽雇了 21 个掌握抚触疗法的临床医生。她坐在桌子旁，临床医生坐在她对面，两人之间用一个纸板隔开，谁也看不见谁。纸板的下面剪了一些洞，艾米丽通过投掷硬币的方式，决定把手放在医生的左手还是右手处的洞里。然后，她把掌心朝上，离医生的手四五英寸远，这个距离会标记在纸板上。艾米丽的手和医生的手之间的距离是固定的，而且医生是看不到的。医生通过感知艾米丽的能量场，确定她是把手伸到了他的左手处还是右手处。实验结束后，艾米丽报告了她的统计结果，而且获得了最高分。

琳达从国家反健康欺诈委员会认识了巴雷特，并把艾米丽的实验告诉了他。巴雷特对该方法的简单性和初步调查结果很有兴趣，并将其介绍给了公共广播《科学美国人前线》（*Scientific American Frontiers*）节目的制片人。1997 年，制片人给艾米丽的实验拍了一个短片。为了拍片，艾米丽说服了当初 21 个医生中的 7 个再次进行实验。

一共有 21 个人进行了 280 个独立测试以感觉艾米丽的能量场，其中的 14 个人各测试了 10 次，其他人各测试了 7 次到 20 次不等。在这些测试中，他们正确分辨艾米丽手的位置的概率是 44%。如果纯粹凭运气，在 95% 置信水平[①]上，猜对的概率也会在 50% ± 6% 的区间内。也就是说，如果你掷 280 次硬币，正面出现的概率有 95% 的置信区间为 44% ~ 56%。不过，这些医生们的运气实在差，因为他们的得分在该区间的下限，且仍在置信区间内。换句话说，采用“抚触疗法”的医生是“未

① 指特定个体对待特定命题真实性相信的程度。

经认证的”。任何人都可以通过猜测进行治疗，甚至比这些医生做得更好。

根据这些结果，琳达和艾米丽认为这个实验结果值得公布。1998 年 4 月，当时艾米丽 11 岁，就在《美国医学会杂志》上发表了她的实验结果。这让她被载入《吉尼斯世界纪录大全》，成为在核心科学期刊上发表论文的最年轻的人。

詹姆斯・兰迪（James Randi）是退休魔术师，也是著名怀疑论者。他建立詹姆斯・兰迪教育基金会，基金会是为了探索号称科学的超自然现象。他也给艾米丽的实验提了几条建议。兰迪创建了奖金为 100 万美元的“兰迪奖”，用来奖励那些通过科学实验证明超感官知觉、预知未来或用魔杖就可探测水底矿脉的人。兰迪不喜欢别人给他贴上“揭穿超自然言论”的标签，因为他只想用科学的客观性来检验这些言论而已。由于不能仅通过简单的科学测试就让数百名申请人获奖，因此“揭露真伪”就成了兰迪奖独特的作用。在艾米丽的实验结果发表之前，兰迪也对抚触疗法感兴趣，而且也想检验它。和艾米丽不同的是，他想聘用一个临床医生来做此项试验，而那个医生失败了。

艾米丽的实验结果发表后，一些抚触疗法的支持者对其实验方法提出异议，认为该实验不能证明什么。一些人声称，感知能量场的距离实际上只有 1 ～ 3 英寸，而不是艾米丽实验中的 4 ～ 5 英寸。其他人则指出，能量场是流动而不是静止的，而艾米丽的手保持不动，因此，这是个不公平的实验。然而，他们没有考虑到患者往往是躺在病床上接受“治疗”的。兰迪对这些异议非常惊讶，他说：“人们总是事后找借口，但在实验之前，每个医生被问及是否同意那些实验条件时，他们不仅同意，而且还信心十足。”当然，对艾米丽实验结果最好的反驳方法其实很简单，就是设计一个严格控制的有效实验，以证明抚触疗法确实起作用，但迄今为止，这种实验还没有出现。

这种事情兰迪已经碰上很多次了，所以他对他的实验增加了一个小小的条件。即在实验之前，让被试签一份承诺书，证明他们同意测试的条件，以免日后反悔。事实上，被试都希望在现有实验条件下达到实验目标。当时兰迪还给了他们一封密封的信件，测试之后，他们如果不想接受实验结果，就可以打开信封。信的内容很简单，就是“你已经同意测试条件是最佳的，所以测试后你不能找任何借口”。兰迪看到他们对此十分恼怒。艾米丽的例子为商界人士上了不止一堂课：

> 首先，即使是听起来动人的东西，如员工授权、创造力、战略整合等，如果确实很重要，肯定有可观测的结果，而这些并非是“超自然”的东西。即使是超自然的东西，也是可以量化的。
>
> 其次，艾米丽的实验显示出在科学研究中经常使用的简单方法的有效性，例如控制实验、小样本抽样、随机抽样以及使用单盲或者双盲实验来避免被试或主试的主观偏向。实验中，我们可以组合这些简单的要素，以观察和量化各种不同的现象。
>
> 最后，艾米丽的实验只花了10美元就揭穿了“抚触疗法”的谎言。艾米丽本来可以利用这群测试人员，设计一项更精巧的临床实验，来检验抚触治疗师到底给患者的健康带来多大益处，但她并不需要那么做，因为她只问了一个简单问题就可以解决这个难题。艾米丽推论，如果医生们可以改善患者的健康状况，那他们至少可以感觉到能量场，因为这是抚触治疗师能给患者带来益

处的先决条件。如果他们连能量场都感觉不到，那关于抚触疗法的一切都值得怀疑了。

如果有足够一个小诊所从事医学研究的钱，她可能会找一个花费更多的方法，但她只花费很少，就达到了一定的准确度。对比一下，你所使用的量化方法，到底有多少可以在科学杂志上发表呢？

艾米丽的例子证明，简单的方法也可以产生重要成果。她的实验比绝大多数科学杂志上发表的简单多了，但是简单的实验给她的发现提供了强大的支撑力量。《美国医学会杂志》的编辑乔治·伦德伯格说，该杂志的统计学家“都被它实验的简单性、结果的清晰性迷住了”。

也许你会认为艾米丽是个神童，因为即使作为成年人，我们中的绝大多数人都很难想到这样聪明的量化方法。但艾米丽坚决否认这一点。当我修订本书第二版时，艾米丽正是心理学专业大四本科生，而且就快毕业了。她各科平均成绩是 3.2，相当平庸，所以她认为自己只是个普通人。她确实碰到过那些期望遇到“在 11 岁就发表论文的天才”的人。

她说：“这对我来说很艰难，因为这些人认为我应该是火箭般蹿升的科学家，当发现我如此普通时，他们很失望。”在和她谈过话之后，我认为她有点过于谦虚了。但她的例子充分地证明：如果绝大多数管理者试着进行那些看似不可能的量化工作，将会取得巨大成果。

我曾多次听过这种说法：应该避免使用像控制实验这样的高级量化方法，因为管理者不懂。卡通画家斯科特·亚当斯半开玩笑地指出，只有最没有竞争力的人才会被提升，而这似乎假定所有管理者都被迪尔伯特法则控制了，即最没效率的员工被自动推向他们能造成破坏最小的岗位。

如何量化质量和创新对收益的贡献度

商界该如何量化一个以前从未量化过的“无形之物”？这里有一个有趣的例子，就是麦特信息基础架构（Mitre Information Infrastructure，MII）系统。该系统是在20世纪90年代晚期由麦特公司开发的，后者是一个为联邦机构提供信息工程和信息技术咨询的非营利组织。MII是一个提高部门合作力的知识管理系统。

2000年，《首席信息官》（*CIO Magazine*）杂志曾发表过一个关于MII的案例。该杂志通常会派一个记者单独完成案例中的所有艰巨工作，然后邀请社外专家写一篇叫作《关键分析》（*Critical Analysis*）的专栏文章。当案例涉及价值、量化、风险等方面的问题时，该杂志经常请我写专栏意见，因此我也受邀写MII的案例。

这篇案例文章引用了麦特公司首席信息官阿尔·格拉索的话：“最重要的收益是不能被简单量化的，我们的解决方案能提高质量，实现创新，所有的信息都唾手可得。”但是我在专栏文章中提出了量化质量和创新的简易方法：

> 如果MII真的提高了传递信息的质量，就会影响客户对企业的看法，并最终产生利润。因此，可以随机询问一些顾客，让他们给使用MII系统之前和之后的信息传递质量打分就行了，但要保证他们不知道哪个在之前哪个在之后，看看提高了的质量是否使得他们在近期购买麦特更多的服务。

和艾米丽一样，我建议麦特公司不要下阿尔·格拉索那样的结论，如果质量和创新确实吸引了更多顾客，难道就没人感觉到吗？他们难道就分辨不出任何差别？如果在一个盲测中被试不能分辨在实施MII之后的“高质量”或“更多创新”，那么顾客满意度或者利润就不会有什么差别。

如果顾客确实能分辨出MII比以前的系统强，那你就可以考虑下面的问题了：增加的收益是否能弥补2000年的700多万美元的投资？和其他所有事情一样，如果不能检测出质量和创新给麦特带来的收益，就说明这两者根本无关紧要。麦特现在和过去的员工都跟我说过，我的专栏文章引起了公司内部的大讨论，但他们对任何检测质量和创新的措施仍不关心。记得首席信息官说这将是MII最重要的收益，但他们仍不展开任何量化工作。

从量化大师身上能学到什么？

埃拉托色尼、费米和艾米丽给我们展示了和商界极为不同的东西。首席执行官经常会说：“我们不能一开始就对某件事情猜测。”他们认为不确定性是永远无法解决的。当和这些不确定性打交道时，他们宁愿被震慑得一动不动，也不愿意尝试做一些量化工作。面对这种情况，费米或许会说：“是的，有很多事情你确实不知道，但你一定能做点什么。”

其他管理者或许会反驳：“如果不花几百万美元，根本没法对那种事情量化。”因此他们不愿意进行一些小研究，因为这些小研究虽然花费很有限，但比大型调研工作更容易犯错误，可这种减少不确定性的量化工作产生的结果也许值几百万美元。埃拉托色尼和艾米丽也许会指出，有效量化可以告诉你以前不知道的事情，包括预算问题，如果你多一点点创造力、少一点点害怕的话。

埃拉托色尼、费米和艾米丽以不同的方式启发着我们。埃拉托色尼无法估算误差，因为估计不确定性的统计方法在 2 000 多年后才出现，但如果他有计算不确定性的方法的话，只需测出两个城市的距离以及阴影的倾角是否存在不确定性，而这也很容易计算。幸运的是，我们现在有了可以减少误差的工具。**量化的概念是“减少不确定性”，而且没有必要完全消除不确定性，这是本书的核心观点。**

我们从恩里科·费米那里学到了与此相关但又不同的内容。费米获得了诺贝尔奖，是精通实验和理论的物理学家。但是费米问题显示了如何量化初看十分困难甚至无法估测的事物。对于没有获得诺贝尔奖的人来说也是如此，虽然对各种高级实验方法的掌握有助于解决问题，但我认为无形之物之所以看起来不可量化，绝不是因为缺乏复杂的量化手段。**在商业领域，通常看起来不可量化的事物常常有非常简单的量化方法，只要我们学会怎样看透迷雾即可。**在这个意义上，费米给我们的启示就是，我们怎样确定目前的知识状态，然后以此为基础展开进一步量化工作。

和费米的例子不同，艾米丽的例子基本上和初始判断无关，因为她的实验对抚触疗法的疗效没有任何先入为主的假设。她的实验也没有使用精妙的算法来代替不可行的量化。她的计算仅仅基于标准抽样方法，并不需要更进一步的、像埃拉托色尼的简单几何学计算那样的知识。但是艾米丽确实展示了有用的、不算复杂而且也不昂贵的量化方法。而且，理解她的实验绝对不会比理解诸如抚触理论、战略整合、员工授权、加强沟通等“短命概念”（Ephemeral Concepts）难。

和这些课程同样有用的是，我们将在这个基础上进一步完善费米的方法，学习怎样评估某事物的不确定程度。而其中一些抽样方法在某些方面甚至比艾米丽使用的还要简单。还有一些简单方法，甚至可以让埃拉托色尼不用环游地球就能提高计算地球周长的精度。

给出以上这些例子后，我们奇怪为什么还有人相信某些事物是不可量化的。实际上，只有很少的论据蛊惑人们相信一些事物不可量化。在第 3 章，我们将讨论为什么这些论据都是缺乏说服力的。

第3章
他们为什么说无形之物不可量化？

数学命题只要和现实有关，它们就是不确定的；
只要它们是确定的，那么就和现实无关。
——著名物理学家　阿尔伯特·爱因斯坦

有3个原因让人们相信一些事物是不可量化的，但每个原因其实都是对量化的错误理解造成的，它们分别是量化的概念、目标和方法。

量化的概念　量化的定义被广泛误解，如果人们理解“量化”的真实意义，很多事情都会变得可量化。

量化的目标　并非被量化的事物隐藏得很好，只是模棱两可、含混不清的语言挡在我们的量化之路上。

量化的方法　很多人不了解实证观测者的量化过程。如果人们熟悉这些基本方法，那么很多原来认为是不可量化的东西，不仅可以量化，而且人们会发现，它们早就被量化过了。

记住这些的一个好方法是使用像“howtomeasureanything.com”之类

的助记符，这里在“.com”中的 c、o、m 分别代表概念（Concept）、目标（Object）和方法（Method）。一旦我们了解了这 3 个障碍是出于对量化的某种错误理解，那么很显然，万物都可量化。除了这些误解之外，关于为什么某些事物“不应该”被量化，还有 3 点常见理由：

◎ 量化的经济成本，即任何量化工作花费都很巨大。

◎ 对统计学的用处和意义的普遍反对意见，即反对“你可以用统计学证明任何事情”这一观点。

◎ 伦理道德上的反对意见，即某些量化工作是不道德的，所以我们不应该去量化。

和概念、目标、方法不同，这 3 条反对意见并不认为量化是不可能的，只是认为它太花钱、没意义或者不符合伦理道德。我认为，只有从节约角度反对量化还有一定的道理，其他两点都没有道理可言，而第 1 点也被过分夸大了。

对传统量化定义的挑战

对那些相信某些事物是不可量化的人来说，量化的概念，或者说对量化的误解，也许是需要跨越的最大障碍。

真正的量化过程不需要无限精确

如果我们错误地认为，量化就意味着要达到近乎不可能达到的精确程度，那几乎没什么事情是可以量化的。我在给每届研讨班学员上课，或者做大会演讲时，都会问他们心中的“量化”是什么意思。我觉得挑衅那些主管创新性量化工作的人的观点，是一件很有意思的事情。我经常听到类似“确定某物的数量”“计算一个精确值”“将多个值减少为一个值”“选择一个有代表性的数值”等这样的回答。所有这些回答传递的显性或隐性意思是，量化是确定的，应该获得一个精确数值。如果这就是“量化”的真正含义，那么几乎没什么事情是可以量化的。

但是当科学家、精算师进行量化工作时，他们似乎使用了不同的定义。在各自的领域，他们每个人都知道有时某些词的确切词意和人们普遍理解的有很大不同。因此,这些专业人员对“量化”不会有太多疑义。“精确性”这一关键词在各领域的专业术语定义中都不只一句话，而是一个更大的理论框架的组成部分。例如在物理学里,“引力”并非像某些字典定义的那样，而是一个包括质量、距离以及时空作用等与重力相关的概念的特殊等式的组合。与之类似，如果我们想在同样的专业水平上理解量化的含义，就不得不了解其背后的理论框架，否则就不会真正理解它。

通常而言，科研人员都会把量化看成是在数量上减少不确定性的观测结果。注意是减少而不是完全消除不确定性，但对量化工作而言，这就足够了。即使不能精确地陈述这一定义，科学家使用的方法也会清楚地表明他们完全明白这一点。犯错是不可避免的，但仍然会在前人基础上有所提高。这是做实验、调查研究和其他科学量化的指导思想。

量化是在数量上减少不确定性的观测结果。这个定义和大众对量化的实际理解有巨大的差别。**一个真正的量化过程不需要无限精确。**

而且，如果没有报告误差，也没有采用抽样和实验等实证方法，就认为数字是完全精确的，根本不是真正的量化。真正的科学方法在报告数字时会有范围，例如，农场使用了某种新的玉米种子后，在 95% 的置信水平上，平均产量会提高 10% ～ 18%。对于没有误差的精确数字，除非它们是完全计数，否则不需要实证观测。例如统计口袋里的所有零钱就可以完全计数。

这种对量化工作的误解有强大的数学基础和现实原因。量化，至少是一种信息；而信息，又有严格的理论为基础。有一门学科叫做“信息论”，是在 20 世纪 40 年代由克劳德・香农（Claude Shannon）发展起来的。香农是一个美国电气工程师和数学家，曾研究过机器人和计算机下棋程序。

1948 年，他发表了题为《通信的数学理论》（*A Mathematical Theory of Communication*）的论文，奠定了信息论的基础，而且我敢说，也奠定了量化的基础。现代人不会全都喜欢这篇文章，但他的贡献怎么强调都不为过，因为信息论从此成了所有现代信号处理理论的基础，而且也成了电子通信系统的工程基础。信息论也是使我最终可以在笔记本电脑上写，然后你在亚马逊网站上买，并能用 Kindle 阅读这本书的理论鼻祖。

香农将信号中不确定性的减少量作为信息的数学定义，在信息论中，他用信号代替了“熵”（shāng）。对香农来说，信息的接收者可以描述为具有一定程度不确定性的人。也就是说，接收者早就知道一些事，新的信息只是减少了接收者的一些而不是所有的不确定性。接收者以前的知识或不确定性，可以用来计算诸如在一个信号中传递的信息量的上限、消除噪声所需要的最少信号量、数据可能达到的最大压缩程度等。

这种“减少不确定性”的观点具有很大的商业价值。例如对于一个信息技术大项目或者新产品开发项目，这种不确定性的减少或许能创造几百万美元的价值。

因此，量化不需要彻底消除不确定性。只要进行量化工作的花费远远少于因此而带来的收益，那么量化就是值得的。

量化是用数量描述的

另一个与量化有关的关键概念或许会让绝大多数人吃惊，那就是量化得到的数值和我们平常想的不一样。请注意我在量化的定义中说，量化是用数量描述的。不确定性至少要数量化，但被观测的事物可能是不定量的，也可能完全是定性的，例如，我们可以“量化”是否应该奖励一个专利发明人，或者是否会发生一次公司合并，这完全符合我们对量化的定义。但是，观测结果的不确定性必须定量表示，比如我们有 85% 的机会卷入专利纠纷，公司合并后有 93% 的把握提升公众形象等。

如果用于是非判断题或其他包含多个定性因素的问题，那么人们对量化的看法就和另一门派一样了。1946 年，心理学家斯坦利·史密斯·史蒂文斯（Stanley Smith Stevens）写了篇名为《量度与量化的理论》（*On the Theory of Scales and Measurement*）的论文。在该文中他提出了量化的几种量表,包括“分类”和“等级”量表。分类量表根据简单的属性分类，例如一个胎儿是男孩还是女孩，或者你是否享有某种特定的医疗条件等。**在分类量表中没有次序之分，数字并不表示相对大小，仅表示某个事物是否属于某个集合而已。**

但是，等级量表却可以让我们说一个值大于另一个值，而等级的差值并不表示精确差距，例如电影的 4 星级评级系统或表示矿物硬度的莫氏硬度表[①]。在这些体系中，4 大于 2，但并不表示前者是后者的 2 倍。但是用美元、千米、升、伏特等单位衡量的结果，不仅会告诉我们某一值大于另一值，而且其差值也是确定的，这些“等比”量表可以进行加减乘除运算。比如，看一部 1 星级的电影，并不等于看一部 4 星级电影的 1/4，但 4 吨岩石却是 1 吨岩石的 4 倍。

分类和等级量表也许会挑战我们对“究竟什么是量表”的理解，不过它们对量化工作仍然有用。对地理学家来说，知道一块岩石比另一块硬是有用的，但并不需要知道到底硬多少，这就是莫氏硬度表的作用。

史蒂文斯和香农从不同侧面挑战了量化的常规意义。史蒂文斯更关心不同类型的分类量化，但对最重要的减少不确定性的概念却一言不发。香农则在一个完全不同的领域工作，或许他对心理学家史蒂文斯两年前在量化领域的开拓性工作一无所知或者毫不关心。如果不把两个人的工作结合起来，我认为要给出一个适用于商业领域的量化定义是不可能的。

量化是对被量化事物和数字的映射

还有一个叫作量化理论的研究领域，试图同这两方面以及更多方面的课题打交道。**在量化理论中，量化是对被量化的事物和数字的一种映射**（Mapping）。这个理论很深奥，但即使只关注香农和史蒂文斯的贡献，就足够很多管理者学习了。一般人认为，量化的结果应该是确定的数值，如果消除不确定性是不可能或不经济的，那么他们就会忽略量化在减少不确定性方面的作用。而且，并非所有量化都需要一个传统的量值，量化也可用于离散数据。例如，我们会赢得诉讼吗？这项研究和开发计划

① 一种矿物和其他固体物料硬度的标准。

会成功吗？量化还可用于连续数据，例如，新产品的某个特性给我们带来了多少收益？在商业领域，决策者是在不确定性下做决策的，如果不确定性很大，决策就有较大风险，因此减少不确定性很有价值。

澄清链：量化方法就隐藏在量化目标中

即便我们接受了“量化就是减少不确定性的观测”这一更加实用的概念，也会由于第一次遇到某些事物不知如何量化而以为这些事物也是不可量化的。这种情况的形成，是因为我们没有明确的量化方法，如果有人问该怎样量化战略整合或者顾客满意度，我就会简单地反问：“你确切的意思是什么？”当看到人们进一步详细了解他们使用的术语，并在此过程中自动解决了量化问题时，我觉得很有趣。

在研讨班中，我经常要求学员用很难或看起来不可能量化的难题挑战我。有一次，一个学员问怎样量化师徒关系的好坏。我说：“这听起来是一个人们感兴趣的量化话题，我会说亲密的师徒关系比疏远的关系好，我看到人们在寻找促进师徒关系的方法，所以我能理解为什么有些人想量化它。那么，对你来说，师徒关系是什么意思？”那个人立刻回答：“我想我不知道。”我说：“那好，也许那就是你相信它难以量化的原因，你还没有弄清楚它到底是什么。”

一旦管理者弄清楚要量化什么以及被量化的事物为什么重要，就会发现事物显现出更多可量化的方面。这往往是我分析问题的第一步，我称之为澄清工作。客户在陈述一个他们想量化，但在开始时比较模糊的特定问题或事物时，这么做是理所当然的。然后我就会问：“你说的某某究竟是什么意思？你为什么关心它？”

这种做法可用于诸多量化难题，我曾多次在信息技术领域碰到过。2000 年，美国退伍军人事务部需要我制定信息技术安全绩效指标。于是我问：“你所谓的信息技术安全是什么意思？”经过两三个工作阶段后，该部门的人给了我定义。他们最终发现，对他们来说，信息技术安全意味着减少非授权的网络入侵和病毒攻击。他们继续解释说，网络入侵和病毒攻击可能会使组织遭受诈骗、生产力降低，甚至可能承担法律责任。

在大多情况下，显然所有这些可以识别的影响都是可量化的。“安全”是一个模糊的概念，直到最终分解细化到他们希望量化的各个方面。但是当定义这些最初的概念以引领他们进入量化领域时，他们仍然需要进一步的指导。对于更困难的工作，我会使用一种被我称作“澄清链”的东西，如果还不起作用，也许就要进行某种思想实验了。**澄清链就是把某物想象为无形之物再到有形之物的一系列短的链接过程。**

首先，如果 X 是我们关心的某种事物，那么根据定义，X 必须可通过某种方法来感知。如果质量、风险、安全、公众形象等事物完全不可感知，那我们该用何种直接或间接的方法关注它们呢？我们关心某些未知数据，是因为我们觉得它和希望或不希望的结果有某种关联。

其次，如果这个事物可以感知，那必然能估计到某些数值。如果你可以观测一个事物，就多少能得出一些东西。

最后，这一步或许是最容易的了：如果可以通过观测得到某些量，那它就一定是可量化的。

一旦我们弄清了为什么关心一个“无形之物”，就能找到量化的方法。比如我们关心公众形象，是因为它会影响到顾客推荐，顾客推荐会产生广告效果，从而影响销售。顾客推荐不仅可以被感知，而且与之相关的某些数据是可以获得的，这就意味着它们是可以量化的。我也许不会在每一个难题上都带参与者走过澄清链的每个阶段，但如果我们对这 3 个步骤牢记于心，这个方法就会起作用。

如果澄清链不起作用，我会尝试用思想实验来解决。想象你是一个来自异国的科学家，不仅可以克隆羊，而且还能克隆人甚至整个组织。这么说吧，假设你正在研究某个快餐连锁店，或研究某个无形之物例如员工授权的效果。为了研究，你设立了 2 个组，一个叫“实验组”，一个叫“控制组”。

现在假设你对实验组的员工授权多一点，而控制组的员工授权不变。要是真的做观测的话，你能想象实验组会产生何种变化吗？你能想象组织会做出什么决策吗？由于你的观测可能会给员工产生影响，这是否会使决策变得更好更快？是否意味着员工不需要那么多的监督了？如果你能找到一个观测角度，通过这个角度观测到两组的结果不一样，那你就已经行进在量化之路上了。

清晰表述我们想量化某物的原因以理解真正要量化的东西，也是必要的。定义要量化的究竟是什么常常是量化工作的关键所在。在第 1 章，我提到管理者感兴趣的所有量化必须能支持至少一个特定决策，例如我应某人的要求，帮助他量化减少犯罪的价值，但当我问他为什么要量化这个问题时，发现他真正感兴趣的是为罪犯使用的特定生物特征识别系统建立一个商业项目。也有人问我如何量化合作，后来发现该量化的目的是解决是否需要一个新的文档管理系统。在每个例子中，量化目的会给我们提供真正要量化什么以及该如何量化的线索。另外，我们还发现了好几个可能需要量化且可以支持相关决策的潜在因素。

确定真正要量化什么，是几乎所有科学研究的起点。商业领域的管理者需要认识到，某些事物看起来完全无形无影，只是因为你还没给所谈论的事物下定义。搞清楚你的意思到底是什么，就已经完成了量化工作的一半。

5 人法则：只需很小的样本就可以减少不确定性

一些事情看起来似乎不可量化，只是因为人们不知道基本的量化方法而已，比如用于解决量化问题的多种抽样过程或控制实验。一个反对量化的观点是，量化难题具有独特性，并且以前从未量化过，因此还没有揭示它价值的方法。持这种反对意见的人无一例外会说，这要求量化的人具有更高的科学素养，而不仅仅了解基本的实证方法就行了。

了解几种已经证明有效的量化方法，有助于我们量化某些最初认为不可量化的事物，举例如下：

进行很小的随机抽样量化 你可以从潜在顾客、员工等很小的样本里获得一些东西，尤其是存在较多不确定性的情况下。

不可能获得所有数据时，可对总体的一个样本进行量化 确定海洋里一种鱼的数量、雨林里一种植物的数量、新产品中不合格的数量，或者对你的信息系统进行未授权的访问但又没有被检测到的次数，都有更聪明和更简单的量化方法。

当存在很多其他变量甚至未知变量时，该如何量化 在宏观经济、竞争对手的失误或者新的定价策略等因素下，我们可以确定一种新的程序是不是销量提高的真正原因。

量化小概率事件的风险 火箭发射失败、另一场“9·11”、另一次新奥尔良的防洪堤溃坝、另一次重大的金融危机发生的概率，都可以通过观测和推理等有价值的方式来预防。

量化客体的偏好和价值取向 通过评估多少人真正付款，我们可以量化艺术、自由时间或减少生活中的风险所带来的价值。

这些量化方法中的绝大多数，仅仅是基本方法的变种。这些基本方法包括几种抽样和控制实验类型，有时也包括从几种问题中选择一个重点来关注。在商界的某些决策过程中，这些量化方法基本上都被忽略了，或许是因为人们觉得这种科学的量化过程有点过于精细和正式。如果量化时间不长、准备工作不多，花费也很少，人们一般认为没必要做这些工作，但它们确实会起重大作用。

这里有一个很简单的例子说明任何人都可以通过统计学上的简单计算完成一次快速量化。假设你考虑为你的业务增加更多的远程办公系统，此时，一个相关因素是每个员工每天花在通信上的平均时间是多少。你或许会在全公司范围内进行一次正式调查，但那太费时费钱，而且你并不需要太精确的结果。如果你只是随机地挑出5个人，那样是不是更好些？关于如何随机选择，后面我们还将讨论，现在，你就闭着眼睛从员工名录中挑几个名字吧。然后把这些人叫来，问他们每天用于通信的常规时间是多少。一个人的回答算一个数据，当你统计到5个人时就停止。

现在假设你得到的数值分别是 30 分钟、60 分钟、45 分钟、80 分钟和 60 分钟，其中最大值和最小值分别为 30 和 80。因此所有员工用时的中间值，有 93.75% 的可能在这两个值之间，我把这个方法叫作“5 人法则”。5 人法则简单实用，而且在统计学上有着广泛应用，样本数量也比你以前估计的数量要小，但适用范围大，确实算得上一种优良的量化方法。

仅仅 5 个随机样本就可获得到 93.75% 的确定性，这看起来似乎是不可能的，但事实就是这样。该方法之所以有效，是因为它估计的是群体的中间值。所谓“中间值”，就是群体中有一半的值大于它，而另一半值小于它。如果我们随机选取 5 个都大于或都小于中间值的数，那么中间值肯定在范围之外，但这样的机会到底有多大呢?

随机选取一个值，根据定义，它大于中间值的机会是 50%，这和扔硬币得到正面的机会是一样的。而随机选取 5 个值，恰好都大于中间值的机会，和连续扔 5 次硬币都得到正面是一样的，因此机会是 1/32，也就是 3.125%。连续扔 5 次硬币都得到反面的机会也一样，所以扔 5 次硬币不会得到都是正面或反面的机会就是 100% − 3.125% × 2，也就是 93.75%。因此，在 5 个样本中，至少有一个大于中间值且至少有一个小于中间值的机会就是 93.75%，如果保守一点，可以取整，即 93% 甚至 90%。一些读者或许会记得小样本的统计学课程，当中的方法比 5 人法则复杂多了，但是结果却好不到哪儿去。关于这一点，我将在后面更详细地讨论。

我们可以根据经验，通过使用某些具有偏向性的简单方法，来提高估算精确度。例如，也许近期的城市建设使得每个人对平均通勤时间的估计偏高，或者通勤时间最长的人请假了，因此没有选入样本，这将导致样本的数值被低估。但即使有这些缺点，5 人法则在提高人们对量化的直觉能力方面还是很有效的。

稍后我将探讨其他几种进一步减少不确定性的方法，包括更加细致的抽样或实验法以及可以从专家的主观判断中去除更多错误的简单统计方法。如果我们希望估计更精确，就要考虑各种因素。但请记住，一种观测只要可以告诉我们过去不知道的东西，那它就是一种量化方法。

在商业领域，如果因不能在现有的会计报表或数据库中找到针对某个特定问题的数据，而给这个问题贴上“无形之物”的标签，就为时尚早了。另外，即使认为量化是可能的，但需要特定领域的专家或者商业人士亲自进行也是不实际的。幸运的是事情不会到这一步，因为任何人都可以根据直觉找到一种量化方法。

了解单词“实验”（Experiment）的来源，是我们要学习的重要一课。“Experiment”一词来自拉丁语，ex 意思是“的 / 从”（Of / From），peri 意思是“尝试 / 试图”（Try / Attemp），因此 Experiment 意为通过尝试获取某物。1998 年美国统计学会的主席、统计学家大卫 · 穆尔（David Moore），对此做了最大限度的延伸。他说：“如果你不知道要量化什么，就用各种手段量化吧，最终你将学到要量化什么。”

我们或许会把穆尔的方法叫作“耐克方法”或“尽管去做”（Just Do It），这听起来像先量化再问问题的量化哲学。如果走极端的话，我能找到该方法的一些缺点，但和一些管理者完全不知道该如何开始量化相比，其优点更多。

考虑到量化的各种障碍，很多决策者甚至都不想尝试量化。如果你想做一项调查，看看人们在一项具体行动的讨论上会花多少时间，他们会说：“那好，但是人们不会精确记得他们花了多少时间。”如果你想调查消费者偏好，他们会说：“消费者之间的差异太大了，因此你需要一个巨型样本。”如果你想量化一项创新是否提高了销售，他们会说：“有很多因素影响销售，你永远不会知道那项创新到底有多大影响。”类似这样的反对意见早就假定了观测结果会怎样。而事实是，这些人并不知道这些因素是否会让量化毫无结果，他们只是抱着先入为主的想法。

这些批评量化的人都带着一堆“量化是困难的”假设，甚至声称只有具有量化背景的人才具有一定的权威性，而这些人也仅仅是在 20 年前学过两个学期的统计学而已。在每次量化时我都不会说这些假设是否真实，我会说如果他们只是这么简单假设，那就不会产生生产力。从原有的和新的量化数据中能获得什么信息来减少不确定性，进而支持决策，是可以通过一定的计算得出结论的。但在声明不可能量化前，他们几乎从未做过这种计算。

4 个假设让量化看上去很简单

现在让我们来做一些深思熟虑的、有建设性的假设来代替那些没劲的假设吧。我提出了一些相反的假设，这些假设或许并非在每种情况下都正确，但实际效果还不错。

假设 1：你的难题并非你想的那么独特

无论某个待量化问题看上去多么独特，我们还是应该假设或许在另一个领域，它早就被别人量化过了。如果这个假设不对，那就愉快地幻想你的发现或许能获得诺贝尔奖吧，哈哈！说正经的，我早就注意到，在每一个专业领域都有一个趋势，那就是本行业人士都会认为他们领域的问题特别难或具有独特性。

他们说的话一般都像这样："和其他行业不同，我们行业里的每一个问题都是独特的和不可预料的……我的行业在量化方面有太多的因素需要考虑。"在绝大多数领域中，都有一些人这么说。迄今为止，他们说的每一个难题最终都转化为和其他领域没什么不同的量化问题。

在下一章中，我们将讨论如何对某个量化问题进行初步研究。尽管学者们通常都会使用前人的研究成果，但许多人似乎并没有充分利用这种方法。让我惊讶的是，管理者在考虑量化生产力、绩效、质量、风险或客户满意度时，很少有人会先去搜寻相关研究成果。即使在谷歌搜索（Google）和谷歌学术搜索（Google Scholar）这样的工具出现之后，搜寻研究成果比以往任何时候都更简单，许多管理者仍然倾向于从头开始解决每个问题。幸运的是，这个习惯很容易改变。

对不同领域的量化方法有多样化的认知将是非常有帮助的。也许你在广泛涉猎各领域的不同量化方法后，就知道有哪些类似的方法是值得借鉴的。如果你发现在某些不同领域中遇到的问题在数学上与你正在处理的问题相似，那么你应当考虑跳出舒适区去寻找解决方案。从第 9 章开始，我们将着手讨论在某些人看来不可能的量化方法。

假设 2：你拥有的数据，比你认为的要多

你手里的数据比你想象的多得多。你需要的信息就在你触手可及的范围内，如果你花时间思考的话，或许就会找到它。一些首席执行官几乎都不注意组织里日常记录和跟踪的数据。和量化有关的事物一般都会

留下踪迹，如果你足够机智，就一定能够找到相关数据。

有些人认为，只有直接回答我们的问题的数据才称得上是有用的数据，这其实是低估了可用数据量。埃拉托色尼从阴影形成的角度看到了可以用来计算地球曲率的数据。恩里科·费米向他的学生们展示，他们掌握的有关芝加哥钢琴调音师人数的数据，远非他们认为的那么少，这是因为他们掌握了芝加哥的人口量、拥有钢琴的家庭数量、调音师一天能调音的钢琴数量等数据。

如果埃拉托色尼和费米认为他们能使用的唯一数据就是环绕地球的周长，或者是钢琴调音师人数的详细调查数据，那他们很可能陷入绝望，因为这些数据难以获得而最终放弃。如果是那样，就像许多不知如何运用量化方法的人们一样，埃拉托色尼和恩里科可能也无法逾越数据完全不足的障碍——这可是一个公认的障碍。事实上，大多数科学发现都不是通过直接观察得到的，大自然往往只给科学家留下一些细微琐碎的线索。

我们如果认为每个问题都是独一无二、互不相关的，那就很难找到不同数据的联系。我承认每件事都有其独特性，因此，其他问题的数据无法告诉我如何解决现在的问题。这就像人寿保险公司因缺少你死亡的数据而无法计算你的保险费，他们掌握的关于你的死亡率的唯一数据就是你还没有死。在这个甚至难住了精算师的例子之中，精算师们可能坚持认为，由于你有着独特的 DNA、生活习惯和生活环境，因此你是一个独特的个体，不能拿你和其他人进行比较。

这实际上是一种逻辑谬误。我称它为紧密类比谬误（the Fallacy of Close Analogy），它还有一种说法叫作唯一性谬误（the Uniqueness Fallacy）。这种谬误基于这样一种观点：如果某件事是独特的，我们就无法通过观察其他事情来了解这件事情的一般情况。研究不同事情的共性可能并不能得到准确答案,但这是一种进步。即使每件事情在某种程度上都是“独一无二”的(例如,判断犯罪者违反假释规定的风险或者判断医学院报考者的潜力),从同类问题的统计数据中得出的结论也要优于专家个人的判断。

的确,如果我们无法从各种不同的事情中归纳一些结论,那么,经验的基础来自哪里?我曾听某些管理者说,由于每种新产品都是独一无二的,因此无法通过历史数据做出推断……这样一来,他们必须依靠自己的经验来下判断。这句话听起来倒是有一些讽刺意味。

现实生活中的保险公司员工不会遇到这样的障碍。他们能够意识到尽管每个人都是独一无二的,但可以通过对不同年龄、性别、健康状况、生活习惯的人的死亡率进行研究,来计算人寿保险索赔的风险。紧密类比谬误导致人们将研究的目标人群局限在某个不必要的小群体。同样的道理,各公司采用的每一个新的信息系统都是独特的,但它们在更新信息系统方面已经有着丰富的经验。

我在我的书作《风险管理的失败》中讲述了一个美国国家航空航天局(NASA)的例子。在该例子中,负责航天任务的科学家和工程师认为,每次的航天任务都是独一无二的,人们根本无法从过去的经验中做出推断——因此,他们最好还是依靠自己的经验来判断。但这样的判断完全可以通过测算来进行,在已有的超过100个航天任务项目的经验基础上,科学家和工程师拥有足够多的数据对成本超支的风险、工作进度超快的风险和任务失败的概率进行评估。

尽管每次航天任务都有其独特之处,但基于历史数据的统计模型在预测成本超支、进度超快甚至是任务失败的情况方面，始终优于负责这些任务的科学家和工程师。同样重要的是，美国国家航空航天局的科学家和工程师的经验，就像统计模型一样，也必须基于历史数据。如果没有应用统计模型和科学证据的基础，所谓的经验也就没有了根基。

此外，随着如今海量公开可用数据的出现，我们不应相信任何关于数据不足的说法。我们在不断地创建新的工具和数据库，既然我们的资源如此丰富，我们就可以充分利用它们。例如，如果我想知道我的作品每周的销售情况，但出版商只向我报告每月的销售总额，我仍然可以根据不断更新的亚马逊图书排名推断出一个大概的数字。一项研究显示了如何通过追踪推特的流量来推断总统的支持率。另一项研究表明，借助谷歌趋势（Google Trends）等工具中的追踪数据，可以估计失业率和零售额的变化。

互联网上每天新增的公开可用数据，尤其是社交媒体上的数据，已经超过了美国人口普查在 10 年内收集的数据的总和。我们可以分析的东西更多地受制于我们的想象力，而不是可用数据量。这就是我的新书《脉冲：利用网络热点追踪威胁和机遇的新科学》所讲的主题。

这本书第 13 章“新型测量方法和仪器”将会详细介绍这些仪器和其他的新工具，比如带有社会共享数据的个人量化设备（用于量化体重、活动、睡眠以及更多个人信息）是如何革新我们的生活方式。

随着 21 世纪的科技发展，我们会发现数据短缺的现象越来越少。如果埃拉托色尼在他那个年代就能从一些阴影的数据中估算出地球这颗行星的大小，那么到了现在，我觉得他能做的事情要多得多。

假设 3：你需要的数据，比你认为的要少

正如“5 人法则”和“单样本多数推断”显示的那样，小型样本也可以提供丰富的信息，特别是在刚开始所掌握的信息不够充足时。从数学上讲，当你几乎一无所知的时候，几乎所有东西都能告诉你一些信息。卡尼曼和特沃斯基指出，我们经常高估了样本的误差，从而导致对样本价值的低估。

当然，他们也展示了样本价值可能被高估的情况，但只有在一种非常具体的假设检验问题的解释之中才是如此，对决策者而言，这种解释并不能真正代表大多数对样本的解释。

当我们计算出某一组给定数据到底减少了多少不确定性时，管理者经常对能从如此少的数据中得到如此多的信息感到惊讶，尤其当从极不确定的情况下起步时。

我曾遇到过一些在统计方面有着丰富经验的科学家，他们在自己算出答案之前不相信“5 人法则”或“单样本多数推断”。但是，正如埃拉托色尼、费米、艾米丽向我们展示的那样，这世上的确存在从极少量的数据中找出有趣发现的精妙方法，也有通过简单分解问题并评估各部分来获取有用信息的方法，比如不需要复杂的大规模临床试验，就能知道一个常用医疗保健方法是否真的有效。

在后面我们还将发现，通过适当的努力，初期阶段的观测结果通常会在减少不确定性方面获得很高回报。实际上，人们存在一个普遍误解，就是不确定程度越高，就需要越多的数据来减少不确定性。而事实是当你几乎一无所知时，无需太多的数据就能告诉你以前不知道的事情。

打开天窗说“量化”

无须观看所有课堂记录，也可以把握教学情况

布鲁斯·劳博士是芝加哥虚拟特许学校的负责人。芝加哥虚拟特许学校是一所创新型公立学校，主要进行网上教学。远程教学方法要求个性化的课程体系设置，劳博士请我帮忙找出评估教师和学校表现的有效量化方法。所以，我的头等大事就是定义什么是绩效以及它如何影响真正的决策。

劳博士最初关心的并不是获得足够数据以量化有效教学下的诸如“学生努力程度”和“区别”等结果。正如我说过的那样，我发现大部分课程是在互联网上通过交互式 Web 会议的方式教授的，相关软件可以记录每堂课的教学课程。这种在线工具允许学生通过声音或文本提问，并在教学过程中和教师互动。教师和学生们在线做的所有事情都会被记录下来。

因此，问题并不是缺乏数据，而是这么多的海量数据并不是结构化的、容易分析的数据库数据。和绝大多数管理者面临相似的处境，芝加哥虚拟特许学校觉得如果不重新回顾所有数据就不能开展任何有意义的量化工作。因此我提供了一种抽样方法，可以让管理者随机选择课堂记录和该课堂的特定片段，每个片段一两分钟长。这是对教师和学生正在课堂上所做事情的随机抽样。

劳博士后来说：“一开始我们认为没有相关数据，后来知道原来有很多数据，但谁有时间从头到尾看一遍呢？再后来我们知道了无须观看所有课堂记录，也可以很好把握教学情况。”

假设 4：要获得适量的新数据，比你想象的更容易

科学方法不仅仅关乎拥有数据，更关乎如何获取数据。艾米丽·罗莎尚未拥有足够数据来测试抚触治疗师感知能量场的能力，所以她只是建立了一个简单而经济的实验来获取数据。即使目前确实缺乏数据来进行有用的量化，但如果我们掌握了足够的资源，也可以收集到一些有信息含量的新观察结果。

说到收集新数据的方法，假设你首先想到的是一种复杂的量化方法，而你具有一点天赋，进而可以找到一种更简单的方法。例如，克利夫兰交响乐团（The Cleveland Orchestra）想要量化他们的演奏水平是否相较以前有所提高。许多商业分析师或许会提议对观众进行长期的重复随机抽样，对演出水平从“差”到“优”进行评价，然后根据参数组合形成一个满意度指数来评价他们的演出水平。

不过，克利夫兰交响乐团采用了更灵活巧妙的方法：计算观众起立鼓掌的次数。虽然起立鼓掌相差一两次并不足以说明演奏水平有明显差异，但如果在新指挥家的几场演出中，起立鼓掌的次数有显著提高，那我们就可以对新指挥家得出一些有用的结论了。从任何角度看，这都是一种比抽样调查更省事也更有意义的量化方法。

因此，不要认为减少不确定性的唯一方法就是运用不切实际的复杂方法。你是想在同行评审的期刊上发表文章，还是想减少现实商业决策的不确定性？建立在“你需要的数据比你认为的要少”的假设上，你会发现你不需要收集像你想象的那么多的数据。

最重要的是，正如“实验”（experiment）一词的原义，实验者要有直觉，

要做出尝试，这是一种习惯。除非你相信你已经预先知道了待量化事务的精确结果，否则量化定能告诉你一些你不知道的事情。我们可以把量化想象成迭代的，多进行几次量化，你就会知道更多，从而根据发现不断调整方法。

或许存在极少数情况，比如某些事情似乎无法量化，或者需要更复杂的量化方法。但对于那些贴着“无形之物”标签的事物，几乎从不缺乏更加先进复杂的方法。因此，即使是最基本的量化方法，都可以在一定程度上减少不确定性。

量化真的需要不菲的代价吗？

上文提到了某事物不能被量化的 3 个反对理由——概念、目标和方法，但实际上它们都是简单的幻象而已。但也有反对意见认为，一个事物不是不能被量化，而是不应被量化。

说某物不应被量化的唯一有说服力的理由，就是量化的花费超过了它所带来的收益。这在现实世界中是确实存在的。1995 年，我提出了一个方法，我把它叫作“应用经济信息学”，当在做任何一个你所能想象到的重大而且高风险的决策前，你可以用这种方法来评估其中的不确定性、风险和所谓的无形之物。

这种方法的关键步骤就是计算信息的经济价值，这也是这种方法的名称由来。我以后还会展开更多讨论，但决策理论领域的一个已被证明的公式可以让我们计算减少一定程度不确定性的经济价值，多年来我一直用它来计算辅助各种大型商业决策的量化的经济价值，这些量化包含至少十几个变量。我发现一个有趣的问题：商业案例里的绝大多数变量的信息价值为零。一般来说，通过精心设计的量化程序，搞定 1 ～ 4 个具有不确定性的变量，就足够正确决策之用了。

虽然有些变量确实不需要量化，但关于这点人们有一个根深蒂固的误解：除非量化结果符合一个特定标准，否则它就没有价值。例如，适合在学术刊物上发表，或者满足大家都接受的会计标准。这个想法很单纯，但一项量化工作是否满足其他标准其实无关紧要。如果你投入巨资进行量化，减少一个变量的不确定性，那么就可以计算不确定性边际减少（Marginal Reduction）的经济价值。

例如，假设你想为产品设置一种高成本的新功能，此功能让其销量最高可提高 12%，但也可能没有影响，此外，你认为该项创新在经济上不划算，除非销量至少提高 9%。如果你投资，而销售增长率小于 9%，说明你的努力没有收益。如果销量提高很少，甚至是负的，那这个产品的新功能将是一个灾难，大量的钱就付之东流了。因此，事先对此进行量化就有很高的价值。

当某人说量化某个变量费用太昂贵或过程太复杂时，我们就要问问他跟什么相比。如果量化的信息价值为零或接近零，当然就不需要量化了。但如果量化具有相当大的价值，我们必须问："究竟有没有量化方法可以减少足够多的不确定性，以证明量化的花费是合算的？"一旦我们认识到哪怕部分减少不确定性所带来的价值都是巨大的，那么量化工作就是有价值的。

从经济角度反对量化的另一个意见是，量化会对其他人的行为产生影响，从而让管理者错误决策。例如，提供电话咨询服务的绩效指标是接了多少个电话，这会鼓励业务员接听电话并解决顾客问题。一个著名的实例就是 20 世纪 90 年代得克萨斯州学校被称为“休斯敦奇迹”的绩效系统，当时公立学校用一套崭新的绩效体系来衡量教育成果。现在我们知道，这项奇迹的唯一作用就是鼓励学校开除差生。这肯定不是纳税人当初的资助目的。

由于花钱量化后产生的结果不是当初要达到的目标，甚至会产生负面影响，那么就没必要开展量化工作。实际上这种反对意见是把要量化的东西和激励混淆了。对任何给定的量化体系来说，都可能存在种类极多的激励机制。这种反对意见假设：因为一个量化体系是某个无效激励方案的一部分，所以任何量化工作都会产生负面激励行为。

这世上再没有比这更荒谬的假设了。如果你可以定义你想要的真正结果，可以给出例子，还可以确定如何观测结果，那你就可以设计出可行的量化方法。问题在于，管理者只是简单地量化看起来最容易量化的部分，也就是说，仅仅量化他们现在知道如何量化的部分，而没有量化最重要、最应量化的部分。

可以相信统计数字吗?

另一个反对意见基于以下观点：虽然量化是可能的，但没意义，因为统计资料和概率本身是没意义的。甚至在就职者教育程度普遍较高的职业领域中，也经常存在对简单统计资料根深蒂固的误解，一些人根本不知道该如何看待它。下面是我偶然碰到的几个例子：

某个参加我的研讨班的人 每件事都有同样的可能，因为我们也不知道将会发生什么。

一个保险公司的中层管理者 我对风险没有任何承受力，因为我从不冒险。

一位客户 如果我连某个事物的含义都不知道，怎么会知道它大概在什么范围之内呢？

一个听我演讲的研究生 如果我们不知道将发生什么，怎么会知道硬币有 50% 的概率朝上？

一条关于统计学的广为使用的习语 统计数字可证明任何事情。

我们先谈谈上面最后一句话。现在我愿意提供 10 000 美元奖金，给任何可以使用统计数字证明“你可以用统计数字证明任何事情”这个论断的人。我所谓证明的意思是这种证明能发表在任何主流的科学期刊上，因为这样一个里程碑式的发现当然应该享受这种待遇。奖金获得者可以使用被大家承认的科学领域中的任何理论和方法，甚至可以借助概率论、抽样方法和决策论等。

2007 年我首次公开发布了这个奖项，就像第 2 章提到的，兰迪奖是为了颁发给证明超自然现象的人一样。不过，遗憾的是，该奖金至今还没人领取。兰迪奖金不止一个人想领取，而这个奖项之所以无人领取，也许是因为“你可以用统计数字证明任何事情”这个论断，要比“我能看穿你的心思”显得更加荒谬吧。

关键是当人们提到可以用统计数字证明任何事情时，其真正含义也许并非真的是统计数字，而是对数字的广泛使用。而且他们的真正用意是数字可用于迷惑大众，尤其是缺乏基本数字技能、容易上当受骗的人们。对于这一点，我完全同意。

我刚才列出的几个反对意见应该是对概率、风险和量化等基本概念的常见误解。我们使用概率是理所当然的，因为不能确定最终结果。而实际上，就连在驾车上班的过程中，我们都在承受一定的风险，所以都有承受某种程度风险的能力。

我经常发现，持“你可以用统计数字证明任何事情”这种言论的人，其行为往往背叛其言论。如果你让人猜测扔 12 枚硬币会出现正面的次数，那些声称机会不能确定的人，会围绕 6 来猜测。与此类似，那些声称不愿意承受任何风险的人，仍然会乘俄罗斯国际航空公司的飞机飞往莫斯科捡 100 万美元的奖金，因为俄航的飞行安全记录比任何美国航空公司都差得多。围绕统计学和概率论的基本误解都来自持“不能完全预测未来”这一观念的阵营。一些出版物如《统计学教育》（*The Journal of Statistics Education*）杂志，就致力于识别并纠正这些误解。我希望读者在读完本书后，会减少误解。

99 岁患病老人不如 5 岁儿童的命值钱？

现在我们讨论最后一种反对意见，它来自伦理方面。量化工作有时会被认为是非人性化的。当人们试图在让人敏感的领域展开量化工作时，例如濒危物种的价值或人生的价值，某些人会基于正义而愤慨，但某些机构仍然进行了量化。

为了保护我们的生活环境、健康甚至生命，美国环境保护署（The

Environmental Protection Agency，EPA）和其他政府机构不得不调配有限的资源。我曾帮助美国环境保护署评估一项地理信息系统（Geographic Information System，以下简称 GIS），该系统是为了更好地跟踪甲基汞[①]的含量，因为如果儿童暴露在高浓度的该物质环境中，其智力就很可能会降低。

为了评估是否应该建立这个系统，我们必须问一个重要但却让人不怎么舒服的问题：为了减少儿童存在潜在智力受损的可能性，是否值得开展为期 5 年、投资超过 3 亿美元的项目？一些人或许觉得很愤怒，因为他们认为这种没道德的问题就不该问，更不用说回答了。你也许会认为，任何预防儿童智力受损的努力都比这笔投资重要。

但是美国环境保护署还得考虑跟踪其他新污染物的投资项目，这些污染物有的会导致人们过早死亡。美国环境保护署的资源有限，在公共健康、保护濒危物种、提高总体环境方面有那么多的投资项目，因此它不得不比较各个提案，询问有多少儿童、智力受损的程度有多高、有多少人过早死亡等问题。

当有限的资源迫使我们做出选择时，有时我们不得不问：为什么说“过早死亡”？因为一个年纪很大的人去世和一个年轻人去世是不一样的。有段时间，美国环境保护署考虑使用所谓的“高龄死亡折扣”来计算价值，也就是 70 岁以上死亡的人的价值相当于 70 岁以下死亡的人的 38%。一些人对此感到愤怒，因此在 2003 年，美国环境保护署的官员克里斯汀·托德·惠特曼（Christine Todd Whitman）发布声明说，该“死亡折扣”仅供参考而没有用于制定政策，而且现在也不用了。

① 一种具有神经毒性的环境污染物，主要侵犯中枢神经系统，可造成语言和记忆障碍等。

当然，作为一项量化工作，它和我们做的其他量化工作并没有什么不同，但如果老年人和年轻人的生命价值真的一样，我们在平等之路上还能走多远？难道一个 99 岁又疾病缠身的老人和一个 5 岁大的孩子的价值是一样的吗？无论你怎么回答，都反映了你对人的相对价值的量化。

如果我们非要对各种公共福利政策的相对价值视而不见，那我们肯定会把有限的资源用于解决价值相对较小的问题上，而且还要花更多的钱。因为对美国环境保护署来说，他们可以制订出各种投资组合方案，如果对各种问题的数据缺乏一定程度的了解，几乎很难找到最佳方案。

其他领域的情况也类似。我们知道，在实证测量中，误差几乎总是会存在的，可是只要看起来存在任何一点误差，都会让某些人对量化的道德性大发雷霆。

《测量的谬误》（*The Mismeasure of Man*）的作者史蒂芬·J. 古尔德（Stephen J. Gould）曾经激烈地反对用智商或“G 因素”来量化人的智力，甚至认为这么做是不道德的。他说：“G 因素无非就是一个使用人为的数据并运用数学运算得到的结果而已。”智商和 G 因素当然存在错误和偏差，我们现在都知道量化并不意味着完全没有误差，如果因为测量存在误差就认为智力不可量化，就显得非常幼稚了。

而且其他研究者也指出，认为“对智力的量化和对任何真实现象的量化不一样”的观点，和“这些量化中使用的各种‘数学过程’是高度相关的事实”是不一致的。如果智商和其他观测到的真实现象存在相关性，它怎么就是一个纯粹任意设定的值呢？我不想试图解决这个争议，但我对古尔德为什么对某些议题展开讨论感到不解。例如甲基汞对儿童最恐怖的影响之一就是可能会降低儿童的智商。

按照古尔德的说法，因为智商不可量化，这种影响是否就根本不存在了呢？或者说即使影响确实存在，但由于智商测验存在错误因此我们也不敢量化。不管走以上哪条路，我们都将以忽视这种有毒物质所引起的潜在危害而告终，由于缺乏量化信息，我们甚至被迫节约资金以使用在其他项目上。这对孩子们来说，简直太不幸了。

事实上，对量化表现出的无知倾向尤其是对不确定性边际减少的无知倾向，从来都不是道德高尚的表现。**如果在高度不确定的情况下凭空想做决策，那么政策决策者或商人就极可能错误地分配有限的资源，这就好比拿我们的生命去赌博。**量化领域和其他很多人类努力奋斗的领域一样，无知不仅仅会造成浪费，而且也很危险。

量化的五大步骤

到此为止，我们讨论了 3 个人，他们都使用了富有趣味和直觉性的量化方法。我们还了解到常见的反对量化的意见，此外，还叙述了一些有趣的量化实例。我们发现在某些情况下，除了出于经济考虑的反对意见外，持有有些事物不能或不应该被量化这一观点的反对意见都是对量化的误解。所有这些内容结合起来，从各方面勾勒出了量化的总体框架。

即使量化工作各不相同，但我们仍可以拟出应用于任何量化类型的系列步骤。在第 1 章结尾，我提出了一个决策框架，可用于解决任何决策难题。这个框架的每个构成部分都是某些研究或行业领域中广为人知的，但之前还没有人把它们结合在一起，形成一个连贯的、可普遍使用的方法。

为了让其变得完整，我们需要增加几个概念。这个框架正好是我的应用信息经济学方法的基础。下面我将该过程归纳为 5 个步骤，并解释每个步骤是如何和本书其他章节联系到一起的。

步骤 1：定义需要决策的问题和相关的不确定因素 如果有人问：我们怎么量化 ×××？那他们也许已经本末倒置了。第 1 个问题是：你面临的进退两难的困境是什么？然后我们可以定义所有和该困境有关的变量，并确定一个大致的方向，如训练效果或经济机会的真正意思到底是什么（第 4 章）。

步骤 2：确定你现在知道了什么 我们需要在确定的决策范围内，将由于数据不明所产生的不确定性数量化。这需要学习怎样使用范围和概率的术语来描述不确定性。定义相关决策以及关于它究竟有多少不确定性，这有助于我们确定相关风险（第 5 章、第 6 章）。

步骤 3：计算附加信息的价值 信息具有价值，因为它减少了决策的风险，知道量化的信息价值可以让我们确定要量化什么，还会告诉我们该如何量化（第 7 章）。如果没有和信息价值相关的变量以衡量任何量化方法的价值，请跳到第 5 步。

步骤 4：将有关量化方法用于高价值的量化中 我们将讲解一些基本方法，例如随机抽样、控制实验和在此基础上的一些变化不大的方法。我们还将讨论怎样根据有限数据得出更多结论、怎样隔离一个变量的效果、怎样将软偏好数量化、怎样在量化中使用新技术、怎样更好地利用专家（第 9 章～第 13 章）。重复第 3 步。

步骤 5：做出决策并采取行动 当确定成本后，决策者就要面对风险与回报的决策了。任何不确定性都是这个选择的一部分。为了使决策最优化，决策者的风险喜好程度也可以被量化，甚至在战略组合数量较多的情况下，也可以计算最优选择。后面我们将讨论这些方法，我们还会讨论如何将决策者的风险喜好度、其他偏好和态度量化。本步骤和前面的步骤相结合，形成实用的项目步骤（第 11 章、第 12 章和第 14 章）。

返回步骤 1，重复执行，跟踪每次决策的结果，并在下次决策链中进行反馈与调整。例如，如果结果不尽如人意，则无论是否需要干预，新的商业环境都会要求决策者改变经营目标。

我希望在接下来的章节中揭开这些面纱时，读者会对量化逐步深入了解。通过“校准的”眼睛观看世界，用定量的眼光观看每个事物，是促进科学和经济学发展的历史动力。其实，人们原本拥有量化的基本直觉，但这种直觉在强调委员会决议和舆论导向而不强调基本观测的环境中被压抑了，所以很多管理者觉得无形之物不能通过简单的方法量化。

我们已经了解到量化的真实含义和关于量化的好几个误解了。我们或许早就在高中的化学实验室里了解到量化的基本概念，但除了量化概念和对有形之物的量化，我们实际上所学不多。

虽然大学里的统计学或许能帮助很多人澄清量化的概念，但当我们走向工作岗位、成为各个领域的专业人士时，就会被各种高中和大学里不可视和不可量化的事物所淹没。我们被告知有些事物就是不可量化的。但正如我们所看到的那样：无形之物仅仅是个神话，量化的困境可以解决，询问与数量相关的问题很有价值，因为商业、政府或私人生活领域中的绝大多数难题所要考虑的各种因素，甚至是最富争议的因素，都要解决与数量有关的问题。看过本书后，即使你不懂如何量化，只要掌握基本步骤，也能学会它。

PART 2

第二部分

量化什么？

不确定性、风险、信息价值

开展营销活动可能损失200万美元；不开展营销活动，潜在损失竟高达2 400万美元，这笔账是如何算出来的？

如何计算出新的广告活动会增加多少销量？

不确定性越高，需要的信息反而越少？确定性越高，反而需要越多数据以减少不确定性？

第 4 章

厘清待量化事物与决策的关系

> 虽然我们可以互相笑着引用聪明政客的说法：谎言、该死的谎言和统计数字！但仍有一些简单的数字反映了最基本的事实，就连最狡猾的人也不能诡辩和躲避。
>
> ——英国皇家统计学会会长　伦纳德·考特尼

面对明显困难的量化工作，写成书面文本是有益的。在进行量化前，需要回答以下问题：

◎ 该量化要支持什么决策？

◎ 从可观测到的结果来说，需量化事物的定义是什么？

◎ 该事物和要支持的决策有怎样精确的关系？

◎ 你现在对它了解多少，也就是说你当前的不确定性水平怎样？

◎ 附加信息有什么价值？

在本章，我们将焦点集中在前 3 个问题上。一旦回答了前 3 个问题，就可确定我们对于不确定的事物已经知道什么以及不确定性的风险大小和进一步减少不确定性的价值，这是第 5、6、7 章的内容。在我的应用信息经济学方法中，无论做什么性质的量化，这些都是我要问的第一批问题。回答完这些问题后，对于组织而言，应该如何量化、量化什么，经常会彻底改变。目前，应用信息经济学方法已经被应用于各大组织的 60 多个大型决策和量化难题中。

前 3 个问题定义了量化要支持什么决策以及在此框架下到底要量化什么。**如果一项量化工作至关重要，那是因为它会对决策和行为产生一些可感知的效果；如果一项量化工作不能影响或改变决策，那它就没有价值。**

例如，如果你想量化产品质量，不仅需要问哪些事物受它影响，还要问“产品质量是什么意思”这个更一般的问题。你是为了用产品质量信息决定是否改变制造流程吗？如果是，在改变流程前，质量差到什么程度？你是为了用质量管理程序计算管理人员的奖金吗？如果是，计算公式是什么？所有这些，首先都依赖于你对质量的精确了解。

20 世纪 80 年代末，当时我在美国八大会计公司之一的永道公司（Coopers & Lybrand）的管理咨询服务部门工作，为一家小型地方银行提供咨询服务。这家银行正为如何理顺它的报表流程发愁。它一直在用缩微胶片系统存储每周从各分支机构收集的 60 多张报表，其中绝大部分都是随意收集的，并不为了满足日常管理需要。收集这些报表是因为有个管理人员觉得他们需要知道这些信息。那段时间，虽然一个就职于世界第二大独立软件公司 Oracle 的优秀程序员说，收集和管理这些报表相当容易，但在当时，要如何及时高效管理这些报表，已成为一个大负担。

当我询问银行管理者这些报表支持什么决策时，他们只能找出为数不多的几项，说明这些随意收集的报表改变了或者可以改变某项决策，而那些没有和真正的管理决策产生联系的报表甚至几乎很少有人去读。

这也许并不令人惊讶，虽然有人一开始要求得到每一份报表，但初始需求显然被人们忘记了。一旦管理者意识到很多报表和决策根本没有联系，他们就会懂得那些报表肯定没有价值。

几年之后，美国国防部长办公室的工作人员提出了一个类似的问题，他们对数量庞大的每周报告和月度报告的价值感到困惑。当我问他们是否可以确定每份报告确实影响了某个决策时，他们发现相当多的报告对任何决策都没有影响，因此，这些报告的信息价值也是零。一旦我们定义了术语，知道决策是怎样受到影响的，我们仍有两个问题要解决：

第一，你现在对此知道多少？

第二，它是否值得量化？

你必须知道什么是值得量化的，因为对每年价值 1 000 万美元的量化工作和每年 100 万美元的量化工作的质量要求是完全不同的。除非我们知道现在已了解多少，否则我们无法计算量化的价值。

在接下来的章节里，我们将讨论一些实例，以回答这些问题。当探讨这些关于量化之前的话题时，我们需说明一点，对不确定性、风险和信息的价值等问题的回答，本身就是有用的量化。

定义具体决策问题时遇到的挑战

正如量化的五大步骤指出的那样，量化从定义需要决策的问题开始。然而，真正的问题并不是显而易见的。许多管理者都认可量化的必要，但他们会面临意想不到的挑战，很难清楚地定义具体决策问题。以下是定义过程中会遇到的各种挑战。

管理者需要量化项目绩效，以便追踪项目进展。他们可能会提各种问题：为了更清晰地呈现项目进程，可以对项目做出哪些改变？能取消某些项目吗？怎样做会加快项目实施？能对不同项目重新分配资金吗？

管理者可能会认为他们需要量化自己的碳足迹或者企业形象，仅仅因为这些事情很重要。这些事情确实重要，但它们只在我们对价值的认识致使我们采取不同的行动时才重要。

有些量化有助于做出更好的决策，但在一开始并不能具体确定下来。一个未曾确定的决策，并不会比根本没有决策好。如果有人说他们需要量化住宅开发项目对生态环境的影响，以便做出更好的开发决策，我想这依然无法直接帮助他们解决难题，我会问："好吧，你们想做哪些具体的决策？"

有时，人们陈述的问题可能意味着一个非理性的决策。一些从事信息技术行业的客户问我如何才能测算他们工作的价值，还有一些政府机构问我清洁饮用水的价值几何。这些问题暗指什么决策？他们难道是出于相关项目的成本 - 收益考量而量化其价值？他们是否认真考虑过没有信息技术或者没有清洁水的情况？这样的问题被呈现为是或否两个极端的选择，是一种错误的二分法。他们真正的问题或许是某个特定信息技术项目是否合理，或者是否需要制定某些水政策。如果是这样，需要量化的就不仅仅是信息技术或清洁水的总价值。

在某些情况下，参与者没有耐心，希望跳过定义决策的步骤。他们可能想直接"开始量化"或者"开始建模"。这有点像建筑工人对建筑设计师的不耐烦。甚至在还不知道建筑的位置，或者未确定该建筑是仓库、住宅还是办公楼的时候，建筑工人就想开始浇筑混凝土，并且把木板钉起来。未能首先正确确定目标，导致了多年来人们各种含糊不清的争论。如果我们过去就长期存在分歧，那么只有在明确定义问题后才能去解决。

打开天窗说“量化”

商业智能仪表盘有利于决策吗？

难以将量化与决策相关联，似乎是从组织的最高层开始的。“商业智能仪表盘”是企业流行的一套管理工具，它能够实现组织绩效的可视化，可通过一些安全的网站来访问。这种展示工具通常包括刻度盘和量表，试图模拟飞机或汽车上真正的仪表盘，但它也能显示图表。所涉及的数据包含十几个或更多的变量，它们可能显示财务、营业收入、项目状态，或者管理者认为需要定期了解的任何其他变量。商业智能仪表盘绝对是一个非常强大的工具。

但它有时也是一种被浪费的资源。在筛选商业智能仪表盘上的数据时，我们通常不会考虑特定决策。我们往往只是希望，当数据中出现了合适条件时，管理者就能够认识到采取行动的必要性，同时充分了解需要采取什么行动并能毫不拖延地做出反应。例如，当某家商店的营业收入与经过季节性和经济因素调整后的销售目标相比，还是下降了 10% 时，人们并未事先确定一个应对措施来修正它。也没有人能够提前预料到，这 10% 的变化是采取特定行动的理由。

因此，这里存在一种风险，即我们需要采取行动的时机太微妙了，难以察觉，以至于无法通过仪表盘上的变量组合立即检测到。我们可能会在不必要的时候采取行动，也可能完全忽略必要的行动。另一种风险是，管理者会浪费时间来决定该做什么，并且设计具体的应对措施，而这些措施原本可以提前制定。行动上不必要的延误所造成的损失，远远超过简单地事先做出决策所带来的麻烦。

科学家的方法：以决策为导向的量化

基思·谢泼德博士是一位科学家，他认识到必须将生态影响的量化与具体的决策相联系。他是一名土壤科学家，也是土地健康科学领域的领导人之一，供职于位于肯尼亚首都内罗毕的世界混农林业中心（World Agroforestry Centre）。世界混农林业中心是国际农业研究磋商小组展开工作的一处基地。2013 年，我的团队正在帮助国际农业研究磋商小组确定关键的生态、农业和经济指标，并根据这些指标建立数据库。

国际农业研究磋商小组认识到，他们进行量化工作是为了支持由比尔及梅琳达·盖茨基金会、世界银行、各国政府和其他捐助者资助的有关农业和环境干预的决策。谢泼德博士和他的同事们确定的不仅仅是一个决策，而是一系列不同类型的决策，涉及诸如为水资源管理提供财政激励、修建小型水坝还是大型水坝，以及为灌溉项目提供资金等问题。针对不同领域，我们总共创建了七个不同的基本决策模型。

每个决策模型都建立在一个 Excel 电子表格中，包括科学家们所讲的“影响路径”。影响路径显示了某件事如何影响另一件事——基本上与我们为重大技术投资或政府政策所做决策模型没什么区别。接下来，我们将这些不同的决策模型聚合为一个干预决策模型（Intervention Decision Model，缩写为 IDM），以便在未来进行干预决策时使用。这项工作对 HDR 公司来说是一项重大挑战，我的小团队中的每个成员以及来自不同领域的数十名科学家都参与其中，并工作了好几个月。但考虑到我们创建的决策模型的数量和重要性，这种努力是适当的。毕竟，我们所创建的模型是便于捐助方的资源能在改善整个发展中国家的生态、饥荒、清洁水短缺和贫困等方面获得最大的回报。对生物多样性、粮食安全和抗旱能力等方面的量化分析，使我的团队有机会在一个项目中看见我在过去 20 年里解决复杂量化问题中遇到的几乎所有挑战。

为国际农业研究磋商小组定义问题和建立决策模型就像为其他行业或政府部门工作一样具有挑战性。实际上，有些决策模型的创建需要召开数次研讨会，才能确定欲建模的具体决策问题。正如谢泼德博士评论的那样：

> 我们发现，对于研究人员来说，考虑研究将支持的具体决策以及他们可能推荐的替代干预措施是很困难的。以前，研究管理人员会敦促研究者确定他们应该测量哪些变量，以跟踪实现发展目标的进展，但不参考任何具体决策。他们习惯于思考如何量化感兴趣的变量，而不是探寻背后的原因。

为了量化而量化似乎是许多科学家身上根深蒂固的问题，但他们确实理解为了支持特定决策而进行量化的必要性。谢泼德博士补充道："我们意识到，运用应用信息经济学预测干预所带来的影响，不仅列出了事物的影响途径，还指出了哪些数据指标具有最高价值。”

如何确定真正的决策

要完成决策定义，通常需要与客户进行一些重要面谈。当我与客户进行大型量化决策分析项目的合作时，我们实施五大步骤中前几步的方式是举办一系列的研讨会，关键决策者和选定的专家都会参会。专家是组织中一位或数位，对正在考虑的主题具有最丰富知识的人。若涉及采矿工程项目，专家可以是采矿工程师和地质学家。若某公司讨论是否研发一种新的医疗设备，专家则是该公司的医疗和机械工程专家。

我们已经举行过多次这样的研讨会，模式很明确。到本书付诸印刷时，我们已运营这类项目约 20 年，完成了超过 80 个重大决策量化分析项目。大多数的项目需要至少召开一个半天的研讨会，专门为了定义决策或决策集。即使在某些情况下，客户认为他们在项目开始之前就确切地知道决策是什么，这种研讨会也是必要的。

在一个 2002 年的案例中，一位联邦政府客户撰写了一份 65 页的报告，详细描述一种特殊的高密度数据存储技术及其可能的应用——这一切都在我们分析项目之前就完成了。我们可以简单地认为能够取消研讨会，因为决策看似已经得到了很好的定义。但是，真正开始建模时，他们就意识到自己从来没有就具体的问题真正达成一致。具体的问题是决定是否要实施这项技术，还是仅仅是一个如何实施的问题？是决定在整个企业中推广它，还是仅仅在某个领域替代原先的技术？为了确保你在讨论真正的决策，它一定要具有以下属性。

决策的要求

一个决策必须拥有两个或更多现实的选择。它可能是为新产品开发项目提供资金，也可能是不提供；可能是建造大坝，也可能是不建造；或者，它可能是花费多少资源来减少某些风险。但是，它不可能是假二分法——正如我们前文提到的那样，当管理者想知道信息技术的价值或者清洁饮用水的价值时，就会出现假二分法这种情况。如果替代选择不是一个绝对严肃的考虑（即没有信息技术或者清洁水），那就不存在两个或以上的可行选择。

决策具有不确定性。如果某个决策没有不确定性，那它就不是一种真正的困境。也许在满足第一个属性的条件下，这条规则有点多余，因为如果没有不确定性，那和“只有一个现实的替代选择”没有太大区别。即便如此，还是有必要重申一下：决策必须有两个或更多的替代选择，而最好的选择都是不确定的。

如果选择错误，决策就会产生潜在的负面影响。正如不确定性的缺乏使得决策并非真正的困境一样，任何结果的缺乏也意味着没有困境。如果你资助了一个项目，到最后却失败了，或者你没有批准一个新产品，而竞争对手却利用这个产品取得了重大成功，这些都是错误决策带来的负面后果。存在这样一种损失：即使两个替代选择都有着积极结果，但其中一个的结果会比另一个更好。在这种情况下的损失就是“机会损失”，因为你放弃了更好的东西。

最后，决策有决策者。定义决策的困难有时仅仅归结为确定这是谁的决策。

如果有人难以让他即将量化的问题符合上述这些属性，那么他可能对决策的构成做出一些不必要的假设。量化仍然必须对不确定的、具有潜在负面后果的决策造成影响，不过符合这一标准的决策有多种形式。若给定的问题可以构成一个真正的决策，那么该问题至少符合以下决策形式中的一种。

决策的潜在形式

决策可以是一件大事，也可以是许多小事。决策不必局限于摆在我们面前的一次性选择，如决定开发新产品或批准企业兼并，它们也可能是大量微小的且反复出现的决策，比如是否招聘一名员工或实现信息技术安全控制。在前一种情况下，对决策的分析可能是唯一的，不会再次使用。在后一种情况下，我们创建的模型不仅仅是为一些直接的选择，而是将被多次重复使用。它们可以是一些不同类型的一次性决策组合，比如一系列环境政策的决策。

决策可以是离散的选择，也可以是连续的选择。我们不必把决策想成二元的“非此即彼”命题。它们可以沿着某个广泛的连续体选择一个最优值。是否建立一家新工厂的决策是离散的，但该工厂将具备多大能力则不是。你可以建设一家具有特定产能的工厂，而产能可以是每年100万、1 000万，或者其他任何值。做出错误决策是有成本的，而在对连续的值进行选择的情况下，对理想答案的预期过高或过低也都是有成本的，而且误差越大，成本就越大。

决策可能涉及一个或多个利益相关者，包括合作及竞争的各方。参与决策建模的专家和管理者可能通常不是实际决策者。决策者有时并不在讨论分析的组织之中，他们可能是试图证明其价值的公司的客户，或者是一群向政治领导人争论一项更优政策的激进的公民。但是，决策总有一个代理人。

只要能理解，就能建模

决策必须得到足够好的定义，才能被定量地建模。这个过程中常常会有诸多模糊之处暴露无遗。我们可以把定量决策模型看作是一种费米分解。它可以很简单地确定各种成本、收益，并计算其差异。尝试进行计算将会迫使你清楚地了解正在处理的决策究竟是什么。这些在电子表格中的估算构成了一个简单而合理的决策模型，而模型的结果表明了某种行动。

一个简单得可笑但完全合理的决策模型

◎ 估计行动 X 的成本。

◎ 估计行动 X 的收益。

◎ 如果行动 X 的收益超过成本，那就执行行动 X。

（现在根据需要将成本和收益分解成更详细的内容。）

一个简单的成本 - 收益分析可以被进一步分解，以显示不同的成本和收益如何随着时间的推移产生“现金流”。这只是年复一年（或者一个季度接着一个季度，依此类推）的净货币收益统计。这些现金流是“净现值”及其他财务计算的基础，这些计算将收益的时间考虑在内（对你来说，未来得到的钱比过去得到的同样数额的钱价值更低）。如果你想要查看这类计算的简单示例并下载本章的电子表格示例，请访问与本书同名的网站。在这里，我们不会深入探究这些计算的细节，只是想说明，仅仅通过进行这些计算，就能迫使你完成对相关量化标准以及收益和成本的时间框架的确定。

每项收益或成本按年计算的货币价值还可以进一步分解为更多变量。例如，我们可以通过将参与某项工作的人数、每年的人力成本、花费在某项非生产性活动上的时间比，以及被淘汰的非生产性活动在工作中所占的百分比等数据乘改进的效率，以此来计算收益。考虑到业务量或劳动力成本的增长，这些数据也将随着时间的推移而改变。诚然，这只是一个简化的例子，它忽略了一些问题，比如生产力提高不一定导致劳动力减少。但如有必要，这些问题也可进一步分解。

如果决策模型输出的结果代表一种特定的推荐行动，那么决策模型可以是完全基于历史数据的更加复杂的统计模型。或者，也可以是一种更精细的计算机模型，能够模拟一系列潜在结果的概率。我们将在后面介绍如何使用这两种方法。

当我们进一步分解某个决策时，就会得到新的见解。首先，你可能会重新发现与判断相关的其他重要变量。除了你最初认为需要量化的东西之外，你可能意识到还有许多其他东西需要量化，而其中某个新的变量也许就是最重要的，关于这一点的更多详情将在第 7 章中介绍。其次，事实证明，仅仅对高不确定性的问题进行分解，就可以极大地改进估计的方法。费米直觉上知道的东西，实际上已经在实验中得到了证实。

从 20 世纪 70 年代到 90 年代，决策科学研究者唐纳德·G. 麦格雷戈（Donald G. MacGregor）和小斯科特·阿姆斯特朗（J. Scott Armstrong）

进行了关于分解问题能在多大程度上改进估计的实验。在他们的各种实验中，他们招募了数百名研究对象来评估估计的难度，比如估计一枚硬币的周长，或者美国每年生产多少条男裤。研究人员要求其中的一组研究对象直接估计这些数值，而另一组研究对象则估计分解后的变量，然后用这些变量来估计数值。例如，对于美国每年生产的男裤数量，第二组会先估计美国的男性人口、男性每年购买的裤子数量、海外生产的裤子的百分比等数据。接下来，研究人员将第一组的估计与估计分解变量的那一组的估计进行比较，再对比真实数据。

麦格雷戈和阿姆斯特朗发现，如果第一组估计的偏差相对较小（比如估计一个 0.5 美元硬币周长），分解就没有多大帮助。就像他们对美国生产的男裤数量或者每年的车祸总数的估计，当第一组的误差很大时，分解就有着巨大的好处。他们发现，对最不确定的变量进行简单的分解（其中的变量都不超过 5 个），可以将误差减少至十分之一甚至百分之一。想象一下，如果这关系到一个具有巨大不确定性的现实决策，当然值得花时间进行分解。

正如保罗·米尔表明的那样，我们的直觉甚至也是一种决策模型。只是我们的直觉模型存在高度不一致性、逻辑推理错误和未阐明的假设，这些假设对其他人来说是不可见的。当然，明确的定量模型也从来不是完美的，但它们可以避免一些错误直觉的干扰。正如伟大的统计学家乔治·博克斯（George Box）所言，“从本质上讲，所有的模型都是错误的，但有些模型是有益的。”米尔的研究将促使我们得到一个推论“……有些模型比其他模型更有益。”

因此，问题从来不是某个决策是否可以建模，甚至是否可以量化。

即使我们依赖直觉，我们也要对其建模，而任何可被直观建模的东西，都可以用定量模型来表示，这至少避免了某些直觉的错误。问题是我们是否有足够清醒的头脑来这样处理这个问题。

我们将回顾信息技术安全投资的“决策模型”的开始部分。我选择详细阐述这个特定示例，并不是因为这是一本关于信息技术安全的书，而是因为信息技术安全似乎表现出了我们需要研发的各种决策模型的几个重要特性。因为信息技术安全有很多明显的“无形之物”，它们存在诸多不确定性和风险。

如果安全性提高，那么一些风险就会降低。我们需要知道我们所说的“风险”是什么意思。有些人认为不确定性和风险本身是不可估计的。但实际上，它们不仅可以量化，而且是理解一般量化的关键。不确定性和风险对于我们所有的决策模型都非常重要，所以我现在要花一点时间来解释这两个变量。

清晰定义“不确定性”和“风险”

正如前面讨论的那样，为了量化某事物，有必要彻底弄清楚我们要谈论的事物到底是什么以及为什么要量化它。量化信息技术的安全性就是一个好例子，现代任何商业都和它有关，在对其进行量化之前需要进行大量的澄清讨论工作，同样的基本原则也适用于术语“风险”（Risk）和“不确定性”（Uncertainty）。为了量化信息技术的安全性，我们需要问这样的问题：我们所说的“安全”到底是什么意思？哪些决策会依赖于我们对安全性的量化？

对绝大多数人来说，安全性的增加并不仅仅意味着谁参加了安全培训，也不意味着多少台计算机安装了新的安全软件。安全性好，某些风险就应该减少，如果是这样，我们还需要知道风险是什么意思。实际上，这就是我以信息技术的安全性为例子的原因。要弄清这个问题，需要我们同时弄清楚“不确定性”和“风险”这两个词的意义。它们不仅是可量化的，而且一般来说，也是理解量化的基础。虽然风险和不确定性经常被认为是不可量化的，但一些蓬勃发展的行业会依赖于对两者的量化，而且还例行公事地经常量化，其中一个向我咨询过的行业就是保险业。

我记得有一次在为一家总部在芝加哥的保险公司的信息技术主管做商业案例分析时，他说：“道格拉斯，信息技术的问题在于它有风险，而且没办法量化。”我回答说：“你为保险公司工作，在这栋房子里你有整整一层楼的精算师，你觉得他们整天都在忙什么？”他显示出一种顿悟的表情，突然意识到在一家将被保事件的风险作为日常量化工作的公司工作，声称风险不可量化是不合时宜的。

对于不确定性和风险的意思和区别，某些专家也觉得有些模糊。看看芝加哥大学的经济学家富兰克·奈特（Frank Knight）在20世纪20年代早期说过的话吧：

> 必须在某种意义上把“不确定性”和通常所说的“风险”的意思严格区分开，而以前从未这么做过……最本质的事实是，风险在某些情况下意味着在数量上对量化的怀疑，虽然在某些情况下不是这样。依赖于不确定性和风险的现象所体现出来的意义，有着深远和本质的区别。

因此当定义术语时，精确地理解我们需要支持的决策非常重要。在上文中，奈特说的是某些人在使用“风险”和“不确定性”这两个词时具有多义性和模糊性，但这并不意味着我们也要多义和模糊。实际上在决策科学中，这些术语都以相当明确和一致的方式被说明过。不管有人会如何使用这些术语，我们可以选择和我们不得不做的决策相关的方式来定义它们：

不确定性 缺乏完全的确定性，也就是说，存在超过一种可能，例如人们不知道的真实的输出 / 结果 / 状态 / 价值。

不确定性的量化 为结果集合中的各种可能结果赋上相应的概率。例如，在未来 5 年，这个市场有 60% 的可能至少增加 1 倍，有 30% 的可能以较低速度增长，市场萎缩的可能性是 10%。

风险 不确定性的一种状态，该状态包括出现亏损、崩溃或其他不希望结果的可能性。

风险的量化 可能性的一个集合，每种可能性都有相应的发生概率和损失量。例如，“我们相信那口油井有 40% 的可能是干的，相应的钻探成本的损失为 1 200 万美元。”

我们过一会儿就会知道怎样量化风险和不确定性，现在至少已经定义了我们的意思，这永远是量化的先决条件。我们选择这些定义是因为它们和我们这里用到的量化实例最为相关：安全和安全的价值。

正如我们将看到的那样，当讨论任何其他类型的量化难题时，这些定义也是最有用的。至于其他人会不会继续使用模棱两可的术语，进行无休止的哲学辩论，面临两难选择的决策者是不关心的。

例如，英语中的单词“力”（Force）在牛顿给它数学定义之前，就使用了几百年了。今天，“Force”有时会和“Energy”（能量，活力）或“Power”（能力，能量）交替使用，但物理学家和工程师是不会这么做的，当飞机设计者使用这个术语时，他们就已经精确地知道这个词语的意思了。

既然我们已经定义了不确定性和风险，那么我们就有了定义安全等术语的一个更好的工具箱了。当我们说安全性已经得到提高时，一般的意思是某些特殊的风险已经降低了。

如果我使用刚才对风险的定义方法，就可以说风险的减少必定意味着一些危险事件发生的可能性或严重性降低了。下文将提到，我曾经帮助美国退伍军人事务部量化过总规模为1亿美元的信息技术安全投资，用的就是这种方法。

为政府部门信息技术安全项目进行的量化工作

很多政府人员把商界想象成一个靠激励驱动效率和动机的近乎谜一样的世界，在这个世界，害怕出局的恐惧让每个人都不停地工作。我经常听政府工作人员悲哀地抱怨说，他们的效率不如商界高。对商界人士来说，政府是官僚主义、缺乏效率的同义词，政府里的人整天庸碌无为，直至混到退休为止。我在商界和政界都做过很多顾问工作，我想说彼此对彼此的概括都不完全正确。我认为商界可以从政府机构学到很多东西，无论哪边的人都对我这一观点表示惊讶。事实是结构宏大的大型商业机构至今都有完全脱离经济现实的工作人员，而且他们的工作和政府里的工作一样官僚化。而且我敢保证，作为史上最大的官僚机构，美国联邦政府也有很多充满动力和激情的员工。因此除了商界案例，我也会把我的一些政府客户的案例作为重要案例来讲解。

现在说说退伍军人事务部的信息技术安全量化项目的更多背景。2000 年，美国的联邦首席信息官（Chief Information Officer，以下简称 CIO）委员会想做些测试来比较不同的绩效量化方法。CIO 委员会名副其实，是一个由联邦机构和很多直属机构的首席信息官组成的组织，该委员会有自己的预算,有时还有赞助人资助,这可以惠及所有 CIO 的研究。在看了几种绩效量化方法之后，该委员会决定用应用信息经济学方法测试一下。

我的任务就是在委员会的严格监督下，为每一个和安全有关的系统确定绩效标准，并评估这项信息技术安全投资策略。每次报告我的发现，委员会的好几个来自不同机构（如财政部、联邦调查局、住房和城市发展部）的观测者都会出席会议。每次工作会议之后，他们会把他们的意见汇集起来，写一篇将应用信息经济学方法和另一种在其他机构里普遍使用的方法进行详细比较的文章。

和绝大多数情况一样，我问退伍军人事务部的第一批问题是“你们对此进行量化是想解决什么问题？你们说的信息技术安全是什么意思？”也就是说为什么这项量化工作对你们如此重要？信息技术安全提高之后看起来应该是什么样子？如果安全性变得更好或更糟了，我们看到和检测到的东西有什么不同？更进一步的提问是：安全的价值是什么意思？在这个案例中，对第一个问题的回答相当直接，退伍军人事务部要马上作一项投资决策，是关于 7 个信息技术安全投资项目提案的，在未来 5

年里总投资为 1.3 亿美元，表 4.1 中列出了这 7 个投资提案。进行这些量化工作，是为了确定可以做哪些投资以及投资之后，安全性的提高是否值得继续投资或做其他一些修补工作，例如对系统加以改进，或附加一个新系统。

下一个问题对我的客户来说就有点困难了。信息技术安全看起来不像是绝大多数需要量化的短命或模糊概念，但项目参与者不久就发现，他们并不十分了解这个术语的意思。

很显然，流行病毒攻击的频率和影响的减小，可以表明安全性确实提高了，但什么是“流行”和“影响”？还有，黑客对系统未经授权的访问也是违反信息技术安全性的例子，但是偷窃一台笔记本电脑呢？如果数据中心遭遇火灾、水灾或台风呢？在第一次会议上，与会者发现虽然他们都认为信息技术安全性应变得更好，但对究竟什么是信息技术安全却没有共同的理解。

并非不同派别提出了各不相同的信息技术安全的详细模型致使每个人脑海中对此都有不同的认知结构，当时还没有人详细思考过信息技术安全的详细定义。一旦人们见到信息技术安全的具体实例，就会对一个毫不含糊而且内容全面的信息技术安全模型达成一致意见。

他们认为，信息技术安全性的提高意味着一系列不希望发生的事件的发生频率和严重性的降低。以退伍军人事务部为例，他们认为这些事件应该包括病毒攻击、未经授权的访问以及其他类型的灾难如火灾导致的数据中心的毁坏等。每种事件都有相应的损失，表 4.1 列出了各个项目和希望避免的事件以及相关事件的花费。

表 4.1　为退伍军人事务部信息技术安全项目进行的量化工作

安全系统	需要防止或减少的事件	事件花费
公钥基础设施（密钥加密/解密等） 计量生物学/单点登录（指纹识别器、安全卡阅读器等） 入侵检测系统 新系统的安全遵守认证项目 新的反病毒软件 安全事件报告系统 附加的安全培训	流行病毒的攻击 来自外部（黑客）或内部（员工）的未经授权的系统访问 对设施和财物的未经授权的物理访问 其他灾难：火灾、水灾、台风等	生产力的损失 欺诈带来的损失 法律责任/不当披露 对任务或使命的干扰（对退伍军人事务部来说，其任务和使命就是关心退伍军人）

每一个希望立项的系统，都会减少特定安全事件的发生频率和影响。这些事件将带来特定的组合成本。例如，病毒攻击会对人们的生产力产生影响，而未经授权的访问会导致生产力降低、欺诈，甚至可能由于私人医疗数据的不当披露而产生法律问题。

有了这些定义，我们就会对提高了的信息技术安全性的真正意义有更具体的理解，然后就可以量化了。当我问："当你观测提高了的信息技术安全性时，你都看到了什么？"退伍军人事务部的人现在可以回答得很具体了。退伍军人事务部的人现在意识到，当他们量化"更好的安全性"时，观测的是这些具体事件发生概率和影响的减少，他们达到了量化的第一个里程碑。

你或许会对这些定义的某些方面有不同意见，例如，你可能认为从严格意义上说，火灾不属于信息技术安全的范畴。但退伍军人事务部的人认为在他们的组织里应该包含火灾的风险。除了对外围一些东西有小的不同意见外，我认为我们提出的模型，是信息技术安全量化的基本模型。

退伍军人事务部以前量化安全的方法是完全不同的。他们曾经把重点放在计算有多少人完成了某些安全培训课程、安装了某些系统的台式机有多少台，换句话说，退伍军人事务部的量化结果非常不着边际，他们将所有的努力都放在了量化容易量化的东西上。在我和联邦首席信息官委员会一起工作之前，一些人认为安全的最终效果是无法量化的，因此没有做过任何减少不确定性的努力。

我们决定借助参量来量化一些非常具体的事情。于是，我们建立了一个清单，这实际上就是另一个“费米问题”。例如对于病毒攻击，我们问了以下问题：

◎ 遍及整个部门的流行病毒攻击多久发生一次？
◎ 当这种攻击发生时，有多少人受影响？
◎ 和正常水平相比，受影响人群的生产率会降低多少？
◎ 当机导致的不能工作的时间有多长？
◎ 当生产率降低时，员工的成本损失是多少？

如果我们知道上面每一个问题的答案，就可以计算出部门级病毒攻击的损失了：

病毒攻击造成的年均损失 = 攻击次数

× 每次攻击平均影响人数

× 人均降低的生产率

× 当机时间（小时）

× 每个人一年的人力成本

÷ 2 080 小时（政府规定的员工年工作时间）

当然，这个计算公式只考虑了没有病毒攻击时的劳动力成本，而没有计算病毒攻击对退伍军人的事务和其他方面造成的损失。不过即使该公式没有考虑某些损失，它还是可以得到保守估计的损失下限。表 4.2 显示了公式中每一因素的数值。

这些反映了以前在退伍军人事务部有过病毒攻击经历的安全专家的不确定性范围。有了表 4.2 中所给的上下限，专家们就可以认为真实的损失值有 90% 的可能在这些范围之间。我培训过这些专家，所以他们可以很好地对不确定性作定量估计，实际上，他们就像使用任何科学仪器那样“校准”这些变量。

表 4.2　退伍军人事务部对病毒攻击后果的估计

不确定的变量	有 90% 确定性的范围	
（未来 5 年）每年部门级病毒攻击的次数	2	4
平均影响人数	25 000	65 000
人均降低的生产率	15%	60%
当机时间	4 小时	12 小时
每人每年的人力成本	50 000 美元	100 000 美元

这些范围或许相当主观，从可量化性来看，一些人的主观估计的确比其他人更准确。我们将这些范围看成是有效的，是因为我们知道专家早已在一系列测验中显示出他们能够达到 90% 的确定性。

至此为止，你已经看到了怎样将像安全这样的模糊术语转化为相关可观测的事物。通过定义安全，退伍军人事务部在量化的道路上向前迈进了一大步。此时退伍军人事务部还没有做任何观测来减少不确定性，它所做的一切就是使用概率和范围，将不确定性数量化。

那么，安全专家该如何确定具有 90% 确定性的范围呢？这就要看一个人对可校准的可能性的估计能力了，这就像任何科学仪器都要被校准，以保证它们能给出合适的结果。校准概率评估是量化当前不确定性的关键，学习怎样将不确定性定量化，是对事物进行量化的重要步骤。提高这一技能就是第 5 章的重点。

第 5 章
校准训练：修正你的判断

人生中最重要的问题，在绝大多数情况下，真的就只是概率问题。

——法国数学家　皮埃尔·拉普拉斯

员工每周要花多少小时来处理顾客投诉？新的广告活动会增加多少销量？即使你不知道这些问题的具体价值，但你至少还是知道一些事情的，例如，你知道如果不采取这些行动，就不可能增加价值。关于某个事物你现在知道多少或是否应该量化它，具有很重要甚至是让人吃惊的影响。我们需要做的是表达我们现在知道多少，即使我们知道得很少也没关系，为了做到这一点，我们需要一个方式，以便很好地表达不确定性。

有一种可以表达对数量上的不确定的方式是将它想象为一个可能取值的范围。在统计学中，以特定的概率表示一个正确答案的范围被称为“置信区间（Confidence Interval，CI）”。一个 90% 的置信区间就是它包含正确答案的可能性有 90%。

例如，根据目前的潜在客户数量，你不能确切地知道下个季度有多少人会成为你的签约客户，但你觉得大概不会少于 3 个，但也不会多于 7 个。如果你有 90% 的把握认为实际的数字将在 3 和 7 之间，我们就可以说，你的 90% 的置信区间是 3 ～ 7。这些值你也许是用各种复杂的统计推理方法计算出的，但也可能仅仅是基于经验得出的。无论哪种方法，这个置信区间应该是对你的不确定性的一个反映。

你还可以使用概率来描述某些特定事件的不确定性，例如，一个潜在客户在下个月签约的可能性。你可以说有 70% 的可能，但这对吗？我们看一个人是否可以很好地估计不确定性的方法，就是看他过去对所有潜在客户的评估，然后问他：你有 70% 的把握签约，但在大量的潜在客户数量基础上，真的有 70% 的客户签约了吗？

如果你说签约有 80% 的把握，是否真的有 80% 的交易签约了？我们将预期的结果与真实结果进行对比，就能了解一个人对不确定性的把握程度了。

不幸的是，大量研究表明，只有极少数人是天生的校准估计专家。校准概率评估是 20 世纪七八十年代延续至今的决策心理学的研究领域，这个领域领先的研究者是 2002 年诺贝尔经济学奖获得者丹尼尔·卡尼曼（Daniel Kahneman）和他的同事阿莫斯·特沃斯基（Amos Tversky）。

很多管理科学和数量化分析方法的焦点在于怎样针对具体的、已经定义好的问题做出“最佳”决策，而决策心理学考虑的是人们在不理性情绪左右下，实际如何做决策。

这项研究显示，对于所做的评估，几乎所有人都倾向于两个极端：过于自信或过于不自信，其中大多数人过于自信。在不确定事件或不确定数据的范围内下赌注的技能，并不是靠经验和直觉自动得来的。

下面是主观信心的两个极端：

过于自信 一个人常自夸其拥有的知识，并且正确率要比他所估计的低时，就是过于自信的表现。例如，当要求某人估计一个90%的置信区间时，实际结果在置信区间中的概率远小于90%。

过于不自信 一个人常低估其拥有的知识，并且正确率比他估计的高时，就是这种情况。例如，当要求某人估计一个90%的置信区间时，实际结果在置信区间中的概率明显大于90%。

幸运的是，其他研究者的工作表明，如果对评估人进行训练以去掉个人评估偏差，取得更好的评估结果是完全可能的。

研究者发现，赔率制定者和博彩公司在评估事情的概率方面一般比别人好。他们还困惑地发现，医学家在评估他们不知道的事情时结果都非常糟糕，例如，恶性肿瘤或胸口疼痛引发心脏病的概率。因此，不同专业之间的不一致性说明，对不确定事物的概率估计是一项需要学习的技巧。

研究者知道了过于自信、过于不自信或者对他们的评估带有其他偏差时，专家们是怎样做量化的。一旦人们经过了这种自我评估，他们就能学到好几种提高评估和检验结果的技术。

总之，研究者发现评估不确定性是一个可以学习而且可以衡量提高效果的普遍技能。也就是说，当经过校准训练的销售经理说他们有75%的把握留住一个主要客户时，他们确实有75%的把握。

校准练习：让“估计”变得更准确

现在让我们做个小测验，看看你对于不确定性的量化工作做得怎样，并以此作为你的起点。

表 5.1 包含了 10 个 90% 置信区间的问题和 10 个是非判断题，除非你是美国最受欢迎的智力竞赛节目《危险大赛》总冠军，否则不太可能确切知道所有这些知识性问题的答案，但它们都属于你可能有一些了解的问题。

即使用这么小的样本，我们仍能检测到你的一些重要技能，更重要的是，你应该想到你当前不确定的状态是可以被量化的。

表 5.1 包含了各 10 道关于以下 2 种类型的题：

90% 置信区间 对于每个 90% 置信区间的问题都提供上限和下限。请记住该范围应该足够宽，以便答案有 90% 的机会落在你设置的区间中。

是非题 每个问题的回答非真即假，然后圈上反映你回答信心的概率。例如，如果你对答案有绝对把握，就表明你有 100% 回答正确的可能。如果你对问题一无所知，那么答对答错的概率应该和掷硬币猜正反面一样（50%）。通常情况，信心值应该为 50% ～ 100%。

当然，你可以查找这些问题的答案，但我们是用它们做练习，看看你对不能查阅答案的问题的估计水平。

表 5.1 校准测试题

	问题	90% 置信区间	
		下限	上限
1	纽约和洛杉矶的空间距离是多少英里（1 英里 =1 609.344 米）？		
2	艾萨克·牛顿爵士在哪一年发布了万有引力定律？		
3	一张典型的名片有几英寸长？		
4	作为军事通信系统的互联网是在哪一年建立的？		
5	莎士比亚出生于哪一年？		
6	1938 年，英国蒸汽机车创造的新速度纪录（每小时多少英里）？		
7	一个正方形能被同样直径的圆盖住百分之多少的面积？		
8	卓别林死的时候多少岁？		
9	本书第一版重几磅（1 磅 = 453.5924 克）？		
10	美国情景剧《盖里甘的岛》首次播出是哪天？		
	是非题	**回答**（真 / 假）	**你回答正确的信心度**（圈一个）
1	古罗马是被古希腊征服的。		50% 60% 70% 80% 90% 100%
2	不存在三峰骆驼。		50% 60% 70% 80% 90% 100%
3	1 加仑石油比 1 加仑水轻。（1 加仑 = 3.785 升）		50% 60% 70% 80% 90% 100%
4	从地球上看，火星总比金星远。		50% 60% 70% 80% 90% 100%
5	波士顿红袜队赢得了第一届世界系列赛的冠军。		50% 60% 70% 80% 90% 100%
6	拿破仑出生于科西嘉岛。		50% 60% 70% 80% 90% 100%
7	M 是 3 个最常用的字母之一。		50% 60% 70% 80% 90% 100%
8	2002 年，台式电脑的均价低于 1 500 美元。		50% 60% 70% 80% 90% 100%
9	林登·B. 约翰逊在成为副总统之前是州长。		50% 60% 70% 80% 90% 100%
10	1 千克比 1 磅重。		50% 60% 70% 80% 90% 100%

等价赌博测试

重要提示：各个问题的难度不同，一些比较简单，而另一些看起来或许很难回答，但无论题目看起来多么困难，你仍然知道关于它的一些知识，请把焦点放在你知道的事情上。对于范围问题，你知道某些问题的上下限看起来很荒谬，例如，你或许知道牛顿不是生活在古希腊或者20 世纪。与之类似，对于是非题，虽然你不能完全确定答案，但你至少对哪个看起来更正确，会有一些看法。

在你完成后看答案之前，请做一个小小的实验，看看你给出的范围是否真的反映了 90% 的置信区间。现在就考虑一个 90% 置信区间的问题，牛顿什么时间发表万有引力定律？假设我给你提供一个赢得 1 000 美元的机会，请从以下 2 种方法中选择一种：

A 方法 如果真正的发表年份确实在你给出的日期上下限之间，你就赢得 1 000 美元，否则什么也得不到。

B 方法 旋转一个分成两个大小不等的“扇形”转盘，如图 5.1 所示，一个扇形占 90% 的面积，而另一个占 10%，转盘上有个固定指针。如果转盘停下来后，指针停在大扇形区域，你就赢得 1 000 美元，否则什么也得不到（也就是说，你有 90% 的机会赢得 1 000 美元）。

你愿意采用哪种方法呢？如果玩转盘，你有 90% 的机会赢得 1 000 美元，10% 的机会赢不到。如果你和 80% 人一样，你会更喜欢玩转盘。为什么会这样呢？唯一的解释就是你认为转盘有更高的获胜机会。对此我们不得不得出这样的结论：你当初估计的 90% 的置信区间实际上并不是你的 90% 置信区间，或许它是你的 50%、65% 或 80% 置信区间。因此我们说，你最初的估计也许过于自信了，你表达不确定性的方式说明，你内心的不确定性比你声称的要大。

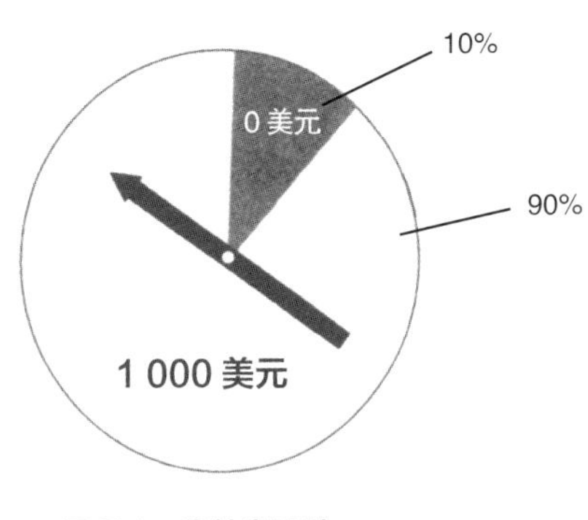

图 5.1　靠转盘取胜

另一个我不希望的结果是你选择了 A 方法：如果答案在你的范围里你就赢得 1 000 美元。这意味着你认为获胜的概率超过 90%，虽然你声称的把握仅仅是 90%。换句话说，A 方法往往是过于不自信的人的选择。

我希望你给出的答案是，你设置的区间范围刚好让你觉得以上两种方法没有区别，这意味着刚好有 90% 的机会让你相信答案就在你设置的范围中。要使得这两个选择等价，对过于自信的人来说，意味着要扩大初次估计的范围；对过于不自信的人来说，则要缩小初次估计的范围。

对于是非题，你当然也可以应用同样的测试方法。比如，你对回答拿破仑在哪儿出生有 80% 的信心，然后你再在正确回答的信心和摇转盘之间进行选择。当然，在这种情况下，转盘的大扇形应该占 80% 的面积，小扇形占 20%。如果你更愿意转转盘，说明回答的信心少于 80%。现在假设我们改变了转盘的赔率，大扇形的面积变成70%了，如果你此时觉得转转盘和赌正确回答的信心一样强，说明你回答正确的信心只有70%。

在我的校准训练课上，我一直把这个叫作**“等价赌博测试”，顾名思义，该测试是通过比较你的选择和你选择的物等价，看看你是否真的对你设置的范围有90%的信心**。研究表明，仅仅大幅度提高赌注金额，就会提高一个人的评估能力。实际上，人们在真实赌博情境下的评估水平，比虚拟赌博情境下的水平稍有提高，更多的内容请见第13章关于预测市场的讨论。

等价赌博测试等方法有助于人们对一个事物的不确定性给出更加现实的估计，因此被称为“校准的”，也就是说，当他们说有80%的信心时，结果确实有80%的正确率。还有其他一些简单方法来提高你的校准程度，但首先还是先看看你的测试结果怎样吧，答案在本书附录中。

要判断你校准得怎么样，我们需要将你期望的结果和真实结果比较一下。由于你回答的范围要求有90%的置信区间，因此你只要能答对9道题就可以了。我们只需要看看最终有多少答案在你设置的范围中，如果你期望的结果和最终结果完全一样，说明你在校准方面做得很好。当然，这是一个很小的样本，还不能下定论。

至于你对是非题的期望结果，就不是一个固定的数字了，因为你的信心会因每道题而不同。对于每一个回答，你的信心应该在50%～100%。如果你说你对所有这10个问题都有100%的信心，那你期望的结果就是10个都对。如果你对每个问题只有50%的信心，也就是说，你猜答案的正确率不会比掷硬币更好，那么你的期望就是答对5道题。为计算期望结果，请将你对每道题的信心百分比转化为小数，然后相加求和。例如，你对每道题的信心是 1、0.5、0.9、0.6、0.7、0.8、0.8、1、0.9 和 0.7，总和就是 7.9。这意味着你期望答对的题数是 7.9 题。

如果你和大多数人一样，那么你回答正确的题量会少于你期望回答正确的题量。当然，这里的题量很少，但结果显示绝大多数人都过于自信，即使这么小的样本也足以说明问题。

通过这种测验，可以看出一个人是否真的被校准了，也就是说，90% 的置信区间确实反映了真实结果。计算表明，一个被校准的人在 10 个 90% 置信区间问题中只有最多 5 次正确，这种概率只有 1/612。但由于作这项测验的 56% 的人都做得很差，所以我们可以毫无顾虑地得出结论：虽然样本不多，但结果不好的原因是总体过于自信，而不是偶然运气不好或问题太难，因为结果反映的是过去几年一系列不同测验的情况。如果你在置信区间范围内做对的题目数量还不到 7，说明你或许过于自信了；如果做对的数量还不到 5 个，你就过于自信了。

人们通常感觉做是非题会稍好一点，但总体来看，他们还是过于自信了，一般来说，通过 10 个问题足以测出来。平均而言，人们对自己做对的期望是 74%，但实际上正确的概率只有 62%。将近 1/3 的参加者希望获得 80% ～ 100% 的正确率，但他们回答正确的概率仅为 64%。如果你做是非题表现得不错，可能是因为从统计学角度看这个测验还不够精确，对于如此少的题目来说，校准过的人因运气不好得到坏结果的概率大于未校准过的人，但如果你测验的真实成绩比你期望的低 2.5 分以上，说明你可能还是过于自信了。

相对于定量概率而言，等价赌注听起来过于主观和定性。但事实上，在 20 世纪早期，杰出的数学家和统计学家就提出了一种将等价赌博作为概率本身的定义。该定义的发起者之一是意大利统计学家和精算师布鲁诺·德·菲内蒂（Bruno de Finetti，1906—1985）。作为意大利保险业巨头忠利保险公司（Assicurazioni Generali）的精算师，德·菲内蒂更关心实际的财务决策，而不是关于概率的纯粹定义的哲学辩论。1937 年，德·菲内蒂提出，某一事件发生的概率反映在你对该事件支付的一定金额上，就像保险合同一样。例如，假设某个政客被指控犯罪，保险合同可以支付的金额是 X。也许你为该合同设定了 60 美元的价格，如果定罪成功，合同将赔付 100 美元。他将概率表示为相对于回报的 0.6 的价格。

接下来，德·菲内蒂提议让另一方来决定他们想要赌在哪一边。如果他们认为你定的价格太高，就会以那个价格卖给你这样一份合同。如果他们认为你把价格定得太低，就会从你这里买入。德菲内蒂指出，对你来说最好的策略是，一旦你确定价格，就不用关心你必须采取的立场了。换句话说，你必须在没有套利机会的情况下设定价格。他把这称为价格的一致性。

在统计学和数学中，我们可能常常看到表示 X 的概率的符号“P（X）”，德·菲内蒂实际上用 Pr（X）代替表示 X 的概率和 X 的价格。他的意思是价格和概率相等。他将其称为概率的主观操作定义，并进一步证明这在数学上是一个多么完美有效的概念。他后来说，他可能会以不同的方式来看待这个问题，特别是在不同结果的相对效用以及损失与收益的考虑方式不同的情况下，尤其是当损失与你现有的财富相比巨大的时候（更多详情，参见本书的最后一部分）。尽管如此，德·菲内蒂的主观操作正是真正的决策者所需要的。他申明了那个时代和后来许多伟大的数学家和科学家对概率的主观看法。

值得注意的是，使用等价赌注可能是最有效的校准方法。我通常会在进行校准培训时，问问谁在使用等价赌注。那些承认自己没有一直使用它的人，似乎更有可能是那些在校准方面感到困难的人。

为了考察人们对等价赌注的理解，我有时会让参加校准训练的人用这个方法从另一个人的陈述中测算概率或置信区间。如果他们正在测试另一位参与者的90%置信区间的等价赌注，我希望他们会问："你更喜欢以下哪种：①如果正确答案在你猜的范围内，你就赢得1 000美元；②旋转一个有90%的概率赢得1 000美元的转盘？"但不知什么原因，这似乎让大多数初次尝试的人感到困惑。我还听过下面这些不同的问法（这些都不是等价赌博测试）。

◎"你是更愿意有90%的自信，还是更愿意旋转一个能够赢得1 000美元的转盘？"

◎"你是更喜欢在90%的时间里正确，还是更喜欢获得1 000美元？"

请记住，在两个选择中，第一个选择不应提及概率——你只是在答案落到你的区间范围内的条件下，才能赢钱。第二个选择与你的答案无关，它只是一个随机旋转转盘的结果。人们在"有90%的自信"和金钱中做出的选择是无效的。等价赌注测试的两种选择应该支付相同数额的奖金，但一个选择基于你的回答，另一个基于随机旋转转盘的结果。在90%置信区间问题的情况下，随机旋转转盘应该总是有90%的机会。如果要测试真/假置信度，请将转盘的收益更改为指定的置信度。

提出赞成和反对意见

迄今为止，学术研究表明训练可以极大地提高校准效果。我们已经说过，等价赌博测试可以让我们将个人内心的真正选择和最终结果联系起来。研究证明，校准一个人评估不确定性能力的另一个关键方法就是重复和反馈。为检验这个结论，我们要求被试测试一系列和刚才的小测验相似的小问题，他们将答案给我，然后我把正确答案给他们，最后他们再测试。但是单一的方法并不能完全校正绝大多数人天生的过分自信。作为补救，我将几种方法结合起来使用，结果发现绝大多数人都能被近乎完美地校正。

在这些方法中，有一种方法是让人们对他们的每一个估计都提出赞成和反对意见。赞成意见就是为什么这么估计是合理的，反对意见就是为什么它看起来有点过于自信了。例如，你对一个新产品销量的估计或许和其他刚下线的、有着相似营销支出的产品一致，但当你考虑到其他公司的悲惨失败或超级成功的案例，你可能会犹豫不决。再加上你对总体市场增长的不确定,你也许会重新评估当初的预计销量。学术研究发现，这个方法本身就可以极大地提高校准水平。

反向锚定法

我还请求提供范围估计的专家将范围的上下限当成一个单独的是非题对待。90% 的置信区间说明有 5% 的可能超过上限，也有 5% 的可能低于下限。这意味着评估人对真实值小于上限必须有 95% 的把握，如果他们不这么有把握，就应该提高上限，直到他们有 95% 的把握为止。对于下限，道理也一样。

进行这个测试要避免评估人的“锚定”问题。研究人员发现，一旦在脑海中有一个值作为“桩子”，我们其他的估计都会倾向于向它靠拢，更多内容请见第 12 章。一些评估人说当设置范围时，他们会先想到一个单独的值，然后用一个误差值对它进行加减运算。于是，范围就产生了。这看起来或许是合理的，但它实际上会让评估人缩小范围。将每一个上下限当成一个单独的是非题，也就是询问“对于真实值比它大（小），你真的有 95% 的把握吗？”就会纠正我们在内心中设置一个锚的倾向。

你还可以用另一种方法强迫他们改变天生的“锚倾向”。在设置范围时，先不要在心中设一个锚点，而是一开始就设定一个很荒谬的大范围，然后逐渐增加下限、减少上限，直到达到合理范围为止。

例如，如果你对开设一家塑料工厂要花多少钱一无所知，可将初始范围设置为 1 000 美元 ~ 100 亿美元，然后逐渐减小这个区间的宽度。如果一台新设备的成本是 1 200 万美元，你就会增加下限。如果 10 亿美元这个数字比你所有其他工厂的总价值都大，你就会降低上限。在不断缩小范围的过程中，就会消除荒谬的上下限值了。

我有时把这个方法叫作“荒谬测试法”，它将问题从“我觉得这个值是多少？”重塑为“我觉得什么值是荒谬的？”我们不断调整看起来明显荒谬的数值，直到得到比较靠谱的结果，这是我们量化的绝活。

经过一些校准测试，并练习过诸如使用等价赌博、列出赞成与反对意见和反锚定等方法之后，评估人学会了如何更好地调整他们的“概率感觉”。绝大多数人在经过仅半天的训练后，都会达到近乎完美的程度。更重要的是，虽然我用一般常识性问题训练他们，但他们所获得的校准技能却可以用于任何领域。

在附录中，我分别提供了两份区间估计和是非题校准测试。请用表 5.2 中总结的方法，提高你的校准水平吧。

表 5.2 提高概率校准水平的方法

1	重复和反馈	连续做几个测验，每做完一个就看看你做得如何，然后在下一个测验中尽量提高水平。
2	等价赌博	对每一个评估，设置等价赌博测试，看看你设置的范围或概率是否真的反映了你的不确定程度。
3	考虑赞成和反对两方面的意见	你为什么对你的评估有信心？找出至少两点原因，还要找出你可能出错的两点原因。
4	避免锚定	在考虑范围问题时，将上下限分成两个独立的是非题："真实值超过上限或低于下限，对此你有 95% 的把握吗？"
5	逆向锚定	先设置极大的范围，然后用荒谬测试逐渐缩小范围。

你的估值范围 = 你的认知程度

如果有人对校准或概率有疑义，则上面提到的方法就没有帮助了。虽然我发现大多数人在做决策时，看起来对概率的概念都能正确把握，但还有一些人对这些东西存在误解。当我带着团队进行校准训练，或在训练后进一步讲解校准估计时，我听到以下一些评论：

◎"我的 90% 的信心不会有 90% 的正确概率，因为主观上 90% 的信心和客观上 90% 的概率永远不会相等。"

◎"这是我的 90% 置信区间，但我根本不知道它是否正确。"

◎ “我们不可能对此做出估计，我们一无所知。”

◎ “如果我们不知道确切答案，就不可能知道发生的可能性。”

第一句话是一个化学工程师提出的，这是他初次使用校准方法时的看法。只要认为主观概率不如客观概率，他就不会被校准。但是经过一些校准练习后，他确实发现在主观判断概率时经常能和客观概率吻合。换句话说，当时他的 90% 置信区间确实包含了 90% 的正确答案。

上面的评论多多少少都存在这样的误区：不知道精确数量等于对事物一无所知。说根本不知道它是否正确的那个妇女，她的 90% 置信区间设置得不错，她这里说的是校准测试中的特定问题，这个问题是，波音 747 左右翼梢之间的距离是多少英尺（1 英尺 = 0.3048 米）？她的回答是 100 ～ 120 英尺，下面是我当时和她谈话的大致内容：

我：对此你有 90% 的把握吗？

她：我一点儿都不知道，完全是猜的。

我：但当你给出 100 ～ 120 英尺这个范围时，说明你至少相信你对此有相当好的认识。对于一个一无所知的人来说，这是一个相当小的范围。

她：嗯，但我对这个范围不那么有信心。

我：这说明你的真正的 90% 的置信区间或许应该宽得多，你觉得翼展应该多长？20 英尺吗？

她：不，不可能这么短。

我：很好，那它会少于 50 英尺吗？

她：也不太可能，那应该是我最低的下限。

我：我们正在取得进步。翼展会大于500英尺吗？

她：（迟疑）……不会，不应该那么长。

我：好，会比足球场要长吗？300英尺？

她：（似乎已明白我的意图）……好吧，我认为我的上限应该是250英尺。

我：所以你认为波音747翼展的90%置信区间是50 ～ 250英尺？

她：是的。

我：所以你真实的90%置信区间是50 ～ 250英尺，而不是100 ～ 120英尺。

在我们谈话的过程中，她从“不切实际的小区间”逐步取得进展，直到她真的觉得有90%的可能包含正确答案为止。她不再说她一无所知了，因为新的范围表达了她已知的程度。

这个例子说明了我在分析中不喜欢使用“假设”这一词的一个原因。在争论问题时，我们一般认为“假设”的条件是真实的，而不考虑它是否真的真实。如果你不得不使用确定的计算方法处理精确的数值，那么假设就是必要的，因为你永远不可能确切知道精确值，所以任何这样的值都是假设。但如果你可以给出范围和概率建模，就无须声称你对某物不了解了。如果你不确定，你设置的范围和概率应该会有所反映。如果你对一个狭小的区间是否正确一无所知，可以简单地把它扩大，直到它能反映你的认知为止。

在确定你对一个问题究竟有多么不了解时，我们忘记了对它还是多少知道一些的。恩里科·费米给他充满疑惑的学生们展示了遇到看似不可能做出估计的问题时，如何找到合理解决办法。我们要量化的范围，不可能是从负无穷大到正无穷大。

下一个例子和上面的稍有不同。在上面的对话中，那位女士给出了一个不切实际的小范围，下面的对话是我和退伍军人事务部的人一起工作时发生的。起初，一个安全专家没有给出任何范围，并坚持认为永远不可能评估信息系统的安全性。他说他不知道任何变量，但到了后来他做了让步，说他对一些界限的值非常确定。

我：如果你们的系统被计算机病毒弄得当机了，平均来说，当机的时间有多长？和过去一样，其 90% 的置信区间是多少？

安全专家：我们没办法知道这个。有时我们当机的时间会短一些，有时长一些。我们没做过这方面的统计，因为我们首先要做的事情是对系统进行备份，而不是对事件进行记录。

我：当然，你不能精确地知道时间，这就是为什么我们仅需要估计一个范围，你经历的最长的当机时间是多长？

安全专家：我不知道，时间变化很大……

我：你曾经当机超过两天时间吗？

安全专家：没有，不可能那么长。

我：超过一天呢？

安全专家：我不敢肯定……可能吧。

我：我们正在找平均当机时间的 90% 的置信区间。请考虑你经历过的病毒引起的所有当机时间，平均时长会超过一天吗？

安全专家：我明白你的意思了，我认为平均时长应该少于一天。

我：因此你们的平均时长的上限应该是？

安全专家：好吧，我认为当机时间的平均时长基本上不可能超过 10 小时。

我：很好。现在我们考虑一下下限有多长？

安全专家：有时一两个小时能解决，有一些则需要更长时间。

我：好，你的意思是平均当机时间是两个小时吗？

安全专家：不是，我觉得至少是 6 小时。

我：好，也就是病毒导致的平均当机时间的 90% 置信区间是 6 ～ 10 个小时吗？

安全专家：我参加了你的校准测试，让我想想。平均当机时间的 90% 置信区间是 4 ～ 12 小时。

对于一些高度不确定的事物来说，这是一场典型的谈话。起初，人们拒绝给出任何范围，也许因为有人教他们，在商业领域缺乏精准的数据等于一无所知，或者因为他们想对数据负责任。但缺乏精确值和一无所知是不同的，例如，安全专家知道病毒攻击导致的平均当机时间达 3 个工作日是荒谬的，与此类似，小于 1 小时也同样荒谬。在这两种情况下我们就会知道一些信息，而且将不确定的事物数量化。6 ～ 10 小时范围的不确定性，要比 2 ～ 20 小时范围的不确定性小得多。总之，我们感兴趣的是不确定的程度。

上面两场对话是用反向锚定方法进行荒谬测试的例子。只要我得到

“不可能，我不知道”“这就是我的范围，但它仅仅是猜测”之类的反应或回答，我就会使用这个方法。无论人们觉得他们对一个事物了解得多么少，最终总会发现，他们还是知道某些值是荒谬的；然后区间逐步缩小，数据变得不再荒谬，区间上下限逐渐具有合理性；最后，我再让他们做一个等价赌博测试，看看最终结果是不是真的是 90% 的置信区间。

90% 的信心意味着 90% 的概率吗？

纵观本书，我将使用 90% 的置信水平估计置信区间，不管它是由主观决定还是由样本数据决定，该区间包含真实值的可能性有 90%。我会把概率当成对不确定性或可信度的一种表达。

很多统计学教授对概率的定义与我的看法相矛盾。如果我计算出某事物 90% 的置信区间，比如一批新孵出的小鸡经过 3 个月生长后，平均质量在 2.45 ~ 2.78 磅。他们会说，平均值有 90% 的可能在此区间是不正确的，因为真正的平均值不在该区间内，就在该区间外，没有模棱两可的事情。

这就是被称为“频率论者”的人对置信区间的一个解释。频率论者会争辩说，术语“概率”只能应用在纯随机（Purely Random）的事情上，严格来说，这些随机事件可重复，而且可以重复无穷多次。

绝大多数决策者的行为都和本书描写的一样，他们被称为“主观主义者”，因为他们使用多种置信区间来描述一种不确定状态，而不管是否会遇到类似“纯随机”之类的标准。这种境况有时也被称为“贝叶斯式”

解释，虽然该解释和我们将在第 10 章讨论的贝叶斯公式毫不相干。对于主观主义者来说，置信区间仅仅描述了一个人了解情况的多少，而不管这种不确定性是否包含一个固定值。在做风险决策时，我们一般用概率和置信区间描述不确定程度。

假设所有个体的真正平均值在 90% 的置信区间之内，此时如果你愿意用 1 500 美元做赌注去赢 2 000 美元，那么对于有 90% 机会获胜的旋转转盘，你也会愿意赌，直到新的信息出现之前，例如你知道了全部个体的真正平均值。否则，你都会把落入置信区间的可能性当作概率。

如果真的要赌，我认为频率论者和主观主义者一样，会根据不同的可能性对置信区间和旋转转盘下注。

在很多实证科学领域的出版物中，物理学家、流行病学家和古生物学家都将置信区间描述为“包含估计值的可能性或概率”，然而，没有人因此撤回哪怕一篇文章。

我的非正式的调查表明，也许绝大多数数学领域的统计学家都是频率论者，正如一些人承认的那样，他们用频率论来解释概率。需要着重指出的是，不管怎样，数学和实证上的两种解释都是纯语义学上的，既不是建立在数学基本原理之上的函数，也不是可被证明为真或为假的实证观测。这就是为什么这些区间仅仅被称为“解释”，而不是“定理”或“定律”。

频率论者的解释令人难以理解。一些统计学教授对此理解透彻，因此既讲授主观主义者对概率的定义，也讲授频率论者对概率的定义。和大多数需要做决策的科学家一样，我们认为 90% 的置信区间，其包含真实值的可能性或概率就是 90%。

经过校准训练的人往往预测得更准确

自从 1995 年开始做校准训练以来，我一直都在跟踪观测人们做小测验的效果，以及校准水平高的人在现实生活中是如何评估事情的不确定性的。我的校准方法也在不断改进，水平也提高了很多，自 2001 年以来已经基本保持稳定了。从那时起，我已经对超过 200 人进行了全面的校准训练，并记录下他们的表现。我还跟踪记录了在为期半天的连续几次校准测验中，他们的期望结果和真实结果。由于我对该领域的研究相当熟悉，我期望大家能在校准能力上获得巨大提高，但对不同个体在测试中所表现出的差别我还不能很好把握。学术研究显示，被试经常会得出很集中的结果，因此，我们可以只看平均值。我把经我培训的人员的表现汇总时，得到的研究结果和以前的也很相似，但因为我可以按具体受试人员分解结果，所以我看到了另一个有趣的现象。

图 5.2 和图 5.3 显示了对 200 多人测试的总体结果，每一个测试都是在工作室做的。在早期测试中，表现优秀的人免试后续测试。图 5.2 显示了真实答案落在他们声称的 90% 置信区间内的百分比，图 5.3 显示了校准能力提高或没有提高的被试者的比例。

图 5.2 显示在前两三个测试中，人们的校准能力有明显提高，但之后越来越平缓，没能达到理想的校准水平。由于大多数学术研究只显示平均结果，因此在大多数报告中，校准都极难达到理想水平。

但图 5.3 显示当我按照学生的表现分解数据时，我看到大多数学生在最后测试中，表现得都很好，但有一些人表现很差，拉低了平均值。为了确定谁需要提高，我们将没提高的人和表现优秀的人分开。当然，

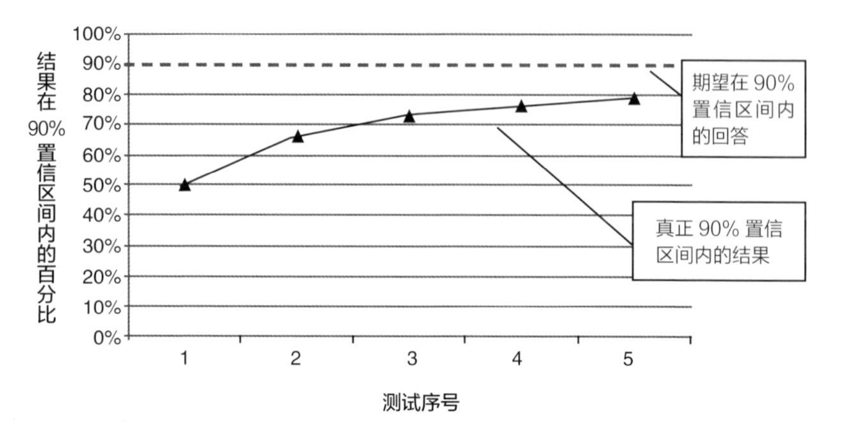

注：测试1是10个问题，其余是20个问题。

图5.2 被试者的平均表现

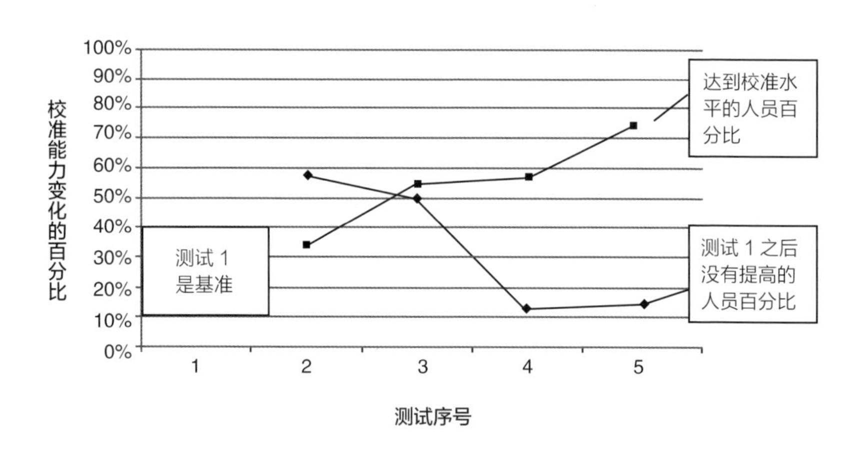

注：测试1是10个问题，其余是20个问题。

图5.3 表现的两个极端

一个校准能力不强的人也可能比较幸运，在第一次测试中表现很好从而不再参加后续测试了。考虑到测试的统计误差，经过 5 次校准练习后，75% 的人都可以很好地被校准，成为既不过于自信、也不过于不自信的人，也就是说他们的 90% 置信区间包含正确答案的可能性大约是 90%。当然，并非所有人都必须参加所有 5 次测试，图 5.3 显示的是累计结果。

另外，10% 的人有显著提高，但还没有达到理想程度。有 15% 的人从第一次做测试开始到最后，一点都没有提高。为什么这些人没有提高呢？可能的原因是他们对测试都有点漠不关心。

那些在测试中不想做任何努力的人，都不是想解决特定问题的相关专家或决策者，可能因为他们觉得自己的意见不重要，也可能因为对这些问题缺乏思考能力。这些都是从学术角度考虑的原因，我对他们没有任何偏见。

我们看到，训练对大多数人都很有效果。但在训练中的优良表现是否反映了评估真实世界中不确定性的能力呢？回答是毫不含糊的，我有很多机会跟踪评估那些在校准测试中表现优异的人在现实生活中是否也表现优异。有一个特殊的控制实验非常引人注目。1997 年，我受邀训练技嘉信息集团（Giga Information Group）的分析家，以便确定未来发生某些事件的可能性。技嘉信息集团是一家信息技术研究公司，它把研究成果卖给其他公司，以客户付费订阅为主。技嘉信息集团之前已经采用赋概率值的方法对客户要求的事件预测，并希望该方法准确有效。

我用前面描述的方法训练了 16 位技嘉信息集团的分析师。在训练结束时，我给了他们 20 个信息技术行业预测题，他们回答真或假，并对每个回答附上一个信心值。测试是在 1997 年 1 月份作的，所有的问题都是问 1997 年 6 月 1 日后某些事件是否会发生，例如：英特尔（Intel）公司将在 6 月 1 日前发布 300 兆赫主频的奔腾中央处理器（CPU）是真是假。

我还把同样的预测列表给了他们机构 16 个首席信息官客户。6 月 1 日后，我就能看到哪些事件真正发生了。在技嘉 1997 年的行业年度研讨会上我发布了结果，如图 5.4 所示。请注意，一些被试并没有回答全部的问题，因此在图的每个组中，回答总数并不是 320（16 个人乘 20 个问题）。

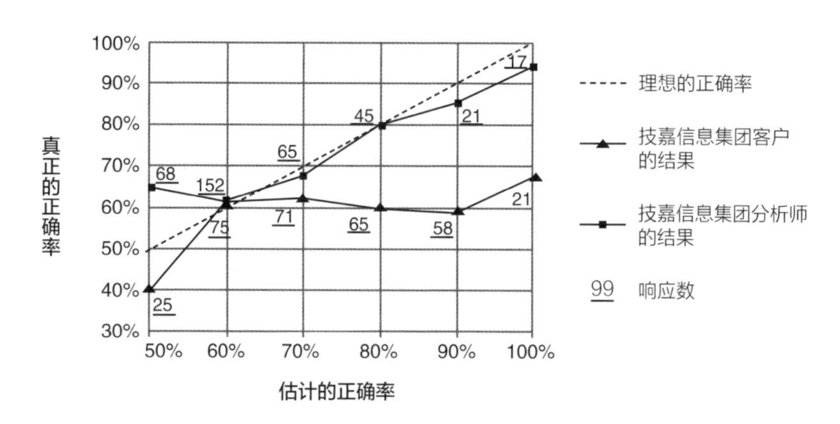

图 5.4　1997 年对信息技术行业的 20 个预测的校准实验结果

在图 5.4 中，水平轴是被试对给定问题预测正确的概率，垂直轴显示到底有多少预测是正确的。一个理想校准水平的人的结果，应该完全在虚线上，这意味着当他对预测有 70% 的信心时，正确结果也是 70%；当对预测有 80% 的信心时，正确结果也是 80%，以此类推。

图中，你可以看到分析师的结果很接近理想状态，都在允许的误差范围内。在坐标轴的低端和高端差异就很大了，但仍在可接受的误差范围内。当分析师说他们有 50% 的信心时，真实的正确率却是 65%，这意味着他们或许比所设定的信心值知道得更多，而且在坐标轴的左端，他们才稍微显得有点不自信。但差别也不大，或许完全是偶然造成的。

在水平轴的右端，两组人员差异就明显了。越往右，分析师的信心度越高，事实结果比信心度稍低，所以分析师有些自信过度，但总体来看，他们在校准方面做得非常好。

作为对比，没有接受任何校准训练的客户，就显得太过自信了。在客户结果中，58 人次说他对问题的预测结果有 90% 的把握，但正确率却不到 60%。而对预测具有绝对信心的有 21 人次，但最后的正确率却只有 67%。所有这些结果，都和过去几十年所做的数次典型校准研究结果一致。

同样有趣的是，技嘉信息集团分析师回答的问题是关于整个信息技术行业的，而不是关于分析师的专业问题。这样，他们的回答就显得更加保守一些，但当他们对预测更有信心时他们便不再那么保守。在训练之前，分析师在测试中体现出的校准能力和客户预测一样差。结果很清楚：精度上的差别完全是校准训练造成的，而且校准训练虽然使用的都是小问题，但对真实世界的预测同样有效。

我以前的很多顾客都在运营他们自己的校准工作室，并且可以看到他们遵守这些策略的程度不同，所得到的结果也不同。在大多数情况下，他们训练的能达到校准水平的人都不如我的工作室多。我发现他们并没有按照表 5.2 中建议的校准策略去做，尤其没有做等价赌博测试，而这是最重要的校准策略之一。那些每次练习都遵守这些策略的人，所得结果与我类似。

在评估中，动机和经验也许是一个因素。我经常给有经验的管理者和分析师做培训，绝大多数人都知道我会要求他们使用所学的新技能评估真实世界中的事情。北卡罗来纳大学教堂山分校（The University of North Carolina at Chapel Hill）的戴尔·若尼克（Dale Roenigk）用同样的方法训练他的学生，发现能达标的比率很低。学生和管理者不同，很少有人要求他们作评估，也许这是他们表现差的一个原因，而且他们没有任何现实动机。我在工作室观测到，那些不期望在真实世界做评估工作的人，几乎很少提高。

绝大多数人都愿意接受校准训练，并把它看成评估中的关键技能。帕特·普伦基特（Pat Plunkett）是美国住房和城市发展部的信息技术绩效量化项目的负责人，也是美国政府中经验丰富的绩效测评领导者。2000 年，普伦基特当时在美国综合服务管理局工作，是把量化实验引入退伍军人项目的背后推动者。自 2000 年以来，他把不同部门的人送来做校准训练,并看到了人们的变化。他说:“校准训练是令人大开眼界的体验，很多人，包括我自己，都发现过去我们在评估事情时是多么乐观。一旦被校准了，你就成为一个不同的人，你对自己评估不确定性的水平会有敏锐的感觉。”

环境保护署的高级政策顾问阿特·科因思（Art Koines），他看到的接受校准训练的人数比普伦基特还多。和普伦基特一样，他也对训练后的水平表示惊讶：“人们坐着经历了整个过程，看到了它的价值。我最惊讶的是他们非常愿意给出校准后的评估，我原以为他们会拒绝回答这种不确定的事情。”校准技能在退伍军人事务部实施信息技术安全项目过程中提供了巨大帮助。为了量化安全的不确定性，项目组要明白他们现在知道多少。初始的评估集合显示了相关变量目前的不确定性水平。知道一个人目前的不确定性水平，会给后面的量化过程打下重要基础。

校准除了能提高对不确定性的主观评估外，还会消除决策过程中对概率分析的反对意见。在校准训练前，人们也许觉得任何主观评估都没用，他们也许认为想知道置信区间的唯一方法，就是使用他们依稀记得的统计学第一学期课程中学过的数学方法。

一般来说，他们不相信基于概率的分析，因为在他们看来所有的概率都是可以任意给出的[①]。我没有听过任何一个被校准后的人提出这样的反对意见。显然，他们改变想法的原因是，当被迫去设置概率值时，他们已经有了经验，而且他们把这种经验当成可以真正提高判断事物的技能。要让他们在决策中全盘接受概率分析的观念，培训过程实在太重要了。

到此为止，通过学习怎样校准，你已经理解了如何对目前的不确定性进行量化，这对后续工作极为关键。第 6 章和第 7 章将教你如何使用校准概率计算风险和信息的价值。

① 美国有很多调研机构。针对同一件事，不同的机构往往会给出不同的调查结果。

第 6 章

蒙特卡洛模型：评估风险大小

近似正确胜于精确错误，风险来自你不知道自己要做什么。

——伯克希尔－哈撒韦公司董事长　沃伦·巴菲特

我们已经知道了不确定性和风险的区别。初看之下，量化不确定性只是将校准后的范围或概率应用在未知变量上而已，其实不然，随后的量化会减少数量上的不确定性，并得到新的不确定状态及数量。第 4 章讨论过，风险只是不确定性的一种状态，这种状态可能产生某些损失。

风险本身就是量化，它与自身有很大相关性，风险还是其他量化的基础。我们将在第 7 章看到，**减少风险是计算量化价值的基础，也是选择量化什么以及如何量化的基础**。请记住，一项量化对你至关重要是因为它可以提供某些用于决策的信息，而这些信息在量化之前是不确定的，如果对这些信息判断错误，就会造成损失。

本章将讨论一个基本工具，它对所有风险分析都有用。如果你在观测中使用这个工具，或许会得到一些令你吃惊的结果，但首先我们需要把这个方法和另一些经常用于量化风险，却没什么用的普通方法区分开。

分清“感觉很好”与“真的很好”

很多组织量化风险的方法一点都不高明，而我提供的方法是精算师、统计学家或金融分析师理应掌握的。精算师似乎不了解量化风险的常规方法。很多组织只是说风险很高、中等或较低，或许他们用 1 ～ 5 级衡量风险。

当我发现这种情况时，就会问他们“中等”到底是多少？损失 500 万美元的概率是 5%，这个风险究竟是低、中还是高呢？没人知道。一项可以带来 15% 回报的中等风险的投资，和能带来 50% 回报的高风险投资相比，是好还是坏？还是没人知道，因为这些论断本身就是模糊的。

研究表明，这些模棱两可的话对决策者一点帮助都没有，只会增加他们犯错的机会。在实际工作中，决策者会武断地四舍五入，从而得到一个大概值，这就使得有巨大差别的风险具有相同的值。更糟糕的是，用这些方法对不同人进行测试，会得到近似的结果，从而强化了错误。我在 2009 年出版的《风险管理的失败》一书的第 12 章中说过这个问题。

除了这些，管理上使用的风险评分法，根本没想过处理偏见问题。绝大多数人都过于自信，倾向于低估不确定性和风险，只有通过训练控制这种倾向，才能使我们获益。

为了说明这种评分法为什么没用，我让参加研讨班的人考虑这样一个问题：假如你得为下一辆车或房东的保险费写一张支票，你在支票上“总额”一栏写上“中等”而不是具体金额，然后告诉保险公司，你想要一份“中等数量的”保单，看看会发生什么？这对保险公司有意义吗？对你也许同样没有意义。

很多用户使用这些方法后报告，他们感觉在决策时自信多了，但第12章将说明，这种感觉不应该和证据的有效性混淆。我们将在后面学到，当人们感到自信心提升时，其决策和预测水平很有可能并未真正提高。

至于现在，知道这些方法有很强的安慰作用就行了。在决策时，管理者首先需要区分“感觉很好”和“真的很好”，后者应该由长时间的跟踪记录证明，还必须有量化的证据证明决策和预测水平真的提高了。不幸的是，风险分析或风险管理很少有一个评估自身绩效的定量标准。然而幸运的是，有些方法已经被证明确实可以提高决策和预测水平。

蒙特卡洛模型：范围也能进行加减乘除？

使用范围而非不切实际的精确值表示不确定性，具有明显的好处：当你允许自己使用范围和概率时，你对不知道的事情不需要做任何假设。精确值的优点是在电子表格中做加减乘除比较简单，但如果没有精确值而只有范围时，我们该怎样在电子表格中做加减乘除呢？有一个早已证明有效的实用方法，而且它能在任何计算机上实现。

量化大师恩里科·费米是“蒙特卡洛模型”（Monte Carlo Simulation）的早期使用者之一。蒙特卡洛模型用计算机产生大量基于概率的情境作为输入。对每个情境来说，它的每一个未知变量会随机产生一个特定值，然后将这些值用在一个公式中计算该情境的输出值。整个过程通常会使用至少数千个情境。

费米曾使用蒙特卡洛模型计算出了中子的质量。1930年，他知道他正在研究的一个问题不能用传统的积分方法解决，但可以得到满足特定条件的结果的概率。他意识到可以在这些条件下随机抽样，得出中子在系统中是怎样运动的。20 世纪四五十年代，好几位顶尖数学家，包括声名卓著的斯塔尼斯拉夫·乌拉姆（Stanislaw Ulam）、约翰·冯·诺依曼（John Von Neumann）和尼古拉斯·梅特罗波利斯（Nicholas Metropolis），都在研究原子物理学中的类似问题，并且也开始使用计算机产生随机情境。为了纪念乌拉姆的赌徒叔叔，在梅特罗波利斯的建议下，乌拉姆把这个基于计算机产生随机情境的方法以世界赌博名城蒙特卡洛命名。这一方法已经在商业、政府和研究机构得到了广泛应用。该方法常常被用在你不完全清楚成本和收益是多少的情况下，计算投资回报。

新投资项目的成本和收益的不确定性构成了投资风险的基本内容，但某些人似乎并不清楚。我曾经遇到过芝加哥的一个投资公司的首席信息官，我问她公司如何量化信息技术价值。她说公司有非常好的量化风险的方法，但她不知道如何量化收益。她解释说，公司希望收益主要来自适当提高回报基点，这个回报是购买信息技术的客户带来的。公司希望正确的信息技术投资，可以使客户更容易收集和分析影响投资决策的信息，从而扩大竞争优势。但当我问她公司如何得出回报基点时，她说员工们会挑一个值。

换句话说，只要相当一部分人在一个增长基点上达成一致意见，商业案例就以它为基础建立起来。虽然该值的选取有可能基于某种经验，但很显然，这项收益的数值比其他方面的数值更具不确定性。但如果真是这样，公司又如何量化风险？显然，如果对新信息技术投资进行评估的话，公司的最大风险很有可能是收益的不确定。但她没有使用范围描述提高基点的不确定性，因此没有办法把这种不确定性融进风险计算中。

虽然她对公司在风险分析上的工作有信心，但实际上她没有做任何风险分析，而只是使用了没什么实际用处的评分法，并自我感觉良好而已。

任何项目的投资风险最终可用一个方法表达，那就是风险和收益的范围以及可能对它们产生影响的其他事件的发生概率。如果你能精确掌握每笔投资的风险和收益的数量，理论上说你就没有任何风险。因为收益不可能比你预想的低，损失也不可能比你预想的高。但我们知道这些值都是范围而不是精确值，由于我们只知道个大概，因此就有可能亏损。计算风险的基础就是计算这些范围，蒙特卡洛模型就是被用来计算这些范围的。

寻找盈亏平衡点

对于从未用过蒙特卡洛模型的人来说，这里有一个极简单的例子，但需要他们熟悉 Excel 电子表格的用法。如果你以前用过蒙特卡洛方法，也许可以跳过这几页。

假设你正在考虑租赁一部新机器，用于制造流程的某个步骤上。一年的租金是 400 000 美元，而且不能提前撤单，也就是说即使亏损也要租下去。你正在考虑签约，因为更先进的设备会节省劳动力和原材料成本，而且维护成本也比现有流程的维护成本低。

你的经过校准训练的评估员估计了维护、劳动力和原材料方面所节省的成本范围，他们还估计了该流程的年产量：

◎ 节约维护成本（MS）：每单位 10 ～ 20 美元

◎ 节约人工成本（LS）：每单位 2 ～ 8 美元

◎ 节约原料成本（RMS）：每单位 3 ～ 9 美元

◎ 年产量（PL）：15 000 ～ 35 000 单位

◎ 年租金：400 000 美元（盈亏平衡点）

现在让我们计算一下每年节约的费用，公式很简单：

年节约费用 =（MS + LS + RMS）× PL

必须承认，这只是一个虚构的简单例子。实际上变数很多，例如年产量也许每年都不同，随着使用新机器的经验日益丰富，一些成本也许反而更高。但为了简化问题，我们特意用了这个例子。

如果我们用中值带入，就得到：

年节约费用 =（15 + 3 + 6）× 25 000 = 600 000（美元）

这看起来比要求的收支平衡好，但这里存在不确定性，我们该如何评估租赁的风险呢？首先，让我们定义"风险"的含义。请记住，风险就是未来存在损失的可能性。有没有风险就看我们不能取得收支平衡的机会有多大，也就是说，我们能不能节约足够的钱以弥补 400 000 美元的租金。和租金相比，节约得越少，我们的损失就越大。如果我们选择各个不确定变量的中值，一年能节约 600 000 美元。但是这些变量的范围怎么计算？又该如何计算不能达到收支平衡的概率呢？

由于没有精确值，要确定是否达到了节约目标，通常不能只作一个计算。在一些限定条件下，我们可以使用一些方法计算结果范围，但在现实当中，这些条件是不存在的。只要我们开始增加和叠加不同类型的分布，问题通常会变得不可解，为了解决这一问题，蒙特卡洛模型通过使用计算机，使得近似计算成为可能。我们随机挑选大概几千个确定值，这些值需在我们指定的范围内，然后使用这些随机选取的值，计算出一个结果。计算了几千次可能的结果后，就能估计不同结果的概率了。

我们用本例具体说明。在本例中，每一个情境都是随机产生的节省的劳动力价值、维护费用等的一个集合，每个集合的值可计算出一个可能的年节约费用，随机产生多个集合，可以计算出多个年节约费用。一些结果可能会高于 600 000 美元，而另一些可能会低于 600 000 美元，甚至低于 400 000 美元的收支平衡点。通过数千次情境，我们就可以确定这个租赁行为有多大可能产生净收益了。

用 Excel 可以很容易运行蒙特卡洛模型，但我们还需确定每个变量集分布的形状。一个经常和 90% 置信区间一起使用的分布，是著名的正态分布（Normal Distribution），如图 6.1 所示。它看起来像倒扣的钟，因此也叫钟形曲线。可能的结果都在曲线中间和附近，也有少量在两端。

说到正态分布，就得谈谈“标准差”[①]（Standard Deviation）。人们往往无法直观理解标准差的概念，但较容易弄清置信区间是什么。因此，鉴于通过计算 90% 的置信区间可以代替标准差，在此我就不把标准差作为重点讨论。

图 6.1 中有说明，一个 90% 置信区间的长度是标准差的 3.29 倍，所

① 标准差是一组数据值相对于它们的平均值的分散程度的一种度量。

以我们只需要做个转换计算就行了。

针对我们的问题，可以在 Excel 中为每个范围做一个随机数产生器。根据图 6.1 中的指令，就能产生节省的维护费用的随机数了：

= norminv (rand( ), 15, (20 − 10) / 3.29)

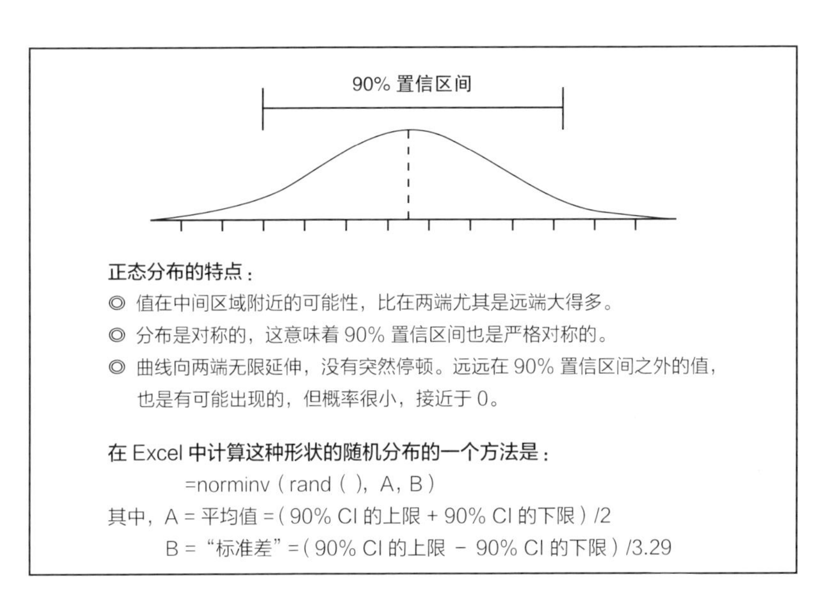

图 6.1 正态分布

与之类似，根据图 6.1 中的指令可以计算其他范围。有些人也许更愿意在 Excel 分析工具包中使用随机数产生器，但你应该会觉得我的方法更方便些。因此在表 6.1 中，我列出了该公式稍多一点的实验结果，请在与本书同名的网站上下载该电子表格。

在表 6.1 中变量是以列的形式显示的，最后两列就是根据前面各列计算出来的结果。节约总值列是根据前面的年节约费用公式，计算每行中的具体值得出的。

表 6.1　Excel 中一份简单的蒙特卡洛清单

情境号	节约维护费（美元）	节约人工费（美元）	节约原料费（美元）	产量（单位）	节约总值（美元）	是否达到盈亏平衡
1	9.27	4.30	7.79	23 955	511 716	是
2	15.92	2.64	9.02	26 263	724 127	是
3	17.70	4.63	8.10	20 142	612 739	是
4	15.08	6.75	5.19	20 644	557 860	是
5	19.42	9.28	9.68	25 795	990 167	是
6	11.86	3.17	5.89	17 121	358 166	否
7	15.21	0.46	4.14	29 283	580 167	是
⇩	⇩	⇩	⇩	⇩	⇩	⇩
9 999	14.68	－0.22	5.32	33 175	655 879	是
10 000	7.49	－0.01	8.97	24 237	398 658	否

例如，情境 1 的节约总值是（9.27+4.30+7.79）×23 955=511 678.8 美元。你并不需要“是否达到盈亏平衡”这一列，我加上它只是为了做参考。现在你从网站上把它下载下来，做 10 000 行自己试试吧。我们可以使用 Excel 中其他几个简单工具，以便对输出结果有直观感觉。函数“=countif（ ）”可以计算出满足一定条件的值的个数，在本例中，也就是小于 400 000 美元的值的个数。你还可以在 Excel 分析工具包中使用直方图来显示更全面的图像，如图 6.2 所示。

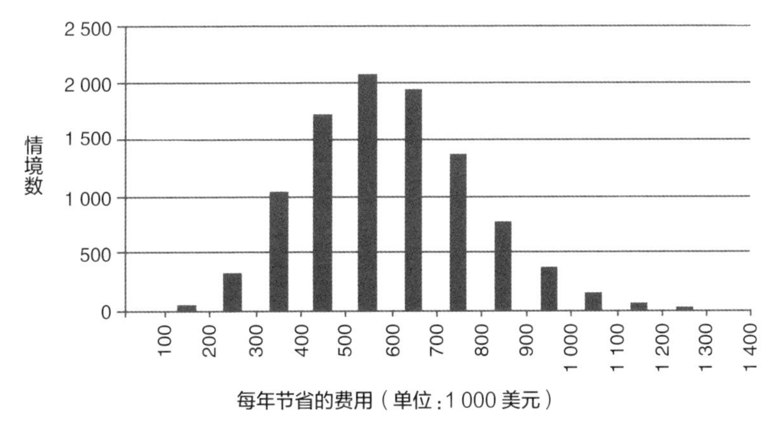

图 6.2　每年节省的费用直方图

该图显示每年节省费用的分布情况，例如，节约费用在 300 000 ～ 400 000 美元的情境数才刚超过 1 000 个。

你会发现大概有 14% 的结果比 400 000 美元的盈亏平衡点少，意味着亏损的概率是 14%，该量化对风险来说很有意义，但风险并不仅仅意味着亏损的概率，我们可以用同样的方法量化事物的高度、质量、周长等。

有很多方法可以计算出工厂一年损失超过 100 000 美元的概率是 3.5%，但没有一点收益也不可能，这就是我们所说的“风险分析”，我们应计算各种损失水平的概率。如果你真想量化风险，这就是你能做的。要想获得这个蒙特卡洛问题的电子表单，请到与本书同名的网站上下载。

如果所有分布都是正态分布，而且我们只想对范围进行加减，例如计算一个简单的成本收益列表，就不需要用蒙特卡洛模型。

如果我们只想在例子中计算 3 类成本，我们可以采用一个简单的计算过程，以下 6 步便可产生我们想要的范围：

步骤 1 对于 3 类节约成本的每一个范围，用上限减去中值。在本例中，节约维护费是 20 - 15 = 5 美元；节约人工费是 5 美元，节约原材料费是 3 美元。

步骤 2 计算每个值的平方。5 的平方是 25，3 的平方是 9。

步骤 3 平方和相加。25 + 25 + 9 = 59。

步骤 4 开根号。$\sqrt{59}=7.68$。

步骤 5 计算平均值的总和。15 + 3 + 6 = 24。

步骤 6 平均值的总和加减第 4 步的值，得到总和的上下限。在本例中，24 + 7.68 = 31.68 是上限，24 − 7.68 = 16.32 是下限。

因此，维护费成本、劳动力成本和原材料成本的 3 个 90% 置信区间之和，就是 16.32 ～ 31.68 美元。总之，总和的区间等于各个区间的平方和的平方根。请注意，如果你已经学过统计学，对 90% 置信区间已经十分熟悉，或者提前读过第 9 章，请记住 7.68 美元不是标准差，而是范围的中值和 90% 置信区间上下限的距离，标准差是 1.645。

你也许会看到有些人把所有上限值相加得出上限，所有下限值相加得出下限，结果就得出 3 个置信区间的和为 11 ～ 37 美元，该范围稍稍超过了 90% 置信区间。如果案例中有十几个变量这样计算得出的范围就会十分巨大乃至没有价值了，这就像连续掷一个 6 面骰子，把全 1 或全 6 作为置信区间的上下限一样。这是一个常见的错误做法，而且毫无疑问会给决策提供大量错误信息。而我刚才使用的简单方法却非常好，可以计算各变量之和的 90% 的置信区间。

但我们不仅要把它们加总，还要和年产量相乘，年产量也是一个范围。此时范围的简单相加法已经不适用了，因此需要用蒙特卡洛模型。当所有分布不都是正态分布时，也需要用该方法。在这里有必要介绍两种其他分布：均匀分布（Uniform Distribution）和二项分布（Binary Distribution）。还有很多分布，后面的章节会提到一些，现在为了让你从头学起，我们把重点放在一些简单的分布上，掌握之后你还会学到更多。

对于简单的机器租赁模型，可以使用均匀分布和二项分布。如果丧失一个大客户的机会是 10%，从而导致每个月损失 1 000 单位的量，也就是每年损失 12 000 个单位的量，那会怎样？我们可以把这个作为一项单独的、可以在一年中的任何时间发生的非此即彼事件。这类事件一旦发生，就会导致需求的大幅减少，因此以前的正态分布模型就不再适用了。

可以给我们的表格加上几列，对每个情境，必须确定如果该事件发生会怎么样。如果在某个时间确实发生了，我们将必须确定年产量会如何变化。而对于没有丢失生产合同的情况，就不需要改变年产量了。下面的公式可以调整我们用正态分布计算的年产量：

考虑到丢失一个大合同的年产量（PL）是：

PL 合同丢失 = PL 正态分布 − 1 000 单位的量 ×（合同丢失 ×
剩余的月份数）

作为一个非此即彼的事件，丢失合同的概率是 10%，合同不丢失的概率是 90%，这可以用图 6.3 中的等式建模。二项分布也叫伯努利分布，是为了纪念 17 世纪的数学家雅各布·伯努利（Jacob Bernoulli），早期概率论的好几个概念都是他提出的。

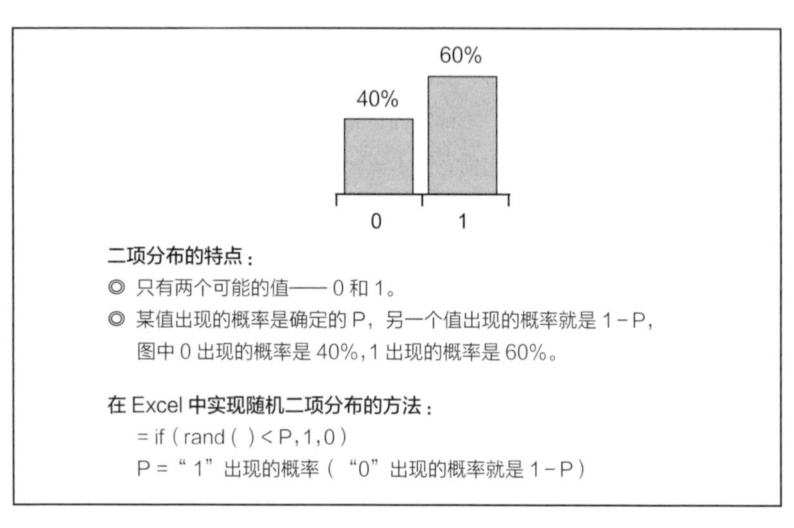

图 6.3　二项分布（伯努利分布）

一年中其他月份数则是均匀分布，如图 6.4 所示，一年月份数的上限是 12，下限是 0。如果我们选择均匀分布，就可以说一年中的任何日期损失合同的概率，和其他日期都是一样的。

如果合同没有丢失，那么合同丢失的概率就是 0，仍然是正态分布。如果合同在年初就丢失了，因此一年中剩下的月份还有很多，这会比年尾丢失合同失去更多的订单。在与本书同名的网站上关于蒙特卡洛模型的表单也显示了这种丢失订单变化的例子。当我们后面讨论信息的价值时，也都将用到正态分布、二项分布和均匀分布。

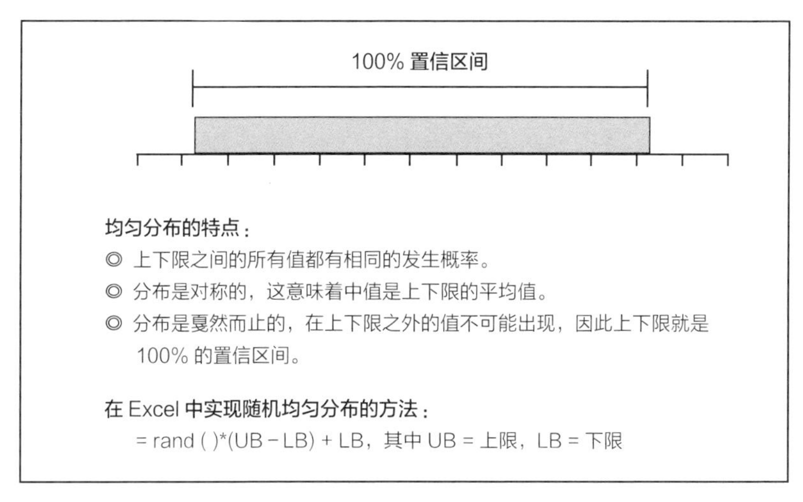

图 6.4　均匀分布

只要我们愿意，对蒙特卡洛模拟法的应用可以更加细化。在增加不确定性、丧失和获得单个重要顾客、新技术破坏需求等多种可能性之下，我们可以计算出跨越数年的收益。我们甚至可以对整个工厂的底层运作建模，例如模拟订单输入和对机器的工作安排。我们还可以对流程的变化和工厂停工建模，例如随着库存的不断减少，如果某种原料耗尽就不得不停止工作，等待下一批货的到来；如果机器坏了，工作没有得到安排或被推迟，流程就会停顿。

所有这些或许都和设备甚至厂房是租是买的决策有关。如果风险足够高，也就是说，投资具有太多不确定性，我们也可以很容易做出更加细致的模拟，以便支持我们的决策，模型中的每一个变量都需要量化，都可以减少不确定性。

像我们例子中那样相对简单的蒙特卡洛模型，也可以继续改进。我们才刚刚学了该方法的皮毛，我们应该从简单起步，长时间逐步提高技能。表 6.2 是今后要学习的概念列表，当你掌握了基本内容，或许会对其中一些做深入研究。

表 6.2　更有进取心的学生可学习的蒙特卡洛模拟法的附加概念

概念及其复杂性	描述
更多的分布（不比迄今为止讨论的任何东西复杂）	储备更多类型、可以处理多种情况的分布是值得的，因为有时使用一个错误的分布会大错特错。对于一些现象，比如股市波动、软件开发项目的花费或者地震、灾难、风暴的级别，正态分布就不适用了。我在本书的 Web 站点上，对每种分布举了更多例子。
相关性（并不特别复杂）	模型中的一些变量也许并非相互独立。例如，和工会签订的合同影响了维护工人和生产工人每小时的工资水平，两者是相关的。我们可以通过产生相关的随机数或对大家一致同意的东西建模来处理。我在网站上对这两种方法都有展示。
马尔可夫模拟（更复杂的）	把单一的情境分为大量时间片段，对每一个时间片段进行模拟，前面的时间片段也会对随后的时间片段有影响。这种做法可用于复杂的制造系统、股票价格、天气预报、计算机网络和建筑项目。
基于代理的模型（非常复杂）	正如马尔可夫模拟把问题分成多个时间片段一样，我们也可以对极大量的个体的独立或某种程度上相关的行为进行分别模拟。通常，术语“代理”（Agent）隐含的意思是每个“演员”都要遵循一套决策规则。交通模拟就是将大量代理（汽车）应用于将时间分割成大量短时间片段的一个模型。

在前面的例子中，我们还没讨论：你能否接受一定程度的风险。如果样本量很大，那么一年的平均净收益就是 600 000 美元，但亏损的概率也有 14%，你愿意参与这场赌博吗？如果不愿意，平均收益达到多少

才能让你接受 14% 的亏损概率？或者亏损的概率降到多少你才能接受？如果你愿意参与这场赌博，亏损概率增加到多少，或者平均净收益降到多少，才能让你最终拒绝去赌？如果亏损的概率不变，但是亏损额剧增，你又会怎么做呢？

量化风险常用的方法是将亏损额和亏损概率相乘，这很简单，但也会产生误导。因为这种方法假设决策者是风险中性者[①]（Risk Neutral），也就是说，如果你赢得 100 000 美元的机会是 10%，那么你愿意下的注就是 10 000 美元。这和有 50% 的机会赢得 20 000 美元，或者 80% 的机会赢得 12 500 美元是一样的。

但事实是，绝大多数人都不是中性风险者。对于给定的回报，多大的风险是可以接受的，这是一个组织风险分析的关键。为了获得前后一致的选择，需量化和权衡这个因素，弄明白一个组织的风险承受的程度究竟怎样很重要。

正如我们即将看到的，各种类型的随机因素、武断情绪和不相关的事实，对我们决策的影响都比我们认为的大，甚至对我们偏好的影响也比我们认为的大。例如，天气晴朗的时候你可能更想外出就餐，并且倾向于吃更多肉，而阴雨天可能随便吃点面条就行了。这就是你的决策偏好，但你可能意识不到天气对你吃饭这个决策有重要影响。

把你的决策偏好写下并固定下来，就像用不随时间变化的标准量化各种风险一样。当我们学到第 11 章时，就会知道如何确定这种偏好。

① 指决策者的风险态度既不冒险也不保守。

不必一开始就建立蒙特卡洛模型

幸运的是，现在我们不必从一开始就建立蒙特卡洛模型。很多工具可以提高分析师的效率。

斯坦福大学的山姆·萨维奇（Sam Savage）教授在商业中大力推广蒙特卡洛模型，他开发了一个叫作 Insight.xls 的工具。萨维奇想将蒙特卡洛模型标准化、制度化。他认为如果同一组织的不同部门都用该模型，那么组织应该使用一个共享库存储共享的各种分布，而不是分别定义公共价值的分布。而且，他相信定义分布本身就是一项技术上的挑战，需一定的专业数学水平。萨维奇还有一个有趣方法，他称之为“概率管理法”：“假设我们把概率分布的难题从你手上拿走，你会找什么借口说它不能使用概率分布？一些人不知道概率分布如何产生，但仍在使用概率分布，正如他们不知道怎样生产电，但他们仍在使用电。”

他认为公司应该指定一位首席概率官（Chief Probability Officer，以下简称 CPO）。CPO 负责管理概率分布的共享库，任何人都能用蒙特卡洛模型。萨维奇提出了一些概念，比如随机信息包（Stochastic Information Packet，以下简称 SIP），这是事先产生的、满足特定用途的一个集合，里面有 100 000 个随机数。有时不同的 SIP 可能会相关，例如，公司的税收也许和国民经济增长相关。这样产生的一个 SIP 集合被称为“相关联的随机库单位”（Stochastic Library Units with Relationships Preserved，以下简称 SLURP）。CPO 可以管理 SIP 集合和 SLURP 集合。

为了让蒙特卡洛模型成为组织中普遍接受的正式计算流程，我将补充一些其他内容。

认证分析师 迄今为止，培养决策分析专家还缺乏很多质量控制方法，只有精算师在他们的专业决策领域有广泛的认证要求。对于精算师来说，对决策分析的认证应该最终成为一个独立的、非营利的、由行业协会运营的项目。一些其他行业的认证现在部分覆盖了这些课题，但在内容上仍远远不足。因此，我开始在应用信息经济学领域对个人认证，因为员工强烈希望向经营者证明自己的技能。

认证经过校准的评估人 正如我们先前讨论的那样，一个未被校准的评估人有过分自信的倾向。他可能低估任何风险计算。但是我做过的一项调查表明，建立蒙特卡洛模型的专业人士，几乎都没听说过校准这回事，虽然大多数人都会使用主观估计。在任何组织中，校准训练都将成为提高风险分析水平的最简单的方法。

建立可重用模块 优化建立模型的过程和模板的文档化工作。对于每一项需要分析的新投资来说，绝大多数组织无须从零起步，他们可以将工作建立在其他人的基础上，或者可以重用他们以前的模型。对于各领域的决策分析难题，从信息技术安全、军事后勤到娱乐行业的投资，分析过程基本差不多。但当我将同样方法用于同一组织内的不同问题时，经常发现模型的某个部分和早先模型的某个部分很像。保险公司一般会有多项投资，他们可能需要评估“留住顾客的能力”和“索赔支出率”的影响；制造业领域的投资一般会有和单位产品的劳动力成本或订单平均完成时间等相关的计算。对于每项新投资来说，这些问题不需要每次都重新建模，它们可以做成电子表格中的可重用模块。

采用自动化的软件工具集 可用的软件工具有很多，表 6.3 显示了一部分。只要你喜欢，你可以用足够复杂的工具，但起步时只需要一些

表 6.3　一些蒙特卡洛软件工具

名称	生产商	描述
AIE Wizard	哈伯德决策研究公司（位于伊利诺伊州格伦艾伦镇）	一个基于 Excel 宏的集合，还能计算信息和投资优化的价值。强调工具方法论，提供实际运行方面的咨询。
Crystal Ball	Oracle（原 Decisioneering 公司，后被 Oracle 收购，位于科罗拉多州的丹佛市）	基于 Excel，有种类繁多的分布，是一个相当高级的工具。用户众多，提供广泛的技术支持。该软件已经采纳了萨维奇的 SIP 和 SLURP 等实用功能。
@Risk	Palisade 公司（位于纽约伊萨卡镇）	另一个基于 Excel 的工具，是 Crystal Ball 的主要竞争对手，也有很多用户和技术支持。
XLSim	AnalyCorp 公司（斯坦福大学教授山姆·萨维奇所创建）	不算昂贵的工具包，便于学习和使用。为了使蒙特卡洛模型在组织中广为使用，萨维奇还举办了研讨班且提供了管理协议。
Risk Solver Engine	Frontline 系统公司（位于内华达州应克林村）	很有特点的基于 Excel 的开发平台，可以以前所未有的速度，以交互方式执行蒙特卡洛模型。支持概率管理的 SIP 和 SLURP 方式。
Analytica	Lumina 决策系统公司（位于加利福尼亚州卢斯加托斯市）	图形界面极富直观性，可以用一种交互式流程图对复杂系统建模，在政府机构和环保政策分析中 使用相当广泛。
SAS	SAS 公司（位于北卡罗来纳州罗利市）	功能远不止蒙特卡洛模型，是很多专业的统计学家使用的极为复杂的工具包。
SPSS	SPSS 公司（位于伊利诺伊州芝加哥市）	同样远远超越了蒙特卡洛模型，在学术界越来越流行。
Mathematica	Wolfram 研究公司（位于伊利诺伊州香槟市）	另一个极为强大的工具，用户主要是科学家和数学家，但在很多领域也有应用。

基于电子表格的工具就行了。我建议从简单起步，然后根据形势需要，再采用范围更加广泛的工具集。

风险悖论：越重大的决策，越缺少风险分析

构建一个蒙特卡洛模型并不比构建任何基于电子表格的商业案例更复杂。实际上，我用蒙特卡洛模型分析评估大型决策的风险，例如信息技术项目、建设项目或者研究与开发投资项目，几乎都比用其他量化方法简单得多。

虽然蒙特卡洛模型有点复杂，但真复杂到不能在商业中应用的地步了吗？根本不是这样。和任何其他复杂的商业难题一样，管理可以让人们学到模拟的技能。

即使不考虑这个事实，基于蒙特卡洛模型的定量化风险分析还没有被普遍接受。很多组织针对具体问题都会采用蒙特卡洛风险分析法，例如保险公司的精算师在制定一个保险产品的具体细节时，统计学家在分析一个新的电视秀节目的收视率时，产品经理在分析产品生产方法的改变时，都会这样做，但他们不会把这个方法用于更加重大、不确定性也更大的决策分析上，因此潜在的损失也就更大。

1999 年春，当时我正在研讨班教一些高管学习信息技术风险分析。一般来说，使用主观分析得出风险是高、中或低的人，根本没有做任何定量分析。因此我的目标之一就是帮助他们认识到这种模糊分析和精算师的定量化分析的差别。一个学生说他在日常工作中会使用蒙特卡洛工具，这让我印象深刻。我说："你是我遇到的第一个这么做的信息技术高管。"

他说："不是。我不在信息技术行业工作，我在一家纸张和木制品公司做生产方法分析。"我问他："你觉得信息技术投资和纸张生产哪个风险更大？"他认同信息技术投资的风险更大，但接着说公司从未把蒙特卡洛模型用于信息技术投资分析。

多年以来，在数不清的案例中，我发现组织使用定量化风险分析法，一般都在日常操作层面的决策上。最大、最具风险的决策几乎没有风险分析，至少没有采用精算师或统计学家熟悉的方法，我把这种现象称为"风险悖论"。

几乎所有最高级的风险分析法，都用在了风险较小的操作层面的决策上了，而最具风险的决策，如企业合并、信息技术投资组合、新产品的大规模研究与开发等，却几乎没有采用这些定量化的风险分析法。为什么会这样呢？也许是因为操作层面的决策使用定量分析似乎相对简单一些，例如证明一笔贷款或保险费的投入是否划算。但这犯了一个严重的错误，正如我已经说明的那样，重大决策中没有不可量化的事物。

不可否认，2008 年的金融危机显示出一些模型有缺陷，但这是因为价格变化的概率分布是有缺陷的，而模型的缺陷正基于此。畅销书作家和金融行业批判者纳西姆·塔勒布（Nassim Taleb）指出了很多模型的缺陷，但并未包括蒙特卡洛模型。相反，他本人就是这一模型的铁杆拥护者。

当我们量化不确定性时，采用蒙特卡洛模型很简单。如果由于金融市场的失败而放弃蒙特卡洛模型，就和由于安然公司做假账就放弃使用加减法一样。或许组织未获得巨大收益，暴露于高风险之下，正因为没有使用蒙特卡洛模型。有两项研究发现，使用这一工具确实可以提高预测和决策力，也会提高公司的总体财务水平。

◎ 美国国家航空航天局超过100项的无人太空探测任务，同时采用了“风险计分”法和更加高级的蒙特卡洛模型，评估成本、进度和任务失败的风险。从蒙特卡洛模型估计的成本和进度看，误差率比传统的估算法少一半以上。

◎ 一项对石油探测公司的研究表明，使用蒙特卡洛模型评估风险和公司的财务表现，发现二者存在显著相关。

在其他领域，详细的计算机模拟一般也都用于标准化的实践中。现代天气预报已经可以即时预测飓风袭击一个大城市的可能性；为预防地震，也要检验建筑结构设计方案，其中很多模型都依赖于创建数千甚至数百万个可能情境的蒙特卡洛模型。

再次重申，对于商业和政府机构来说，量化之所以重要，是因为确实存在实际风险，如果没有风险，用于决策的信息就没有价值。好了，现在你已经理解了不确定性和风险的概念，我们接下来可以学习如何计算信息的价值。

第 7 章

量化信息的价值

要取得知识的进步，没有比模棱两可的话更大的障碍了。

——苏格兰哲学家　托马斯·里德

如果我们能量化信息本身的价值，就可以据此确定量化的价值了；如果我们的确量化了信息的价值，或许就会做出完全不同的决策。我们或许会花费更多金钱和努力，量化过去从未量化过的事物，也可能忽视一些过去经常量化的东西。我在第 2 章提到有 3 点理由说明，信息对于商业活动有价值：

◎ 信息可以减少决策的不确定性。

◎ 信息会影响他人行为，也会产生经济效益。

◎ 信息是有市场价值的。

早在 20 世纪 50 年代，第 1 点在决策论领域就存在了。这一点是我们重点关注所在，因为和基本需求更相关，也因为其他两点更容易理解。

解释信息在决策中的价值之前，让我们简单讨论一下信息价值对他人行为的影响以及其潜在市场价值。

从对人的行为的影响方面而言，信息的价值完全等价于人们不同行为所产生的价值差距。当然，量化也许会对某些重大但还不确定的投资决策产生影响，且人们也许会因量化做出一些反应，从而导致效率提高。如果量化本身导致生产率提高 20%，那么提高的这部分就是量化所带来的价值。我们确实需要考虑第 3 章提出的量化如何产生以前没有预见的激励效果，如果激励效果确实出现的话，至少它可观测，因此也可量化。

如果信息本身有市场价值，那么就有市场预测的问题，这和评估任何其他产品的销售没什么不同。如果我们在一天中的不同时点收集城市中十字路口的交通流量信息，然后卖给评估零售店位置好坏的公司，那么这种量化的价值，就是我们期望销售该信息得到的收益。

本书讨论的所有量化方法都和量化的市场价值以及量化带来的价值相关，但我们量化某物更重要的原因，都与管理决策有关，这就是本章要讨论的内容。

预期机会损失（EOL）：出错的机会和成本

60 多年前，博弈论这一深奥领域提供了一个计算信息价值的公式，从数学和直觉上都可以理解。但如果我们用量化减少不确定性，可以做出更好的决策。对量化价值的了解，会影响我们是否量化以及如何量化。

如果你对一项商业决策不够坚定，这意味着你的决策可能出错。我所说的出错是指如果你早知道做这样的选择而没有做那样的选择，事情的结果可能更好，但可惜你没法早知道。错误的代价就是错误的选择和如果你早知道全面信息就会做出更好选择之间的差距。

例如，如果你需要做一个全新的广告营销活动，你希望证明在该项活动上的投资是合理的，但你不知道是否一定合理。很多营销活动初看是一个很伟大的创意，但事后往往在市场上溃败。更令人难以忍受的是，这种活动甚至对竞争对手有利。正确的行动有时直接导致利润的大幅增加，但不营销也不行，迟迟不能决定当然是因为害怕出错。

因此，如果你能获得最佳、最全面的信息，那么在此基础上决策就会更准确。不过，你首先要确定，对这些信息量化是有价值的。

正如我在第 6 章提到的，风险的存在以及减少风险的愿望，是决策者进行量化工作的动机所在。在下面的例子中，我们所做的是一种特殊的量化：预测，也就是量化未来的可能产出。

为了计算一次营销活动有多大可能取得成功，你必须知道，如果活动失败，你会遭受多少损失。如果这次营销活动失败的可能性为 0，当然就不需要减少不确定性，显而易见决策是没有风险的。

假设营销活动成功，你会获得 4 000 万美元的收益；如果失败，你就会亏损活动成本 500 万美元。然后再假设经过校准的评估者认为失败的概率是 40%。有了这些信息，你就会创建一张表，如表 7.1 所示。

如果我们选择了某一方案，而事后证明它是错误的，那么，我们所花费的成本就是机会损失（Opportunity Loss，以下简称 OL）。预期机会损失（Expected Opportunity Loss，以下简称 EOL）就是出错的概率乘

表 7.1　预期机会损失（EOL）的一个极简单的实例

变量	行动成功	行动失败
成功的机会	60%	40%
批准行动的影响因素	+4 000 万美元	−500 万美元
拒绝行动的影响因素	0 美元	0 美元

出错的成本。因此，你可以得出以下结果：

◎ 如果方案被批准，机会损失：500 万美元（花费的成本）

◎ 如果方案被拒绝，机会损失：4 000 万美元（放弃的收益）

◎ 如果方案被批准，预期机会损失：500 万 × 40%＝200 万美元

◎ 如果方案被拒绝，预期机会损失：4 000 万 × 60%＝2 400 万美元

EOL 是存在的，因为你不确定决策的负面后果发生的可能性。如果你可以减少这种可能性，EOL 也会减少。

EOL 也可以表示风险，我们可以把损失的概率和损失额简单相乘，暂不考虑决策者的风险厌恶程度，这是计算信息价值的基础。即使我们考虑了风险厌恶程度，用它计算也不算离谱。量化的费用和决策损失相比，一般要小得多。

当一个风险厌恶者进行大量小赌注的赌博时，他会非常倾向于风险中性。要是用自己的钱去赌，你也许不认为 20% 的概率损失 10 万美元和 100% 的概率损失 2 万美元是一样的，但你也许会认为 20% 的概率赢得 10 万美元和 100% 的概率赢得 20 000 美元是一样的。

与之类似，对于一次重大投资决策来说，你可能会做很多量化工作，每一次量化所获得的信息价值，相对于投资决策本身来说，应该是近乎风险中性的。

所有有价值的量化都必须减少不确定性，从而影响决策，带来不同的经济结果。EOL 减少得越多，量化的价值就越大。量化前和量化后的 EOL 的差别叫作“信息的期望值”（Expected Value of Information，以下简称 EVI）。换句话说，信息价值等于风险减少所带来的价值。

在量化之前计算量化的信息期望值，需要我们估计能减少多大的不确定性。这有时很复杂，要根据变量而定，但也有快捷方法，最容易计算的量化价值是完全信息的期望值（Expected Value of Perfect Information，以下简称 EVPI）。如果你能消除不确定性，EOL 会减少为 0，因此 EVPI 是 EOL 的简单变体。

在上面的营销活动中，在不量化的情况下所做的决策就是同意广告营销活动，而且算式中已经算出此时的预期机会损失是 200 万美元。因此，如果能量化开展营销活动是否成功，并能完全消除其不确定性，那么这项量化工作的价值就是 200 万美元。当然，如果你只能减少但不能完全消除不确定性，EVI 就要小一些。信息价值可以用以下公式计算：

信息的期望值（EVI）= 预期机会损失（EOL）的减少值

= EOL 量化前 − EOL 量化后

EOL = 出错的概率 × 错误的代价

完全信息的期望值（EVPI）= EOL 量化前

（如果信息是完全的，量化后的 EOL 就是 0）

对一个连续的 EOL 计算要稍微复杂点，但更具普遍性和现实意义。因为连续量一般不会出现不是成功就是失败的情况。当变量的取值有一个范围时，一般更需要计算量化价值。计算这种信息价值的方法和计算一个简单是非题的信息价值没太大不同，但我们仍需计算 EOL 值。

消除所有不确定性的价值有多大？

假设可能的结果不是两个，而是一个范围，就可以建立一个更现实的模型。一个经过校准的市场营销专家对于开展此次活动直接产生的销售数量的 90% 置信区间是 100 000 ～ 1 000 000。当然，我们必须售出一定量，以保持盈亏平衡，那么风险就是我们没有售出足够的量，导致得不偿失。

假设每销售一个产品的毛利润是 25 美元，因此至少要售出 20 万个才能弥补 500 万美元的营销活动开支。销售不到 20 万个就会亏损，卖得越少亏得越多。如果销售正好 20 万个，则既不亏也不赚；如果一点都没卖出，就净亏 500 万美元。在这种情况下，减少营销效果不确定性的价值在哪里呢？计算类似连续变量的 EVPI 需要分以下 5 步：

步骤 1 将分布分成几百或几千段。

步骤 2 取每段的中点计算机会损失。

步骤 3 计算每段的概率。

步骤 4 将每段的概率和机会损失相乘。

步骤 5 将第 4 步得到的所有段的值相加，求出总和。

最简单的方法就是在 Excel 中做一个宏，或者写一些代码，把区间分割成 1 000 段左右，然后进行计算即可。图 7.1 演示了该过程。

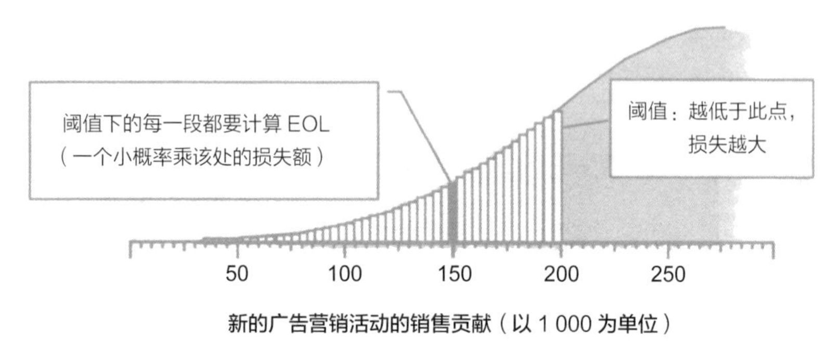

注：所有增量的 EOL 之和也就是这次营销活动的完全信息价值

图 7.1 范围估计的 EOL 分段

为了让计算更容易，我已经做了绝大部分工作，你只需使用后面的图表做一些简单的运算就行了。在计算之前，我们需要确定 90% 置信区间的上限和下限哪个是“最好边界”（Best Bound，以下简称 BB），哪个是“最坏边界”（Worst Bound，以下简称 WB）。显然，有时较大的值会更好，有时较小的值会更佳。在营销活动这个例子中，值越大越好。下面要开始计算相对阈值（Relative Threshold，以下简称 RT），该值会告诉我们阈值相对于区间的位置，图 7.2 形象解释了阈值。

我们用此值计算 EVPI 的 4 个步骤如下：

步骤 1 计算相对阈值：RT =（阈值 −WB）/ (BB − WB)。对于我们这个例子，最好边界是 1 000 000，最坏边界是

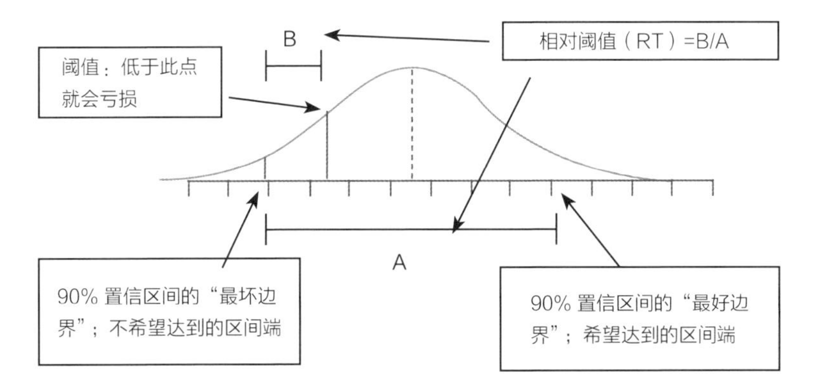

图 7.2 相对阈值举例

100 000，阈值是 200 000，因此 RT =（200 000－100 000）/（1 000 000－100 000）= 0.11。

步骤 2 将 RT 定位在图 7.3 所示的垂直轴上。

步骤 3 往 RT 值的右边看，一个是正态分布的曲线集合，位于图的左边；另一个是均匀分布的曲线集合，在图右边。因为我们的例子是一个正态分布，因此在正态分布曲线上找到直接和 RT 对应的点。我把该值称为预期机会损失因子（Expected Opportunity Loss Factor，以下简称 EOLF），这里 EOLF 值是 15。

步骤 4 计算 EVPI 的值：EVPI = EOLF / 1 000 × 单个产品机会损失 OL ×（BB－WB）。例子中每个产品的机会损失是 25 美元，因此 EVPI = 15 / 1 000 × 25 ×（1 000 000－100 000）= 337 500 美元（请看图 7.3）。

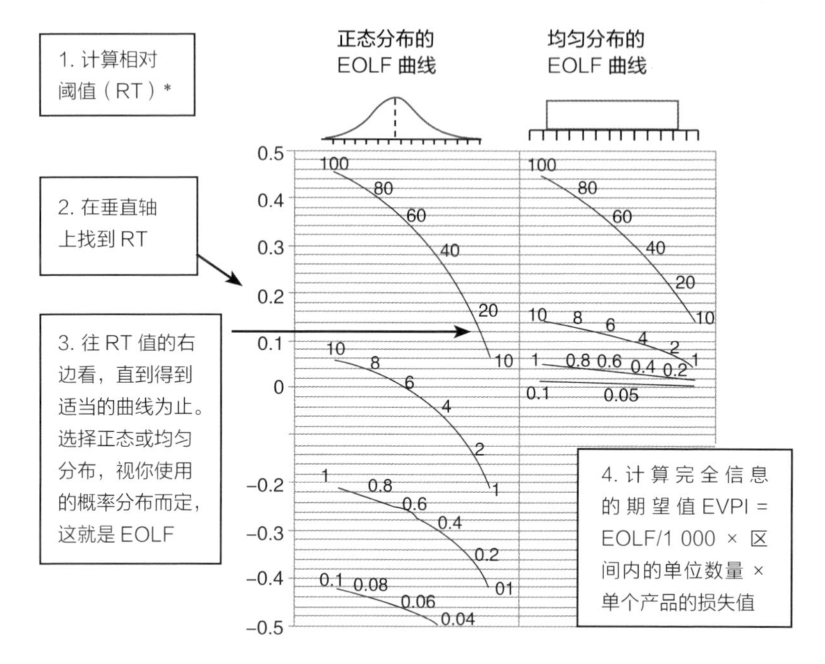

图 7.3 预期机会损失因子图

该计算显示，完全信息的期望值是 337 500 美元。在这里我们假设完全消除了不确定性，该值是理论上的最大值。虽然完全消除不确定性几乎是不可能的，但这为应该花多少钱量化提供了一个重要基准。

使用均匀分布的过程也一样。无论是均匀分布还是正态分布，读者应该注意的是，这种简单方法只能用于线性损失，也就是说对于单个产品，损失是固定的，在本例中是 25 美元。但如果损失以某种方式加速或减速，EOLF 图也许就不那么容易画了。例如，如果是借来的钱亏损而还不起，利滚利的结果可能让损失极度放大。

另一个需要注意的是，如果正态分布被截断了，或者需要应用其他分布，也许就很难用图形严格模拟了。例如，虽然销量不可能低于零，但一场极其失败的营销活动，很有可能没有销售任何产品，而且还减少了现有销量，这样的事以前确实发生过。

超越二元决策：在连续体上的决策

到目前为止，我们已经了解了如何计算行动成功和行动失败这两种情形下的信息价值（在这之中，你只有可能出错或不出错）以及如何估算一个连续变量（在这之中，你有可能只错一点，也可能大错特错）。虽然后一种情况针对连续变量，但这两种情况其实都是针对二元决策的。变量可能是连续的，但它是用于投资决策，也就是说，在是或否之间做出选择。

有一些类型的决策与其所估计的数量是一个连续体。比如涉及在一系列可能的数量中选择最佳数量的决策，也许是为某家新工厂确定产能。与“非此即彼”的投资决策不同，这个决策涉及确定产能，比如每年 100 万件、200 万件、1 000 万件，或其他数量。在这个案例中，如果你碰巧选择了完美答案，机会损失就为零。而任何其他的答案，无论是过高还是过低，都会带来一些损失。

在这类估计问题中有一种双向损失函数，或者也可以说有两个损失函数：一个是与高估某些东西有关的损失，另一个是与低估某些东西有关的损失。如果我们试图优化某家新工厂的产能，那就要建设一家完全符合其产品实际需求的工厂。若高估了需求，意味着我们建设的工厂规模太大，浪费了资本，创造了过剩产能；若低估了需求，意味着我们损失了一部分销售额。图 7.4 展示了这种双向损失函数。

预期损失是对所有损失的概率的加权平均。我们必须选择一个能使高估和低估的总预期损失最小化的估值。如果我们有完全对称的损失函数，也就是高估和低估的损失相同，那么，我们的最优选择就是准确的中间值。其他任意一点，都将会有更高的预期损失。注意，在本例的双向损失函数中，低估的成本要高于高估的成本。如果我们选择了范围的中间值（本例中是 240 000），那么预期损失并不是最小的。

一旦我们确定了最小的预期损失，此时总的 EOL 就是 EVPI。换句话说，我们在当前的不确定性水平上选择了最优策略，从该点可以计算 EOL。在与本书同名的网站上的第 7 章的例子也展示了这个计算。

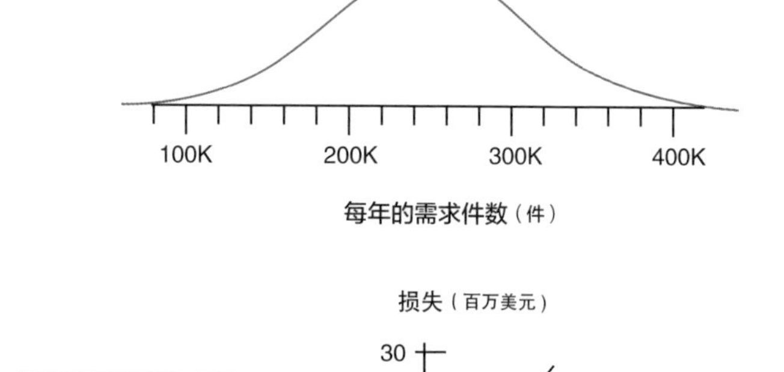

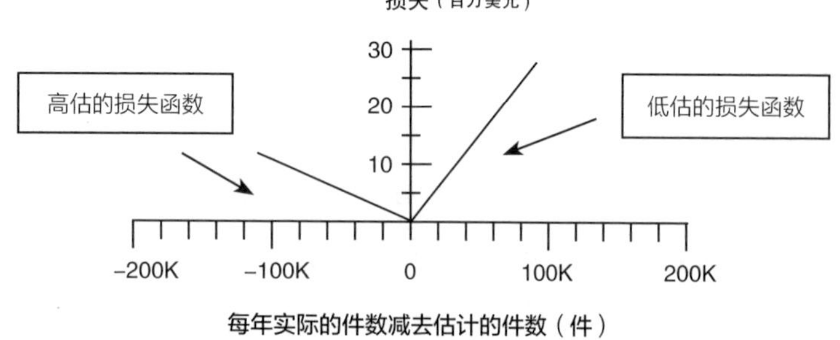

图 7.4　在连续体上的决策的双向损失函数

打开天窗说“量化”

如何量化数千种商品的最优价格

为新产品定价也是一个在一系列数值中选择定位的决策。如果定价太高，就会损失销售量；如果定价太低，就会放弃利润空间。你应该知道，理想的价格会使利润最大化。最优的价格取决于对“价格弹性”的量化，即销售数量与价格变化的比率。即使这一概念常在大学第一学期的微观经济学课程中就提到了，但人们总是认为，对最优价格的实际量化太过复杂和不切实际。

这在以价格为主要竞争力的企业对企业（B2B）的销售领域尤其成问题。制造商和分销商通常拥有包含数万件至数十万件不等的商品目录。尽管这听起来很吓人，但许多公司都是依靠定价专家为每一件商品定价，然后再根据销售人员的判断进一步修改价格。定价过高或过低的常见错误，以及不同交易间的随机变化，都可能导致大量收入和利润的损失。

幸运的是，还有其他更好的定价方法。我的客户 Zilliant 公司是一家位于得克萨斯州奥斯汀市的领先的软件公司，专门为 B2B 公司提供市场定价服务。该公司不仅能够精细地量化利润和利润率，还可以检测特定客户和产品组合的价格弹性差异，并利用这些差异为未来的价格提供指导。

那么，考虑到 B2B 公司定价和成本数据固有的复杂性和稀缺性，Zilliant 公司如何量化数千种商品的最优价格呢？Zilliant 公司首席宣传官兼高级副总裁埃里克·希尔斯（Eric Hills）说：“B2B

公司的销售人员会告诉你，每一笔交易、每一位客户都不同，这有一定的道理。科学发现了隐藏在异质销售交易中的价格反应模式的相似性，并通过《数据化决策》（第三版）中相同的核心原则来充分利用它：你拥有的数据比你想象的要多，你需要的数据比你想象的要少。”

Zilliant 公司的技术有效地使用了 EOL 计算，这种计算与我们刚才讨论的定价过高和过低的 EOL 计算方法是同一种类型，同时他们还使用自己开发的某些额外的贝叶斯推理方法。在数据更丰富的地方，量化方法不仅更可靠，而且还有助于洞察数据相对稀少的客户 - 产品组合。

Zilliant 公司认识到，这种方法的价值不在于达到完美，而在于它胜过其他替代选择。Zilliant 公司的市场定价始终如一地优于销售人员或价格分析师的判断。希尔斯补充说，这种方法的效果是可测量的，因为“从核心层面来讲，价格优化涉及收入和利润的提升。我们的客户可以直接量化收益。”

不确定性越高，你需要的信息越少

完全信息的期望值（EVPI）的例子显示了完全消除而非部分减少不确定性的价值。计算 EVPI 本身是有用的，因为它可以让我们知道最多该在量化上花多少钱，但我们往往只能减少部分不确定性，尤其当我们谈到诸如营销活动对销量的影响这类事情时更是这样。此时，我们不仅需要知道在理想状况下应该花费的最高金额，而且也需要知道在现实中应该怎样量化才是值得的。换句话说，我们需要知道的是信息的期望值（EVI），而不是完全信息的期望值。

EVI 指的是所有信息的价值，不管是否完全。有时，在信息不完全的情况下，信息的价值有时也被称为不完全信息的期望值（Expected Value of Imperfect Information，EVII）或抽样信息的期望值（Expected Value of Sample Information，EVSI），以便和 EVPI 区分开。但是在术语中简单去掉“完全”（Perfect），就说明包含了不能完全消除不确定性的情况，因此 EVI 是一个可通用的术语。

而且 EVI 也可以通过建立更精巧的模型以便更快捷地计算，在此我们做一些简单估算。图 7.5 显示了随着确定性的增加，信息的价值和成本是如何变化的。

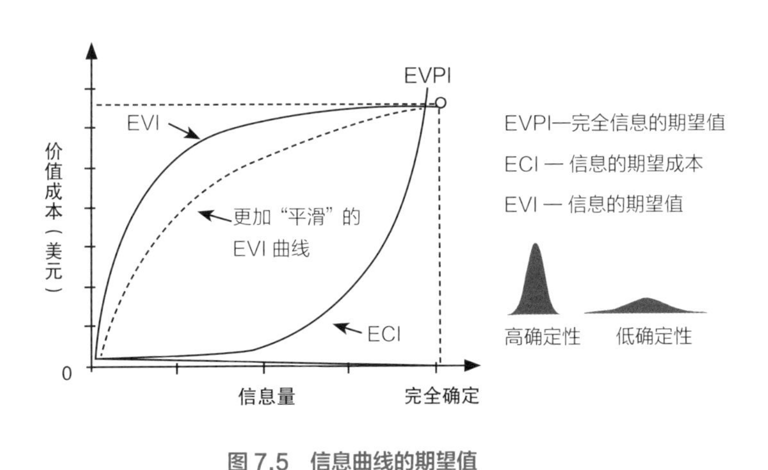

图 7.5　信息曲线的期望值

在图中你还能看到信息的期望成本（Expected Cost of Information，以下简称 ECI）线。简单地说，ECI 就是对于减少不确定性的信息我们期望付多少钱。请记住，在决策分析中，“期望”一词总是意味着“概率的加权平均”，因此要计算 ECI，需要考虑量化的可能结果以及每种结果下的成本和期望减少的不确定性，然后计算所有成本和不确定性减少的加权平均。

这看起来令人畏惧，但图 7.5 指出，我们只需在脑中记住一些简单的经验法则就行了。让我们看看图中这些指标是如何相互关联的。EVI 的总体形状是向上凸起的，这意味着当不确定性很高时，如果减少一点不确定性，信息的价值就会急剧增加；但随着我们日益接近完全确定状态，EVI 曲线会逐渐变得平滑。很多量化工作是不能达到完全确定状态的，但只要足够努力，就会非常接近这种状态。但无论我们减少了多少不确定性，EVI 也永远不可能超越 EVPI。

EVI 曲线的曲率由多种因素决定，包括分布的类型、范围的宽度和阈值在范围内的相对位置。某些 EVI 曲线显得很平缓，但多少有些弯曲。这里的弯曲意味着，量化如果能减少最初不确定性的一半，EVI 的值就会比 EVPI 的一半稍多一点；如果不确定性减少 70%，EVI 的值也会比 EVPI 的 70% 稍多一点，依此类推。对本章的营销案例来说，图 7.2 和图 7.3 所描述的 EVPI 值大约是 337 500 美元。因此，如果你认为应该减少一半的不确定性，而量化成本为 150 000 美元，这项研究就应当做。也许你认为值得商榷，因为 150 000 只比 337 500 的一半少一点；但如果是 30 000 美元，那就占了大便宜。

EVI 曲线的另一个特点是量化数量是不确定的，例如，如果专家说售出的商品数量不可能超过 1 000 000，也不可能少于 100 000。假设阈值是 200 000，那么该量化工作至少可以让我们将下限移到大于 200 000

的某个值，才能彻底消除亏损的可能。运用 EVI 曲线最大好处，就是我们可以从左到右不断移动某个点，使得不确定性不断减少，刚好到达不可能出现亏损的程度。另外，减少 1/2 不确定性的量化和减少 3/4 不确定性的量化的价值区别也许很小，而且一旦我们确定不会亏损或确定亏损肯定发生，那么量化就没有意义了。

虽然图 7.3 所示的计算 EVPI 值的方法是一个近似方法，但仍然非常有用。你可以把 EVPI 当作一个“绝对的天花板”估计 EVI，并始终记住 EVI 曲线的一般形状。当然，这只是近似估计。估计 EVPI 值有点难，因此要求 EVI 的值很精确也不太可能。而且，量化具有高信息价值的变量和次级价值的变量相比，最高级变量的变化幅度经常在 10 ～ 100 倍。在实践中，对 EVI 的估计常有误差，以至于你很难选择量化哪个变量。

ECI 曲线的凸凹性则恰好相反。如果我们把 EVI 曲线称为凸起的曲线的话，那么 ECI 曲线就是下凹的曲线。凹曲线的中点总是在其两端短线连接的直线以下。不确定性减少得越多，付出的代价就越大。在对某些无限大的总体随机抽样时，样本量也应该接近无限大，才能完全消除不确定性。量化开始时，不确定性减少得相对较快，开始的观测比后来的观测对不确定性的影响更大，这一点我们将在第 9 章详细讨论。现在我们只需要知道，每减少一分不确定性，付出的努力就比过去更多。

量化信息价值更加证实了一切皆可量化。如果有人说开展一项量化工作价值太大了，我们就不得不问他和什么比。如果量化只需花费 50 000 美元就能减少一半不确定性，而 EVPI 是 500 000 美元，量化当然不贵。但如果信息价值是 0，那么任何量化都是昂贵的。一些量化工作也许只有微小的信息价值，如果量化成本很高就不用进行了。对于这样的量化，我会找到快速减少不确定性的方法，比如，找到相关的研究或给更多专家打电话。

人们可能认为如果不确定性很高时，就需要很多数据来减少不确定性，但实际情况却恰恰相反。

一次，当对医疗保健活动的有效性进行量化时，我问一个被试：芝加哥地区有百分之多少的青少年知道室内日光浴有致癌危险？你的 90% 置信区间是多少？她给出的估计范围是 2% ～ 50%。我认为上限的范围太大了，但她认为有太多不确定因素。在这么大的范围下，她需要调查多少青少年才能大幅减少不确定性呢？如果她的范围只是 11% ～ 15%，又需要调查多少青少年才能大幅减少不确定性呢？因为第二种情况下初始范围已经很小了，她必须调查很多人才行。所以，人们总会犯这样一个错误：当不确定性很高时，需要很多数据来告诉人们一些有用的东西。然而事实是，如果不确定性很高时，并不需要很多数据来大幅减少不确定性。当你已经有很多确定的信息时，你才需要很多数据来减少不确定性。

花费越长时间，机会越少

当我们考虑对时间敏感的决策时，不确定性的小幅减少带来的相对回报会进一步放大。例如，当你考虑在房地产市场低迷时进行重大投资，若是你花了太长时间才做出决策，那么机会就会蒸发掉。减少不确定性不仅需要钱，还需要时间。决策理论的先驱之一霍华德·莱福（Howard Raiffa）指出了这种因为时间延迟导致的决策错误，他称之为“太晚解决正确的问题”。

我们总是可以用更多的时间成本去减少不确定性——要么通过额外的调查，要么只是等待事情的最终结果。对于房地产价格、大宗商品、股票或其他依赖于预测的量化指标，如果我们只是等待，就一定可以确定最终会发生什么。例如，2011 年 7 月 15 日，我并不能确定两年后黄金价格的走势。到了 2013 年 7 月 15 日，我对当天的金价已经完全确定了，但是，任何机会当然也都消失了。如果决策对时间是敏感的，并且需要时间进行额外的量化，我们可以将其想象成 EVPI 随时间减小的决策。

图 7.6 在图表上显示了对时间敏感的决策的 EVI、ECI 和 EVPI，横轴是“时间”而不是“确定性”。最大 EVI 仍然受到 EVPI 的限制。区别是 EVPI 随时间减少，因此 EVI 必定相应地减少，而不是趋于平稳。这种情况相对于我们假设 EVPI 是恒定的情况，信息的最优价值就向左偏移了。我们不必考虑 ECI 必然随时间敏感的量化而改变，但如果需要，也可以考虑。

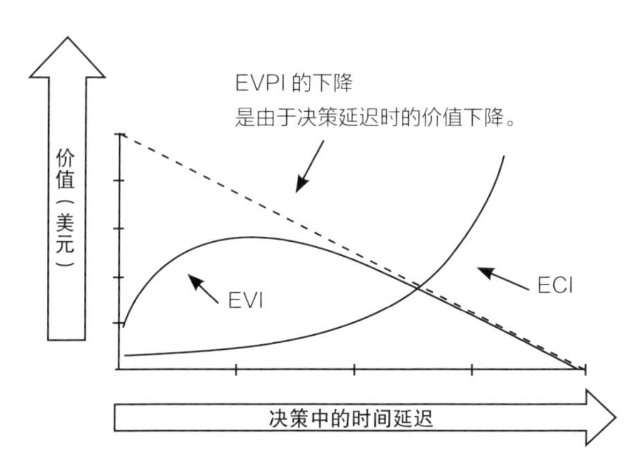

请注意，最佳的量化信息价值（EVI 和 ECI 之间的最大差距的时候）相比 EVPI 没有下降的情况会向左移动。

图 7.6　对时间敏感的信息曲线

大多数实际的决策价值都受时间限制，因此，这种影响几乎总是存在。在这个时候，我们支持选择小规模的迭代计算进行观察而不是通常假定的备选方案。要再次强调的是，追求绝对的确定性或直接屈服于专家意见，都将是代价高昂的错误。

有多个变量时，消除关键变量的不确定性

另一个例子是当决策涉及诸多变量时，可以只量化其中的几个变量。这实际上是我自己处理量化问题的最常见方法。我从来都不必计算某个孤立的不确定变量的信息价值。真正的问题是，在一大堆不确定的变量中，应该对哪个关键的变量进行额外的量化。

这是一种更具挑战性的计算，因为一个变量的信息价值可能随其他变量的价值变化而变化。回想一下，对于是或否的二元决策，计算信息价值的方法涉及找到一个阈值。如果进行成本收益分析，并且成本处于潜在范围的较高一端，那么收益变量的“阈值”将不同于成本处于范围低端的时候。在同一决策模型中，大多数变量会改变许多其他变量的阈值。

你可以使用两种方法来处理这种复杂问题。第一种方法是简单的近似，即除了一个变量外，所有变量都保持其均值。接下来找到该变量的阈值并计算其信息价值。最后，将这个变量重置为它的平均值，然后再转到另一个变量。你需要对决策模型中的每个变量都执行此操作。这种方法是一种非常粗略的近似，因为它忽略了变量在它们的价值变化时的相互关系。

另一种更费时费力但更为准确的方法是，先运行一个能够显示我们在当前不确定性水平下的预期损失的模拟程序。我称之为总体 EOL 或

决策 EOL。假设我们不做进一步量化，这只是我们当前默认决策的所有结果的平均数。如果在我们当前的不确定性水平上，我们的默认决策是拒绝一项投资，但事实证明这项投资是个好主意，那么在这种情况下，我们所能赚到的就是机会损失。如果我们的决策被证明是正确的，我们的机会损失就为零。所有可能结果的平均值（0 和非 0 值都一样），就是总体 EOL。

接下来我们运行一系列的蒙特卡洛模拟程序，假设我们准确知道模型中所选的一个变量。我们应用一条决策规则，让程序模拟在只能准确知道该变量的情况下，会做哪些不同的事情。如果结果显示该变量是有用的，我们因为做出错误决策而造成的机会损失（总体 EOL）就会减小。

通过消除单个变量的不确定性而产生的总体 EOL 变化，就是该变量的“个体 EVPI”。如果我再考察一个变量，EOL 可能会进一步下降。知道第一个变量与同时知道第一个和第二个变量在总体 EOL 上的差异，就是第二个变量的“边际个体 EVPI”。

例如，我们为国际农业研究磋商小组开发的一个模型是塔纳河流域综合水管理系统。这是一项数千万美元的投资，预计将在 30 年内带来收益。它总共有 90 个不确定变量，总体 EOL 是 2 400 万美元。该倡议的净效应是改善耕作方式，增加贫困农民收入，并且改进粮食和水的安全性。引入集约化农业管理方法的潜在成本是二氧化碳排放量的增加（使用高强度氮肥和现代机械农业耕作方式的粮食亩产更高，但相对的也会产生更多二氧化碳）。

对于这个模型，如果我们简单地将所有其他变量保持在平均值，那么任何单一的量化方法都无法对决策产生影响。但是，量化变量群可能会对总体 EOL 产生影响。这是因为投资是足够积极的，所以，只有在多个变量上都出现“坏消息”时，决策者才会做出与这个模型的指示不同的决策。

一个最不确定的变量会对这个决策产生很大的影响，那就是大气中每增加 1 吨二氧化碳的等价经济成本。你应该明白，有些人坚持认为二氧化碳的增加对全球影响很小，而有些人则会想象最坏的情况。科学研究的观点处于这两者的中间位置，虽然他们几乎一致认为，大气中二氧化碳含量增加是个问题，但对问题程度的判断也存在分歧。由于我们使用的是概率方法，因此不需要确定任何特定的点。一些文献说明了如何为二氧化碳设定成本，但我们仍得使用相当宽广的范围。不过，仅仅量化这一点，不可能改变最佳策略。

此外，针对为有利于环境的项目补贴给农民的成本是多少，以及集约化耕作方式会增加多少二氧化碳排放，专家们也有相当大的不确定性，我们只有将这三者一同量化，才能看到总体 EOL 的下降数值——这样做使得总体 EOL 减少到 1 600 万美元。在对与农村移民模式相关的变量进行量化后，EOL 再次降至 1 270 万美元。因此，第一组量化给我们带来了 800 万美元的信息价值（2 400 万美元减去 1 600 万美元），而第二组量化给我们带来了 330 万美元的信息价值（1 600 万美元减去 1 270 万美元）。

通过继续量化接下来的 4 个具有最高信息价值的变量，EOL 降到了 400 万美元以下。在那之后，模型中 90 个变量的信息价值大多为零或接近零。

在这本书中，我们不会深入讨论这种方法的细节，但有一些决策理论背景的读者可以很容易地从我提供的描述中掌握这种方法。对于其他读者，前面讨论的更简单方法已经能够处理大多数问题。

量化倒置：最重要的常常被忽视

到 1999 年，我已经完成了 20 个大型投资项目量化的应用信息经济学分析，与此同时，我所有的项目仍只和信息技术投资相关。在这 20 个商业案例中，每一个都有 40 ~ 80 个变量，例如开发成本、采购率、提高生产率、收入增加等。对于每一个项目，我都编写了关于每个变量信息价值的 Excel 宏，并利用它找到了量化的重点。当我运行 Excel 宏计算每个变量的信息价值时，我看到这样一种现象：

◎ 绝大多数变量的信息价值为 0。也就是说，当前变量的不确定性水平是可接受的，不需要进一步量化。

◎ 具有高信息价值的变量一般都是客户从未量化过的。实际上，高价值变量经常被完全忽视。

◎ 用户花大部分时间量化的变量，信息价值一般都很低甚至为 0。也就是说，他们所量化的变量对决策几乎没有作用。

评估所有商业案例和计算它们的信息价值之后，我就能解释这种现象了。我写了篇文章，发表在商业杂志《首席信息官》上。

但从那时起，我对另外 40 个项目也做了同样检验，发现这一现象并不只不限于信息技术行业。2009 年，我在一份叫作《今日管理科学》

（*OR/MS Today*）的定量分析期刊上发表了最新发现。在研究、开发、军事后勤、环保、风险投资以及设施扩建等项目中，也存在同样现象。我多次发现，客户过去常常花费大量时间、金钱和精力，量化并无高信息价值的变量，同时却忽略了能显著影响真正决策的变量。

我已经不再把这个概念叫作“信息技术量化倒置”了，而是重新把它命名为“量化倒置”，即在商业案例中，**一个被量化的事物的经济价值，和它所受到的关注常常成反比**。在相当多的领域，被量化事物的重要性根本比不上被忽视的事物的重要性。而且，我还经常发现，客户的量化工作往往只是让他们知道了什么信息有价值。他们把这一发现看成伟大的启示，图 7.7 对这些发现做了总结。

显然，我们对应该量化什么的直觉往往是错的，因为绝大多数组织缺乏量化“量化价值”的方法，所以它们几乎都会量化不该量化的事物。例如每周在某些行为上花费的小时数就不该被量化，但人们把注意力都用在这上面，而更多需要量化的不确定性却被忽视了。

典型的低价值测量	举例： 培训的出勤率 项目的短期成本 安全检查中的违规数量
通常被忽略的高价值测量	举例： 销售培训效果所具有的价值 项目的长期收益 减少灾难性事件发生的风险

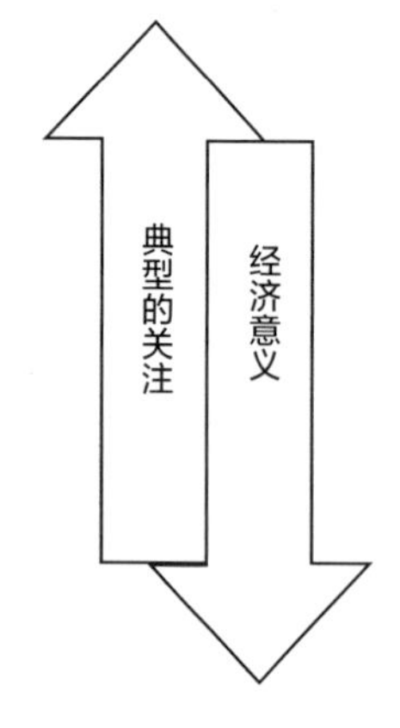

图 7.7　量化倒置

打开天窗说“量化”

费钱费时费力的“功能点”评估

信息技术项目中一个量化倒置的鲜明例证可以在我的保险公司客户身上看到。这家客户非常想使用一个叫作“功能点”（Function Points）的复杂软件量化方法，该方法在20世纪80年代和90年代被广泛使用，是评估大型软件开发业绩的基础方法。该客户之前做过初步的跟踪估计和功能点估计，并且做得很好。该软件已经在超过300个信息技术项目上推广使用。为了评估量化软件开发项目各方面的业绩，需要3 ～ 4个经认证的功能点技术员作为全职工作人员。

但当我把功能点评估和项目管理者提供的初始评估比较时，发现一个很有趣的现象：价钱昂贵又费时费力的功能点评估没有改变初始评估，而且不比初始评估更准确。功能点评估是信息技术组织中最大的独立量化工作，但它并没有增加任何价值，因为它没有减少任何不确定性。然而人们总是强调量化特定项目的好处，因为这样更容易获得经费。

为什么会发生量化倒置?

首先，人们一般会量化他们以为容易量化或知道如何量化的事物。你也许知道关于一个醉鬼在光线充足的大街上找表的老笑话：虽然他知道表是在黑暗的小巷中丢的，但他辩解说大街上的光线更好。如果一个组织习惯于用调查方法量化事物，就会倾向于量化能用此方法量化的事物。

我的定量分析方法教授常常引用亚伯拉罕·马斯洛（Abraham Maslow）的话："如果你唯一的工具是锤子，你就会把所有问题都看成钉子。"这句话可以用在相当多的商业和政府机构中，他们习惯于使用惯常的量化方法。虽然有些公司已经对一些重大项目展开了量化工作，但有的公司还是把注意力集中在一些低价值但更熟悉的量化工作上。

其次，管理者更愿意量化那些更有可能提供好消息的事物。如果你怀疑量化可能没有好处，为什么还要量化呢？让量化更加客观的解决方法很简单：不要让管理者成为量化绩效的唯一负责人，那些评估管理者项目的人，对量化什么要有自己的判断，而不是被管理者所左右。

最后，不知道量化中所获信息的商业价值，意味着人们没能真正理解量化的困难。即使人们觉得量化非常困难，但如果他们懂得其带来的价值是预期成本的好几倍，那么这项量化工作也应该进行。有一次，一家大型消费信贷公司请我量化其全球超过 1 亿美元的信息技术基础设施投资的收益，在详细听取了相关内容后，我估计该项量化研究需要花费 100 000 美元左右，公司回应说要把费用降低到 25 000 美元以下。于是，我拒绝了这项业务，因为我所要求的金额少于这项高不确定性、高风险项目投资金额的 1‰。这已经非常少了，在某些行业，资金少得多的投资项目也需要比这详细得多的量化分析。我保守估计了一下，该项研究所产生的信息价值应该在数百万美元，所以他们不应该这么吝啬。

我把我的信息价值公式称为"顿悟方程"（Epiphany Equation），因为它能产生深刻的启示。有了它，你必须重新认识某些事物，而这些事物和你过去一直以为的都不同。组织机构应该去观测完全不同的事物，这么做的结果就是人们会惊讶地发现，重大决策的方向经常被改变。

分清有价值和无价值的量化

量化不确定性是风险量化的关键所在，而风险量化是理解如何计算信息价值的关键。理解了信息价值后，我们就会知道应该量化什么以及花多少精力量化。把所有这些数据用于减少不确定性，是理解量化的核心所在。量化不确定性、风险和信息价值，是我们做任何其他量化工作前需要理解的 3 种因素。

把本章所有内容联系在一起，我们就能得到一些新想法：

首先，我们知道初始阶段的量化一般具有高信息价值。如果你认为某物具有很高的不确定性，不要试图进行大量的调查研究，而是要一点一点地量化，逐步减小不确定性，并对得到的信息加以检验。你对结果惊讶吗？是否还需要进一步的量化？这些结果是否带给你一些想法并让你改变量化方法？

其次，如果你不计算量化的价值，你所做的量化工作很可能具有很少或根本没有信息价值，并且你有可能忽视了一些具有高信息价值的因素。

再次，你可能不知道怎样有效地量化，而把太多时间用在量化某些事情上。也有可能由于你没能综合考虑量化的成本和价值，而认为某项高价值的量化工作太昂贵，进而把它否决了。

以下是计算信息价值的注意事项：

计算所量化的事物的价值 如果你不计算量化的价值，就可能用错误的方法量化错误的东西。

进行多次量化 量化的开始阶段最有价值，所以要循序渐进地量化，每做一步都要总结和积累。

到此为止，对于量化那些看似不可能被量化的事物，本书才讲完了“第一阶段”。量化是一个非常模糊的概念，但结合我们的目的和观测方式，我已经用相关术语给它下了定义。我们已经量化了不确定性、风险和信息的价值，现在可以继续前进了。

有趣的是，这些内容在本书第 4 章讲解退伍军人事务部的信息技术安全量化项目时已首次提到，该项目的目标是想知道量化什么以及该如何量化。对于退伍军人事务部来说，知道量化的价值是很有用的，因为它给未来所有的安全指标提供了一个框架。

既然我们已经知道了量化什么以及在量化上应该花多少时间和费用，下一步我们要学习如何设计量化方法。

PART 3

第三部分

量化方法

如何减少不确定性

顾客等待客服的时间越久，挂电话的概率就越高，这给业务造成了多少损失？

要一眼看出湖里有多少鱼的最简便可行方法是什么？

在零售店查看商品序列号，就能获得竞争对手的产量信息？

如何了解销量上升是否因为顾客偏爱新产品？利润上升是否仅仅因为采用了新配方？

第 8 章

选择和设计量化方法

使我们陷入麻烦的通常并非我们不知道的事情，而是那些我们知道得不确切的事情。

——美国作家 阿蒂默斯·沃德

如果你已经把之前的知识应用于你的量化工作了，那说明你已经使用了影响决策和观测方式的术语定义了量化问题，已经将不确定性量化，并且已经计算了信息的价值。在量化之前，这些都是应该做的。现在需要弄清怎样进一步减少不确定性，换句话说，我们要开始量化的过程了。

人们经常听到"实证量化"这一说法，而在我看来，这一说法完全是多余的。实证指的是将观测到的结果作为证据使用。实证方法是正式、系统的观测方法，为的是避免或减少观测时很可能出现的某类误差。观测不限于用眼睛，甚至不一定是直接的，我们也可以通过仪器增强观测能力。实际上，现代物理学几乎都用仪器观测。

但我们关注的是商界中经常认为不可量化的事物，幸运的是，处理这类问题的方法并不复杂。有必要再次重申，本书的目的是，让管理者看到他们认为不可量化的很多事物，实际上都可以量化。唯一的问题在于它们是否足够重要以至于非量化不可。

在量化绝大多数这类事物时，一些相对简单的方法就足够用了。正如我们发现的那样，量化的真正障碍在概念上，而不是缺乏理解几十个复杂方法的能力。

在那些应用复杂方法的领域，几乎不需要争论量化对象是否可以量化的问题。这些复杂的量化方法都是通过细致精确的研究得来的，而且人们首先就认定目标对象可以量化。试想一下，如果临床化学领域的作者从一开始就认为目标对象不可量化，他为什么还要写两卷厚的论文呢?

特定科学领域里的专业定量方法还是由别人来讨论吧，我写这本书的目的是让你明白该怎样信心十足地量化其他更常见的事物。

本章将通过提问确定量化方法的类别，这些问题是：

我们对事物的哪部分不确定 分解不确定的事物，使之可以用其他确定的事物计算。

该事物或者其分解部分该如何量化 有可能你不是第一个遇到该问题的人，甚至该问题早就被广泛研究过了。回顾他人工作的过程被称为“二次研究”。

怎样把已经确定为“可观测的事物”一步步导向量化 你已经回答了怎样观测事物，接下来的问题是，怎样观测分解后的各部分?进一步的研究会回答这个问题。

量化这一问题我们需要什么 要考虑到之前计算出的当前不确定状态、阈值和信息价值，这些都是获得正确量化方法的线索。

误差的来源是什么 要思考一下量化是如何产生误差的。

我们该选择什么设备 基于以上问题的回答，你要选择测量设备，同时进一步的研究也许会提供一些指导。

脑子里记下以上这些问题，接下来，我们该讨论怎样在量化中使用这些工具。

广义的测量仪器 = 测量方法

事物名称和其变迁，揭示了人们对该事物的观念变迁，科学仪器的名称变化就是个很好的例子。在工业革命前，尤其是欧洲文艺复兴时期，科学仪器经常被称为"哲学发动机"，因为人们认为它们是用来回答深奥问题的。

伽利略用摆锤和斜面量化重力加速度，而他从比萨斜塔上扔重物的故事也许是杜撰的；丹尼尔·华伦海特（Daniel Fahrenheit）用水银温度计量化以前被认为应该以质量来计算的温度。透过测量仪器，我们可以看到曾经称为神秘世界的某一方面。

19 世纪末，也就是爱迪生和贝尔这些工业发明家活跃的时代，研究和发明已经被大规模运用于生产。在此之前，人们生产设备经常是为了个人的特殊用途。

到了爱迪生和贝尔的时代，设备就被大规模统一制造了，科学设备开始变得更具实用性。工业发明家们使用的显微镜只适合在实验室使用，按照今天的标准，他们的实验室简直是血汗工厂。也是在这个时候，很多人开始意识到，缺乏趣味、追求高深知识的科学和科学观测，越来越像个苦差事。

甚至今天，很多人都认为测量仪器是量化某些不明物理现象的装置，例如盖革计数器测量辐射、天平测量质量等。然而事实是，人们在很多领域广泛使用“仪器”这一术语，例如在教育评估中，研究人员把一项调查、一项测验、一个问题叫作仪器，而且这是许久以来符合学术规范的用法。

测量仪器和任何工具一样，能给使用者带来好处。简单的机械工具可以给使用者带来好处，例如杠杆可以成倍放大人的肌肉力量。与此类似，一个特殊的实验方法可能极大地提高人的感觉能力，从这个意义上说，试验方法本身就是一台测量仪器。如果我们想知道如何量化一切，就需要使用“仪器”这一术语的最广义概念。

一开始你可能缺乏对测量仪器的想象力，这时你可以试着看看能否重新激发强烈的好奇心，就像伽利略和华伦海特观察他们所处环境下的各种“秘密”时一样，他们认为测量设备是简单和直观的，而不是专家或怪人在神秘研究中使用的复杂设备。今天的很多管理者都会轻视仪器，因为仪器有其自身的局限性和误差。当然，仪器肯定有误差，但问题是和什么比，是和那些无助的人比还是和那些在量化上一点儿都不努力的人比？我们要始终记住量化的目的是减少不确定性，而不是消除不确定性。

仪器一般有以下 6 个优点，但不需要同时具备，有其中几个就够了。哪怕某个仪器只有一个优点，在观测时，对人们也是有帮助的。

可以探测到你不能探测的 电压表可以探测电路的电压、显微镜可以放大物体，人们一般认为只有仪器才有这种能力。

更具稳定性 仪器测出的结果比人为估计的结果更具稳定性，无论是天平还是客户调查，一般都比人为估计更稳定。

可以校准 校准操作是指量化已经知道结果的某物。在这里，要量化的不是量化对象，而是仪器本身。例如，我们在天平上放置一个1千克的重物校准天平，通过这种方法，我们知道一台仪器的误差到底是多少。

忽略人们观察时的偏见 例如，让老师给去掉学生姓名的论文评分，就可以消除老师对某些学生可能具有的偏见。在临床研究中，常常采用双盲实验，无论医生还是患者，都不知道谁开什么方子，谁吃什么药。通过这种方式，患者对治疗经历、医生对诊断，都不会有偏见。

自动记录 例如，老的心电图仪就是一个良好的记录工具，它会打印出显示心脏活动的长长的纸带。仪器记录不会受到人们记忆的干扰。例如，赌徒经常会高估他们的赌博能力，而他们并没有对赌博过程进行过全面的跟踪记录。量化赌徒技术的最好方法，就是查看他们银行账户金额的变化情况。

成本更低，速度更快 虽然可以雇用足够多的人每天记录大型杂货店的库存，但用POS机扫描商品可以节约很多人力成本；警察可以利用秒表和距离测量高速公路上的车速，但利用雷达枪会更精确，而且可以在车速过高之前就给出答案。即使一台仪器除了降低成本外别无用处，但仅此一点也足够了。

测量仪器通常会有某些抵消特殊误差的方法，该方法经常被称为控制方法。控制实验就是将被观测的事物和某种基准进行对比。例如，如果你想知道一种新的自动化销售系统是否提高了顾客的回头率，就需要比较没有使用该系统的销售情况。你完全可以设计一个控制实验，比较使用新系统的顾客和未使用新系统的顾客。

牧羊人用串在一起的珠子计算羊的数量，就是在使用测量仪器，珠子是被校准过的测量仪器，可以用来记录羊的数量，没有它，牧羊人可能会犯错。即使人们不使用任何机械和电子设备，抽样过程和实验方法本身也经常被称为测量仪器。

一些人会质疑测量仪器的广义定义是否有价值。例如，一份顾客调查并不需要量化任何人为不可测的东西，但它应该被称为测量仪器，因为它至少提供了前后一致的结果。如果该调查是在网上进行的，那么花费就更便宜，也更容易分析，第 13 章我们将详细讨论。不承认客户调查是测量仪器的人，完全忘记了量化的重点。要是没有这些仪器，不确定性又该如何减少?

量化的问题和量化的方法很多，所以一本书不可能全部详细讲解。但众多量化方法可以给我们足够的底气，无论我们要量化什么，早已有完善的解决方案。虽然本书不可能成为一本量化百科全书，但它提供了广泛实用的基本方法，可以解决相当多的问题，而且这些方法可以组合使用，形成多种新的量化方法，以解决具体量化难题。

为了显示可以量化一切的决心，我们有必要再次强调 4 种有用的量化假设，这些假设在第 3 章已经提过：

◎ 你的难题早就被人量化过了，不用重新发明。

◎ 你拥有的数据比你认为的多，或许只需要一些智慧，做一些初始观测就行了。

◎ 你需要的数据比你认为的少，如果你比较聪明，你会知道该如何分析这些数据。

◎ 得到适量的新数据，比你最初想象的容易。

将不可量化之物分解为可量化之物

从技术上说，有些很有用的减少不确定性的方法并不是真正的量化方法，因为它们没有进行新的观测，但它们对于确定下一步如何量化非常有用，这些方法往往可以揭示一些东西，从而让评估者比量化初期了解得更多。

恩里科·费米教给我们的将变量分解为多个部分的简单方法，对后续量化工作极具启发意义。很多量化工作是从将不确定的变量分解为更基础的部分开始的，这样就可以确定哪些事物可以直接量化，哪些更容易量化。所以，分解关系到如何通过其他不确定性更低或更容易量化的事物，来计算高不确定性的事物。

实证科学中绝大多数量化工作都是间接的。例如，电子的质量和地球的质量都是间接观测的，它们都是从可计算的其他值得到的。

这里我展示了一个估算大型建设项目费用的分解例子。校准后你第一次估算的费用或许在 1 000 万～ 2 000 万美元，但是当你把项目分解为多个组成部分，然后对每部分进行估计，最后得出的范围可能比当初估计的还要小得多。你没有做任何新观测，只是做了一个基于你已经知道的事物的更详细的模型而已。而且你可能发现，最大的不确定性来源于某个细目，例如你不知道专业领域的人力成本是多少。仅仅意识到这一点，就让你更接近有价值的量化了。

量化某某领域的问题，有时很简单。但是那些坚持认为某些事物永远不能被量化的人，可能不会承认这一点。在这种情况下，建导员[①]可以提供很大帮助。建导员和工程师的谈话可能会像下面这样：

建导员：以前你给我的校准估计是，你的工程师们采用这个新的工程文档管理软件后，生产力提高了5% ~ 40%。因为这个变量对业务有很高的信息价值，因此不管是否开发这个软件，我们都需要进一步减少该值的不确定性。

工程师：这很难。我们怎么量化一个软件的生产力？我们甚至没法将文档管理作为一项活动来跟踪，因此根本不知道会在这上面花费多少时间。

建导员：嗯。显然，你认为生产力会提高，因为确实有些工作会因为它而花费更少时间，对吗？

工程师：我想是的。

建导员：如果他们使用了这个软件，哪些工作是工程师们目前花费了很多时间，但今后会显著减少的？越具体越好。

工程师：好吧，我猜他们可能会在搜索相关文档上花费很少时间，但这仅仅是一个方面。

建导员：太好了，这是好的开始。目前他们在这方面每周花多少时间？你觉得以后会减少到多少？现在要使用校准估计了。

① 帮助团队理解他们的共同目标并辅助他们计划、实现目标，但在谈话中又不是处于居高临下地位的领导者。

工程师：我不是很确定……我觉得工程师们在搜索文档方面花费的平均时间，大概在每周 1 ~ 6 小时，因为设备规范、工程图、过程手册等相关资料，都放在不同的地方，绝大多数不是以电子文档的形式存放的。

建导员：好。要是他们能坐在办公桌前查询，会节省多少时间？

工程师：嗯，使用自动搜索工具时，我仍然要花费大量时间，因此自动化并不能彻底消除搜索时间，不过我确信，它至少可以减少一半时间。

建导员：在不同类型的工程师之间，这个时间会有不同吗？

工程师：当然，管理层在这方面花的时间较少，他们更依赖于下属。但不管怎样，从事具体工作的下级工程师必须搜索很多文档，各种技术员也得这么做。

建导员：好。每一个类别各有多少工程师和技术员？他们每个人会花多长时间搜索文档呢？

我们沿着这条路继续下去，直到确定了员工的不同类别、每个类别在文档搜索上花费多长时间以及采用了新的软件后，各类别可能会减少多长时间。

上面的对话根据我和美国核能源设施工程师的谈话改写。在那次会议中，我们还明确了其他任务，如文档的分布、质量控制等。文档管理系统可能会减少这些工作的工作量，不同类型的工程师和技术员，在这些任务上的时间花费也各有不同。

总之，在评估生产力提高程度方面，这些工程师给出了较大范围。

原因是，他们想到不同类型的工程师在使用软件时情况各有不同，但他们并没有细致地分类处理。一旦他们将任务分解，就会发现各类值是相对确定的。

对原始数量的不确定性主要来自其中一两个具体因素。对于特定种类的工程师来说，如果我们发现他们不确定的只是复制和跟踪丢失文档会花多少时间，那么我们就获得了从哪里开始量化的重大线索。

在过去的16年里，我作过60多项风险回报分析，变量个数总计超过4 000个，平均每个模型的变量超过60个。它们中的绝大多数变量需进一步分解，以找到更容易量化的变量，其他变量则可以用简单的量化方法得到。

例如，想计算卡车在砂石路上每英里消耗的汽油量，让卡车在这种路上跑一下就知道了；想估计软件中的错误数量，检查样本代码就知道了。在分解后的变量中，几乎有1/4不需要再做量化。换句话说，大概有25%的变量能用分解法搞定。经过校准的评估者对这些变量知道得足够多，他们需要的只是一个表达他们已有知识的更详细的模型而已。

分解是理解那些需要分析的变量的关键。例如对于一个量化生产力提高程度的大项目来说，调查一组人员在特定活动上花费的时间就是量化的一部分。而整个分解活动本身，对某些人来说就是一个启示过程。

这就像让从来没有建过吊桥的工程师建立一座吊桥，初看任务极为艰巨，一开始他们会充满疑惑，但工程师会采用分解法系统地处理。

处理任何量化难题都可以这样做，在各个阶段分析各变量，会重新定义并细化我们面临的难题。**分解一个不可量化的变量，是量化的重要步骤，有时本身就会极大减少不确定性。**

通过互联网获取方法

在一些聪明人看来，标准的量化步骤是首先发明一种新的量化方法，但实际上，这种创新几乎没有必要。

几乎所有研究都从互联网开始。不管想解决的是什么量化问题，我都会使用谷歌和雅虎。当然，最后我往往在图书馆完成工作，但这时我已经有了方向。

使用互联网做二次研究有一些技巧，如果你要找量化方法，除非你能正确使用搜索术语，否则效率可能很低。下面的提示应该对你有所帮助。

如果你是一个量化新手，就不要从谷歌开始，而是从在线合作型百科全书维基百科开始。维基百科至少包含了 3 000 000 篇文章，这是一个惊人的数字，它覆盖了传统百科全书不一定包含的、从商业到技术领域的各种文章。一篇好文章通常包含了链接，也包含大量充满争议的话题，一般附有大量的讨论，因此你可以选择接受什么信息。

但要小心的是，任何人都可以把信息发布到维基百科上，而且几乎都是匿名发布，因此也存在故意捣乱的文章，你应该把维基百科当作起点而不是一个百分百可靠的资源。

使用搜索术语时应该将研究和定量数据结合起来。如果你想量化软件质量或顾客认知，不能仅仅搜索这些术语，否则你得到的绝大部分都是垃圾。相反，你应该搜索诸如表格、调查、对照组、相关和标准差等词语，因为它们会在大量的研究文章中出现。另外，像大学、博士学位和国家研究等词语，也倾向于在更严谨的研究论文中出现。

同时利用搜索引擎和特定主题的资料库。使用像谷歌之类的强力搜索引擎，你可能点击数千次，却得不到任何相关信息。可以试着在行业杂志或在线学术刊物网站上使用专业搜索工具，如果我对宏观经济或国际分析感兴趣，我就会直奔诸如美国人口普查局、美国商务部等政府网站，在这些网站我可以得到各种国际统计数据。这些网站给出的搜索结果较少，但可能和你的需要更相关。

尝试使用多个搜索引擎。强大无比的谷歌有时也会遗漏一些条目，而我用其他搜索引擎就会快速找到。我喜欢使用 Clusty 搜索、必应搜索和雅虎搜索作为谷歌搜索的补充。

利用参考书目。如果你找到了和你感兴趣的课题不直接相关的边缘研究，那么你一定要读文章的参考书目列表。有时，参考书目是最好的扩展搜索工具，在那里，你可以找到更多研究成果。

寻找、观测、跟踪相关线索

如果有人声称，仅仅减少顾客的等待时间，就可以显著提高顾客满意度，他之所以这样说必然有他的理由。随着公司的不断发展，客户满意度是否有下降趋势？是否有人投诉公司？量化总会检验某些想法的真实性，而这些想法不会凭空冒出来。

如果你已经确定了不确定性和所有的相关阈值，也计算了信息价值，那你就已经认定了某一事物是可以量化的。请看下面关于寻找量化线索的 4 个方法。

如果第一个方法不起作用，就用下一个，依此类推。这些方法不是按特定顺序排列的，但你会发现在某些情况下，最好还是先试第一个，然后再用其他的。

事物是否会留下某种线索 几乎每一个现象发生后都会留下某种证据。你要量化事情、事件或活动，量化本身是否会留下某种线索？例如，顾客等待商家支持热线的时间越久，挂电话的概率就越高，这会给业务造成一些损失，但损失究竟是多少？他们挂电话是因为他们自身的原因，还是因为无奈的等待？

如果是因为自身原因，这类顾客还会再打来；如果因为无奈的等待，这类顾客可能就不会再打过来了。如果你能找到一些挂电话的顾客，发现他们比其他人买得少，那么你就得到了一条线索。你能在由于长时间等待而挂电话的顾客和他减少的购买量之间找到相关性吗？

如果线索已经不存在了，你能观察到吗 也许你从来没有跟踪调查过零售店的停车场上有多少汽车的车牌是其他州的，但你现在就可以去看看。虽然调查停车场的所有时段不切实际，但你至少可以随机选择一些时段来数数车牌。

如果事物没有留下任何可以观测到的线索，你能想出办法从现在开始跟踪它吗 如果它从来没有留下踪迹，你能给它做个记号吗？这样它就开始留下踪迹了。亚马逊过去没有跟踪过作为礼品的物品销售数量，为了更好地跟踪哪些书是作为礼品销售的，公司增加了礼品包装功能，这样就能追踪它的数值变化了。

如果现有的跟踪条件不能满足要求，可以做试验吗 如果零售店想量化某项商品返利政策是否会对顾客满意度和销售产生不利影响，那么他应该在某些商店进行试验，而其他商店保持不变，并尝试找出差异所在。

无论是量化事物的当前状态还是未来状态，这些方法都适用。如果量化事物的当前状态，其中就有所有你需要量化的信息。如果是量化事物的未来状态，就要考虑你已经观测到的、导致你有此预期的任何理由。如果你想不出任何理由，那么你的预期还能站得住脚吗?

还要记住，为了得到线索，你需要增加记号或者做试验，这样做是为了观察到哪怕很有限的一些随机样本。还要记住分解出的不同变量，也许要用不同的量化方法。一个量化难题会有多种解决方案，每种方案可能都要花费很多精力。对此你不用担心，只要马上找出看起来最简单、最可行的解决方案即可。

打开天窗说“量化”

如何量化网络速度对销量的影响?

一家欧洲大型涂料供应商曾经问我，该如何量化网络速度对销售的影响，因为网络会影响打进来的电话的应答速度。用户交换机电话系统会记录所有呼入的电话和由于等待而挂断的电话，也会保留网络自身利用水平的历史记录。我建议他们对这两个数据集交叉对比。

结果显示，挂断电话的数量会随着网络利用率的提高而提高。公司也查看了过去由于其他原因导致网速变慢时的情况，当然还有过去的每日销售量。总之，该公司已经有能力将仅仅由于网速变慢而导致销量变化的情况单独分离出来了。

无须海量，只要适量

第 7 章介绍了信息价值的计算方法。你认为的当前不确定性、你确定的阈值和信息价值会给你提供很多信息。如果你认为产品质量由于采用了一个新的配方而提高了，你的顾客又是怎么想的呢？如果这条信息的价值是几千美元，进行 2 个月的市场调查就不合适了；如果它的信息价值是几百万美元，我们就不应该对花费 100 000 美元、持续数周进行量化工作感到沮丧。应该统一考虑信息价值、相关阈值、决策和当前的不确定性，毕竟量化的目的和范围是由它们决定的。

信息价值是你愿意在量化上花费多少钱的上限，当然只是理论上限。实际上，一项有价值的量化工作的费用可能会低得多。如果要做一个大致估计，我会将完全信息期望值（EVPI）10% 的费用用于量化工作，有时甚至只需拿出 2%。我的估计基于以下 3 点理由：

- ◎ EVPI 是完全信息的期望价值，由于所有的实证方法都有误差，我们只能减少不确定性，而不能获得完全信息。因此，量化的价值可能比 EVPI 小。
- ◎ 初始量化经常会改变后续量化的价值。如果第一批观测的结果令人满意，继续量化的价值可能会降到零；如果你需要更精确的数据，你可以继续量化工作。
- ◎ 信息价值曲线开始时一般很陡。第一批 100 个样本减少不确定性的作用，比第二批 100 个样本大得多。最后，事物不确定性的初始状态会告诉你很多信息。初始状态不确定性越高，初始观测就会告诉你越多东西。当从极高的不确定性开始量化时，很多内在的减少误差的方法就会给你提供大量信息。

准确度≠精确度

所有量化都有误差。对于所有的量化难题，解决方案都是从认识困难开始的。那些轻易被吓倒的人，常常认为误差的存在意味着量化是不可能的。如果真是这样，那么学术界就没有多少东西可量化了，但事实并非这样。

科学家、统计学家、经济学家等，都把量化误差分为两大类：系统误差和随机误差。系统误差是在开展各种量化工作时始终偏向一个方向的误差，它不是随机变化引起的。例如，如果销售人员总把下一季度的利润平均高估 50%，这就是系统误差。当然，不可能每次都恰好高估 50%，高估的程度会围绕 50% 变化，这就是随机误差。根据定义，随机误差是不可预测的，但我们可以用概率计算随机误差的变化。

系统误差和随机误差与量化中的信度和效度等概念相关。信度指量化的可靠性和一致性，而效度指的是量化逼近真值的程度。“准确”和“精确”以及“不准确”和“不精确”等术语被大多数人当作同义词使用，但对于测量专家来说，它们迥然不同。

浴室里的秤可以被校准，以适应体重较轻或较重的人。校准可以使用“精确”一词，但不能使用“准确”一词。说它“精确”是因为，如果同一人在一小时内多次上秤称重，秤应该非常一致地给出同一个值，因为他的真实体重不可能变化。但是秤并不准确，因为每次称的结果总是重 8 磅。

现在请想象一个放在移动房车里被完美校准过的浴室秤，由于汽车颠簸、加速和爬坡，导致秤的示数发生了变化，即使是同一个人在一分钟内称重两次，数值都会不一样。但经过几次量化后，你会发现平均值非常接近这个人的真实体重。这就是一个具有相当高的准确度和相当低的精度的例子。经过校准的专家也许能保证判断的一致性，但却不能保证高估或低估的情况。以下是关于这几个重要名词的基本定义：

系统误差（也叫偏差） 量化过程偏爱某一特定结果的内在倾向，是具有一致性的偏差。

随机误差 在一次观测中，误差是不可预测的，对于已知变量来说，误差是不一致或独立的，但这种误差组成的集合遵循概率论法则。

准确度 反映量化的系统误差大小，也就是说，如果准确度高，就不会出现时而高估时而低估某个值的情况。

精度 反映量化的随机误差大小，如果精度高，即使量化结果远远偏离真实值，也具有高度的一致性。

简单来说，精度高就是随机误差低，而不管系统误差有多大；准确度高就是系统误差低，而不管随机误差有多大。每类误差都可以计算和减少，如果我们知道浴室秤比真实值高 8 磅，就可以调整相应的读数。如果一台被校准得很好的秤称出高低不一致性的读数，我们就可以通过多次量化、计算平均值的方式减少随机误差。

我们把减少这两类误差的方法称为“对误差的控制”。恰当使用随机抽样，本身就是对误差的控制。个别量化过程的随机效应虽然不可预测，但总体上遵循可预测的特定模式。例如，我没法预测抛一枚硬币的结果是正面还是反面，但我可以告诉你如果抛 1 000 次硬币，正面出现次数应该在 500 ± 26 次之间。计算系统误差的范围往往要困难得多。系统误差就像评估工作质量时带有的偏见，误差值是确定的，而且系统误差的存在并不一定产生随机误差。

如果你不得不选择的话，你是喜欢在一台读数精确却存在系统误差的秤上称重，还是喜欢在一台经过校准但结果很不一致的秤上称重呢？我发现在商业领域，人们经常选择精度很高却存在系统误差的秤。

例如，想对比销售代表是在客户身上花费的时间多还是在行政性工作上花费的时间多，一般会对销售代表的所有工作时间安排表进行分析，看看销售代表在不同的工作日以及一天中的不同时间都在干什么。时间安排表会存在误差，人们会低估在某些任务上花费的时间而高估在另一些任务上花费的时间，而且在给任务归类时也会出现不一致性。

分析完 100 个销售代表的 50 周工作时间安排表后，结果告诉我们，销售代表把 34% 的时间用于和客户直接沟通，尽管我们不知道这个数字有多真实，但是这个“精确的”数字会让很多管理者安心。现在假设选取的销售代表和观察的时间都是随机的，然后直接观察当时销售代表在干什么，这样也会得到一个样本。调查发现，在 100 次随机抽样中，销售代表和客户直接面谈或打电话的次数只有 13 次。正如我们即将在第 9 章看到的，在随机抽样的情况下，我们可以计算出 90% 的置信区间是 7.5 ～ 18.5 次。虽然随机抽样的方法只能给我们一个范围，但与对工作时间安排表进行全面统计相比，我们更倾向于相信随机抽样的结果。全面统计工作时间安排表可以给我们提供一个精确数字，但我们没办法知道工作时间安排表的误差是多少，也不知道误差主要发生在哪里。

打开天窗说“量化”

400 个随机样本比 18 000 个特殊样本更准确?

20 世纪四五十年代，美国著名生物学家和人类性科学研究者阿尔弗雷德·金赛，引发了一场关于小样本与大样本的著名辩论。金赛的工作在当时引起了轰动和争论。在洛克菲勒基金会的资助下，他与 18 000 名男性和女性进行谈话，不过这些人并非随机选择的样本，金赛常常通过他人介绍来选择样本。除此之外，他也会在特定群体中挑选样本，比如保龄球联赛、大学兄弟会、读书俱乐部等。很显然，金赛假设任何误差都可被足够大的样本量消除。遗憾的是，系统误差是不能被平均值消除的。

美国著名的统计学家约翰·W. 杜克[①]（John Wilder Tukey）也被洛克菲勒基金会资助过，基金会资助他是为了让他检验金赛的研究结果。他说：“随机挑选 3 个人产生的误差比金赛先生从一个群体中挑选 300 人产生的误差还要小。”传言杜克先生还说过另一句话：“与金赛的 18 000 个样本相比，我更喜欢 400 个随机样本。”如果第一句话确实是杜克说的，也许他有些夸张了，但也不算十分夸张，他的意思是金赛的抽样太同质化了。杜克所说的另一句话基本是准确的：400 个随机样本的系统误差更小，而

① 1915—2000 年，在统计学方面有多样贡献。

且大大小于 18 000 个用拙劣的抽样方法抽出的样本的系统误差。

我们不能期望凭借数据的均值来消除误差，这种方法是无法消除系统误差这一偏差类型的。随着决策心理学和实证科学的不断发展，偏差类型列表似乎每年都在增长，但有 3 类大的偏差需要控制。

期望偏差（期望效应） 主试和被试有时会有意无意地只看到他们想看到的东西。为了保证新药的临床试验不受期望偏差的影响，实验者通常采取双盲试验，以保证被试和主试都不知道谁吃的是安慰剂，谁吃的是真正的药。

选择偏差 虽然我们在抽样时尽量做到随机，但无意中可能得到非随机的样本。例如抽选 500 人做民意调查，其中有 55% 的人说他们将给候选人 A 投票，如果抽样是随机的，那么 A 有 98.8% 的可能在民意中占据多数，只有 1.2% 的可能占据少数。但这里假设的是随机抽样，而且假设候选人只有两个。如果在金融区的某条特定街道抽样，这一选中的群体对于 A 候选人来说很可能是特殊群体，即使看起来你是“随机”挑选路人的。

观测偏差（霍桑效应） 哈佛大学商学院的埃尔顿·梅奥（Elton Mayo）教授在伊利诺伊州西方电气公司的霍桑工厂进行了一项实验，这项实验的目的是研究物理环境和工作条件对工人工作效率的影响。研究人员通过改变光照、空气湿度、工作时间等条件，来观测在何种条件下工人的工作效率最高。令人惊讶的是，他们发现无论怎样改变工作条件，工人们的工作效率总在提高。研究者猜测，工人们工作效率提高可能仅仅因为观测本身导致，也可能因为工人们觉得被管理者重视而做出了正面反应。不管是哪种原因，如果我们不能消除观测效应，就不能假设看到的结果是“真实”的，最简单的解决方法就是秘密观测。

确定测量仪器

把问题分解后，将一个或多个分解变量放在同一个量化层面上考虑，这样做是为了将不确定性减少到足够解决量化难题的程度，此外还应考虑误差的类型，最后你的脑子中还应该明确你的测量仪器（测量方法）是什么。问题回答到这个程度，就已经能得到一些非常具体的量化方法了。

让我们总结一下如何确定测量仪器。

对问题进行分解，进而可以通过其他量化方法来估计 分解后的一些变量也许更容易量化，有时分解本身就会减少不确定性。

通过二次研究，重新考虑你的问题 看看其他人对类似的课题是怎样量化的，即使他们的方法和你的量化难题无关，但他们用过的方法是否对你有帮助呢?

将分解后的变量用一种或多种方法量化 例如直接观测、调查、做记号的跟踪法或实验法等，至少考虑 3 种量化方法。

始终牢记“够用就好”的理念 你需要的只是高于阈值的确定性，以此保证量化项目在经济上是划算的，无须非常精确。牢记信息价值，信息价值小，意味着付出的努力可以少些；信息价值大，意味着需作更大努力。还要记住，明确开始时的不确定性有多大，如果开始时非常不确定，你真的要做大量观测才能减少不确定性吗?

考虑如何减少量化误差 如果量化工作依据的是一系列人为判断，

则应始终记住可能存在期望偏差并考虑采用单盲或双盲测试。如果需要样本，则应保证随机抽样。如果观测本身会影响结果，就要找到一个方法避免被试感觉到被观测。

如果你还不能将测量仪器完全直观化，就看看以下这些提示吧。它们并无特定顺序，有些早就提过了，但还是值得回顾一下。

工作到有结果为止 如果你要量化的信息价值很高，你应该得到什么结果？如果价值很低，你又该得到什么结果？在第 2 章讲的例子中，年轻的艾米丽推理：如果抚触疗法的专家能做到他们声称的那样，就应该检测到能量场。对于有关质量的量化难题来说，如果品质不错，你或许应该看到顾客的抱怨更少；对于和销售有关的应用软件来说，如果新的 IT 系统确实能帮助销售人员卖得更好，为什么你会看到用得越多的人，销量反而下降了呢？

逐步量化 不要试图一下子完全消除不确定性。从做一些有限的观测开始，然后重新计算信息价值，这也许会影响你下一步的量化工作。

考虑多种方法 对分解后的变量，如果用某种方法不易量化，就试试其他方法。你有很多选择，如果第一种量化方法有效，这非常好，但在某些情况下，如果前两种方法都无效，就可以考虑用第 3 种方法试试。你确定已经尝试了所有可用的方法吗？如果不能量化一个分解后的变量，就换种方法吧。

不必继续量化下去的判断依据是什么 还是以艾米丽为例，艾米丽没必要量化抚触疗法的疗效有多好，而只需要量化它是否有作用即可，如果没有作用，更谈不上作用有多大了。有些问题非常基本，可能都不需要经过复杂的量化。你要问的基本问题是什么？回答了这个问题，就可以确定是否需要进一步量化了。

尽管去做 不要因为担心出错就不量化，你可能对第一批观测结果感到惊讶，因为它们或许已经显著减少了不确定性。

到此为止，你应该对量化什么以及如何量化有很清晰的认识了。现在我们可以讨论一些在量化中会具体用到的统计方法了。一般把它分为两类：一类是传统的统计学方法，另一类是贝叶斯方法。这两类方法覆盖了物理学、药物学、环境科学和经济学中的所有实证方法。虽然传统方法至今使用广泛，但较新的贝叶斯方法也有其独特的优势。

第 9 章

随机抽样：窥一斑而知全豹

满意事物本身的精度，在只能近似的情况下，不去寻求更精确的值，这是一个受过教育的人的标志。

——古希腊哲学家　亚里士多德

如果想精确知道砖的次品率是多少，你就不得不对所有的砖头进行统计。检查砖的次品率时要给砖块施加压力，以测量砖块在什么压力下才会被压碎，因此需要破坏每一块砖才行。如果你想让绝大多数造出的砖块能卖出去，就只能测试一部分，以此了解全部砖块的情况。

如果你想了解群体的总体情况，那么对群体中的每个个体都进行检验就类似于人口普查。显然，对于砖块来说，普查并不现实，因为普查过后你就没有完整的砖了。但在某些情况下可以普查，例如按月盘点的仓库、资产负债表上的负债情况、美国人口普查局统计的国内人口情况等。

然而很多事物更像砖块。总有一些原因导致对群体普查不切实际，但我们仍可以量化其中一些个体减少不确定性。群体的任何一部分都是样本，抽样就是只观测群体中的一部分，以得到总体情况的信息。

通过查看群体的一部分就能了解全部，看起来很不寻常，但这是科学界最常做的事，实验就是对宇宙中的部分现象进行观测。当科学家发现一个定律时，会说该定律适用于所有事物，而非所观察到的几个情境。

例如，光速的测量就是通过测量光的样本确定的。无论使用什么样的测量方法都有误差，因此科学家会多次测量光速以减少误差。每次测量的都是新样本，但光速是一个常量，不仅适用于实验室里的光，而且也适用于从这页纸上反射进你的眼睛里的光。对群体的全面普查，从长远看可能也仅仅是一个更大的样本。例如，跟中华人民共和国成立 70 多年以来的人口数量相比，中国 2010 年的人口总量就仅仅是一个样本了。

这种观点也许与人们更喜欢精确数据这一观点不相协调，但我们由经验可知，所有事物其实都是样本而已。人们并没有亲身经历所有事物，并据此做出推断，这就是人们获得知识的方式，但是看起来人们对他们从有限样本中得出的结论颇为满意，因为经验告诉他们，基于经验的抽样常常是有效的。

对于某些需要复习大学统计学的人来说，有很多统计学书可以看。本书不想赘述所有统计学问题，本书重点在于如何运用统计学中最基本和最有用的方法。统计学教材的局限性在于它没有考虑如何帮助管理者们解决决策难题，因为它关心的是整个统计行业的统计分析问题，而非如何解决具体问题。

本章探讨了一些可以由少量样本就得出很多信息的简单方法，但和大家初学的统计学教材不同，我们将从直觉开始，所用的数学尽可能简单，当确实需要计算特定值时，我们强调利用快速估计和简单图表，而非数学公式。而且，本章每一个例子的电子表格都可以从本书同名的网站上下载，读者要充分利用这部分资源。

凭直觉估计数值范围

你体重的 90% 置信区间是多少？一粒吉利豆的平均质量是多少克？请记住，我们需要足够宽的下限和上限，以保证你对平均值落在此区间有 90% 的信心。和其他被校准的概率评估一样，不管你对评估结果感到多么不确定，你都要有充分的理由。顺便说一句，1 克大约是 1 立方厘米水的质量。

写下你的估计范围，但也别太宽。正如第 5 章讲解的那样，要用等价赌博测试，为什么这一范围是合理的？要考虑一些有利和不利因素，而且还要用锚定法测试每个边界。

我有一包很普通的吉利豆，是你可以在任何地方买到的那种。我以这袋吉利豆作为总体抽样。我一次取出几粒吉利豆，每次放一粒到天平上，现在请依次回答下面 4 个问题：

◎ 假设我告诉你第一粒吉利豆的质量是 1.4 克，这会改变你的 90% 置信区间吗？如果改变了，请写下新的范围，然后继续。

◎ 现在我又告诉你，下一粒取出的吉利豆质量是 1.5 克，这还会改变你的 90% 置信区间吗？如果改变了，现在你的置信区间是多少？请写下新的范围。

◎ 现在我告诉你下面 3 粒吉利豆的质量是 1.4 克、1.6 克和 1.1 克，这会改变你的 90% 置信区间吗？如果改变了，现在你的置信区间是多少？请写下新的范围。

◎ 最后，我告诉你接下来 3 粒吉利豆的质量是 1.4 克、0.9 克、1.7 克。

同样，这还会改变你的 90% 置信区间吗？如果改变了，现在你的置信区间是什么？请写下最后的范围。

随着获得的数据越来越多，你每次估计的范围可能变得更窄一点，如果在我第一次告诉你抽样结果前你的范围极宽，那么第一次抽样应该会显著缩小你的范围。

我让 9 个经过校准的评估者做了这个测试，得到的结果相当一致。在没有得到任何样本信息之前他们的差异最大。他们给出的范围中，最窄的是 1 ～ 3 克，最宽的是 0.5 ～ 50 克，但大多数人都接近最窄范围。随着得到的信息越来越多，他们的估计范围也大为缩小。在得到第一次抽样数据时，给出 1 ～ 3 克范围的评估者没有缩小他的范围，但给出 0.5 ～ 50 克范围的评估者则极大地减少了他的上限，他重新给出的范围是 0.5 ～ 6 克。这包吉利豆的平均质量为 1.45 克。有趣的是，当评估者得到越来越多的数据时，给出的范围也会越来越窄，接近此值。

这种练习可以帮助你提高估计样本范围的直觉力，评估者们也认为这比传统的统计学更有趣味性。那么，传统统计学方法是如何处理小样本的呢？

t 检验：只需一个小样本

对于吉利豆问题，有一个无须依赖评估者的计算 90% 置信区间的客观方法。该方法是啤酒酿造商提出的，在统计学基础教程中用得很广泛，这种方法甚至能计算小到只有 2 个样本量的样本。

20 世纪早期，英国化学家和统计学家威廉·西利·戈塞特（William Sealy Gosset）在爱尔兰都柏林的吉尼斯酿酒厂工作时，遇到了一个量化难题，他需要测出哪种大麦能酿造出最好的啤酒。

在此之前，人们提出了“*z* 检验”或“正态检验”的方法评估基于随机样本的置信区间，这种方法至少要有 30 个样本才行。不幸的是，戈塞特不能奢侈到进行这么多次的抽样，但他认为他能解决这个难题，并提出了一种使用极少量样本的新分布。

1908 年，他研究出了一种功能强大的新方法，并想发表文章。为了防止泄露商业秘密，公司禁止员工发表任何关于该公司业务流程方面的文章。当戈塞特认识到自己工作的价值后，很想发表文章，他宁可暂时不出名。因此戈塞特以“学生”（Student）为笔名，发表了他的成果。现在，虽然真正的作者早已久负盛名，但实际上所有的统计学教材都把该方法称为“*t* 检验”（Student's test）。

t 检验的形态类似于正态分布，在样本量很小的情况下，分布形态更加平缓和宽广。*t* 检验的 90% 置信区间的计算,也比正态分布的区间更宽。如果样本量大于 30，*t* 检验的形状实际上和正态分布是一样的。

有了这两种分布，计算总体平均值的 90% 置信区间就相对简单了。一些人或许会发现这一过程与基于直觉的估计不同，另一些熟悉该方法的人可能会觉得这只是统计学教材内容的平凡翻版而已。第一种人可能想学习一个更简单的方法，而第二种人可能会觉得这些内容只需浏览一下就可以了。

本书的目标读者处于两者之间，因此我尽可能简单解释。下面是如何计算 90%置信区间的一个实例，使用的是吉利豆例子中的前 5 个样本：

◎ 计算样本方差。这是统计样本之间差异程度的一种方法，方差的计算步骤如下所示：

a. 计算样本的平均值：

$(1.4 + 1.4 + 1.5 + 1.6 + 1.1) / 5 = 1.4$

b. 用每个样本减去该平均值，将得到的结果平方：

$(1.4 - 1.4)^2 = 0$, $(1.4 - 1.4)^2 = 0$, $(1.5 - 1.4)^2 = 0.01$

……

c. 将所有的平方值相加，然后除以样本量减 1：

$(0 + 0 + 0.01 + 0.04 + 0.09) / (5 - 1) = 0.035$

◎ 用样本量除以样本方差，取其平方根作为结果。在电子表格中可以这样计算：“= SQRT(0.035/5)”，结果是 0.0837。（在统计学教材中，这叫作“平均值的标准差”）

◎ 查表 9.1 中的 t 检验，这是最简单的 t 检验临界值表，请注意，对于非常大的样本量，t 值很接近于 z 值，也就是 1.645。

◎ 将 t 检验和第 2 步得到的结果相乘：$2.13 \times 0.0837 = 0.178$，这就是样本误差，以克为单位。

◎ 平均值加上样本误差，得到 90% 置信区间的上限：

上限 $= 1.4 + 0.178 = 1.578$；

平均值减去样本误差，得到 90% 置信区间的下限：

下限 $= 1.4 - 0.178 = 1.222$。

表 9.1 简化的 t 检验

样本量	t 值
2	6.31
3	2.92
4	2.35
5	2.13
6	2.02
8	1.89
12	1.80
16	1.75
28	1.70
大样本量	（z 值）1.645

注：请选择最接近的样本量（如果想更精确，还可以插值计算）。

得到 5 个样本后，我们计算出的 90% 置信区间是 1.22 ～ 1.58 克。样本量超过 30 时，可以用同样的过程计算 z 值，唯一的区别是对于 90% 的置信区间，z 值永远是 1.645。

不管我们是用主观方法评估事物，还是算出 t 值，重要的是该方法在实际中有何效果。我们可能认为某个方法更客观，但或许主观方法能获得更好量化效果。当给评估者一个小样本量时，他们的表现比使用 t 检验更好还是更差呢？在吉利豆评估的实验中，评估者始终会给出比使用 t 检验宽的范围，但通常不会宽太多，这意味着稍做一些数学运算，就会比评估者的结果误差更低。

如果样本量达到 8 个，评估者给出的最大范围是 0.5 ～ 2.4 克，最小范围是 1 ～ 1.7 克。对于同样数量的样本，经 t 检验计算得出的 90% 置信区间的范围是 1.21 ～ 1.57，这和 5 个样本的结果大致相同，但比评估者给出的最小范围小得多。虽然评估者在减少不确定性方面倾向保守估计，但这并非不合理，因为和以前的不确定程度相比，他们已经极大地减少了不确定性。简而言之，我们发现：

◎ 当不确定性很高时，少量的样本会极大地减少不确定性，尤其是群体的同质化程度较高时。

◎ 在某些情况下，经校准的评估者有能力根据一个样本就能减少不确定性，但在我们刚讨论过的传统统计学中，这是不可能的。

◎ 经校准的评估者既理性又保守，因此应该进行数学计算，以进一步减少不确定性。

统计显著性：结果是真还是假?

还记得第 7 章中的信息价值吗？图 7.4 显示出，信息搜集的早期过程回报最大。这就是为什么随着不确定性不断减少，信息的期望成本越来越高，而信息的期望值增长越来越慢。

图 9.1 显示了随着样本量的增加，总体不确定性相对减少的情况，样本量越多，90% 置信区间就越窄。但如果你要求出所有遇到的各种可能样本的平均值问题，那么样本平均值趋势就和图 9.1 所示差不多。这些样本，可能是吉尼斯酿酒厂的平均酿造量，也可能是顾客给厂商打电

话的平均时间，也可能是内布拉斯加州人的鞋的平均尺码。不管是什么具体问题，你都需要计算总体的 90% 置信区间，但由于某些原因，比如经济原因或时间原因，还有可能是内布拉斯加州人对于他人测量自己的脚感到害羞，你只能得到少量样本，而非几百个或几千个。

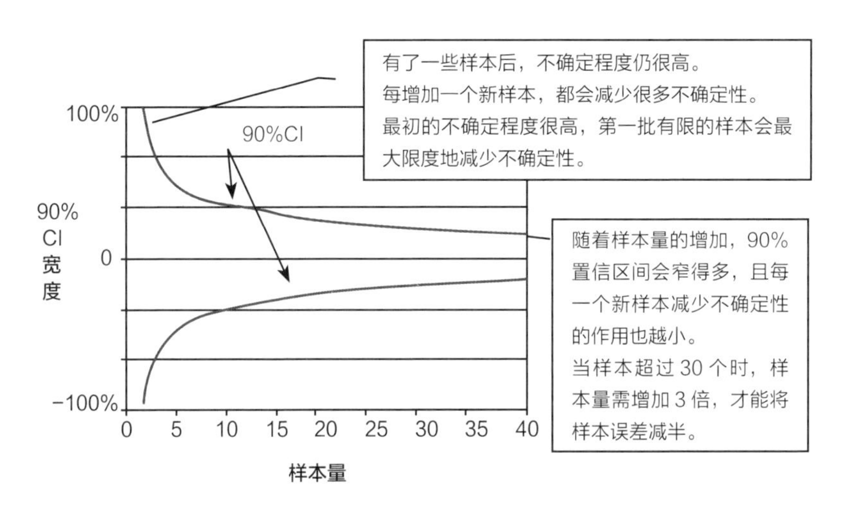

图 9.1 不确定性是如何随着样本量改变的

图 9.1 中的图竖起来看有点像龙卷风，上面的曲线是 90% 置信区间的上限，下面的曲线是下限。当样本量很小时，90% 置信区间的上下限是严重分离的，但随着样本量增加，上下限越靠越近。随着样本量的增加，90% 置信区间看起来更像收紧的锯齿状漏斗。这时，如果增加样本量，可能会增加置信区间的宽度，而再增加样本可能会让置信区间再次变窄，不过，总体看，样本量的增加会减少置信区间的宽度。图 9.1 显示，如果只有少量几个样本，90% 置信区间仍然很宽，但每增加一个样本，其宽度就会快速减小。还要注意的是，样本量是 30 时，90% 置信区间已经很

窄了，但并不比样本量是 20 或者 10 个时窄太多。实际上，一旦样本量达到 30 个，如果还想减少一半误差，就得让样本量增加到 4 倍，也就是 120 个。如果你还想再减少一半误差，样本量就要增加到 16 倍，也就是 480 个。

我们或许只需很少量的样本，就能得出关于样本总体的有用结论，尤其当群体同质化时更是如此。如果对某个完全同质化的群体进行检验，那么一个样本就行了，例如，检测某人的 DNA 或测试汽油中的辛烷值。当然，如果样本之间变化很大，例如湖里鱼的大小或者员工解决 PC 问题花费的时间，就需要更多样本，有时会很多，但也许并没有很多人想象的那么多。

怎样窥一斑而知全豹？如果我们在一个城市随机抽选了 12 个人，想了解他们去电影院的频率，如果之前知之甚少，我们还是有可能通过如此小的样本量了解到一些情况的，但这么小的样本量是否会告诉我们足够的信息，就要看怎样取样了。如果仅仅询问朋友或者同一个理发店的所有男人，我们很容易看出这个小群体不能代表总体，而且很难知道依此得出的结论和真实情况有多大差异。因此，我们需要利用一种方法保证抽样不是来自某一特殊群体。

对整体完全随机抽样就可以解决这个问题。如果做到了这一点，虽然仍会有误差，但概率论会告诉我们误差情况，例如调查某个共和党人占优势的地区的政治民意，可以计算出抽样样本是民主党人的概率。随着随机抽样人数的不断增长，样本能代表总体情况的概率会越来越大。

如果你看过政治民意测验报告，或者读过任何基于某个样本的研究，就会看到有关统计显著性的概念。简单地说，统计显著性会告诉我们看到的某个结果究竟是真实的，还是偶然发生的。样本量多大才能得出统计显著的结果？如果要测试民意，是否必须抽样 1 000 个个体？想测试某种汽车底盘焊缝质量如何，是否必须抽样 50 辆汽车？在临床试验中检查某种药物的效果时，是否必须测试至少 100 名患者？

我听过很多貌似权威的论断。有人声称样本量至少要达到某个特定数量才行，否则结果就不具备统计显著性。但人们是怎么得到这个特定数字的呢？最好的方法是参考统计学教材中的某些原理，或许你还记得从 30 个样本开始的 z 检验表，但这些统计学的零碎知识和统计显著性中的阈值毫无关系。有人说量化的最小样本量是 100 个、600 个或 1 000 个，这些值都是解决某些特定量化难题时给出的特定值，但人们并没有给出计算过程。虽然计算方法是存在的，但多数情况下人们都是随意决定一个样本量。

总之，那些并不真正理解其意思的人完全滥用统计显著性的概念，他们的意思是除非样本量达到这个阈值，否则根本无法减少不确定性，或者认为通过小样本量减少不确定性的信息经济价值还抵不上量化的费用。在商业行为中，当需要做某些随机抽样时，很多“专家”都会跳出来说从统计学角度看什么可以做，什么又不能做。然而，我发现他们对统计学课程的记忆已相当模糊，错误率相当高，甚至比一个小样本的误差还要大。

有一个人对统计显著性问题相当了解，他就是美国环境保护署的统计支持服务部门的首席统计学家巴里·努斯鲍姆（Barry Nussbaum）。我和他一起工作过，为的是把我的一些方法引入到环境保护署的统计分析中。他收集了环保署所有部门的难题，并进行统计分析。他告诉我：“当人们寻求统计学上的支持时，他们会问需要多少样本量，这是个错误的问题，却是绝大多数人首先会问的问题。”我完全赞成他的观点，因为努斯鲍姆首先要了解他们所量化的事物以及他们为什么量化，才能回答这个问题。

正如第 7 章讨论过的那样，很小的样本量可能也会告诉你非常多的信息。如果当前你对某个事物的不确定性很高，那么一个小样本也可以大大减少不确定性。如果你已经知道某一数据的范围很小了，那么就需要通过一个大样本才能继续缩小不确定性范围。比如，顾客对服务的满意度是 80% ～ 85%，可能你需要 1 000 个样本量才能缩小这一范围。本书重点关心的是人们认为不可量化的事物，而这些事物的不确定性通常是非常大的。正因为本书要处理的是这一类难题，因此量化小样本可能就会告诉我们很多东西。

如何处理异常值？

应用目前为止所讨论到的方法时，应该注意：t 检验和正态分布的 z 检验都是参数统计，即具有某种分布特征的统计。一般来说，我们可以首先假设要估计的值符合正态分布。当然，这个假设可能与事实不太吻合，因为某种事物的数值很可能不符合正态分布，但从这个任意的、有可能大错特错的假设起步是没问题的，因为我们可以不断矫正。

如图 9.1 所示，有些群体的平均值可以快速估计出来。但是，如果我们对个人收入、地震强度或者行星大小抽样，就会发现平均值的 90% 置信区间不会变得更小。某些样本可能会让 90% 置信区间暂时变小，但一些异常值可能比其他样本的总和还要大，如果这些极端值也进入到样本中，很有可能再次极大地拓宽置信区间，致使平均值的范围得不到收敛。

表 9.2 显示了某些事物的平均值收敛速度比其他事物慢。估计置信区间会收敛多快的最简单方法是比较异常值与大多数样本差距有多大。

在城市供水系统的大储水池中取样，得到的每份样本中的污染物数量会极其接近，在这种情况下，一份样本就足够了。如果计算你同事每周花费在日常活动上的时间，异常值也不太可能大大远离平均值，毕竟一周就那么多时间，在这些情况下，我们都可以应用参数方法估计。而对于地震或公司营收这类情况，异常值很有可能大大远离平均值。

表 9.2　估计平均值时置信区间的不同收敛速度

		← 非参数的 →		
	← 参数的 →			
	一个样本	多个样本（表中左边有用的样本量可能较小，右边的较大）		
收敛速度	非常快（相对同质的群体）	通常比较快（任何相对同质的群体，极端值比平均值大不了太多）	或许会比较慢（和绝大多数值相比，异常值非常大）	也许不会收敛（异常值比绝大多数值大得多）
例子	你血液中的胆固醇含量 居民用水的纯净程度 吉利豆的质量	喜欢新产品的顾客的百分比 一块砖所能承受的压力 顾客年龄 员工打电话的时间 人们 1 年看电影的数量	软件项目的成本超支数额 事故造成的工厂停工时间	公司市值 市场波动 个人收入水平 战争伤亡数量 火山爆发规模

表 9.2 中最后一列有时是以“幂率”分布的。本书第 6 章提到，正态分布不适用于一些现象，例如股市波动，但幂率很适合。当异常值出现时，遵循幂率分布的群体根本没有可估计的平均值，但这种分布仍然可以用非参数方法量化，我在后面将会告诉大家如何解决平均值不收敛的问题。

在异类值比大多数样本值大得多的情况下，平均值也许会收敛得非常慢，甚至根本没法估计。

不用计算，就可估计出平均值

数据不收敛对于量化而言可是个大问题，虽然可以利用 t 检验计算小样本的 90% 的置信区间，但它有可能是错的。如果我们想调查 5 个顾客了解人们每周花多长时间看真人秀节目，他们的回答分别是 0 小时、0 小时、1 小时、1 小时和 4 小时，我们用 t 检验计算出 90% 置信区间的下限是负值，这毫无意义，但我们可以应用其他方法非常容易地解决这一问题。

在第 3 章，我提到了 5 人法则。如果你从任何群体中随机抽取 5 个样本，群体的中值在样本最大值和最小值之间的概率是 93.75%，群体中的一半值比中值大，一半比中值小。

5 人法则只是高度简化的小样本统计中的一条法则而已。如果我们可以提出一个方法使用样本值就能估计出群体中值的 90% 置信区间，那么我们不用计算，就能快速估计出中值的范围。

如果样本量是 8，那么中值 99.2% 的置信区间是最大值和最小值构成的范围。这比 90% 置信区间大得多。中值 93% 的置信区间是第 2 大值和第 2 小值构成的范围，这就比较接近 90% 置信区间了。如果样本量是 11，90% 置信区间则接近于第 3 大值和第 3 小值所构成的范围。

表 9.3 显示了可以大致估计 90% 置信区间的 11 个样本量的规则。当精确的 90% 置信区间无法得到时，我给出了 90% 置信区间的大致估计方法，而且该方法得出的区间比 90% 置信区间稍大。例如，如果样本量是 18，则在 18 个样本中，第 6 大值和第 6 小值得出的区间范围大致接近于 90% 置信区间。表 9.3 的第 3 列列出的是群体中值在样本的第 *n* 个最大与最小值之间的概率。第 3 列放在这里，仅仅用于说明估计出的区间已经尽量接近真正的 90% 置信区间了。

我把该方法称为“无须数学运算的 90% 置信区间估计法”，因为它只需要你将样本值依次从最大到最小排列，取第 *n* 个最大和最小值组成中值的 90% 的置信区间就行了。这个方法不需要计算样本平方根，也不需要查 *t* 值表。我是基于一些非参数方法得出这个表的，而且用蒙特卡洛模型检验过。虽然推导过程有点复杂，但这种方法非常容易估算群体中值的 90% 置信区间。请你记住当样本量为 5、8、11、13 时，需要分别以第 1、2、3、4 个最大值和最小值得出的置信区间，作为 90% 置信区间的估计值。现在，你可以随意量化身边的一些事物，并能快速计算出中值的 90% 置信区间，根本不需要用计算器。

我们在计算参数 *t* 检验时已经展示了计算方差的方法：每一个样本减去平均值，得到的结果再平方，然后把所有的值相加，结果就是样本方差。当你进行这个简单计算时，会发现计算结果几乎都来自那些离平均值最远的样本。即使是大样本，中间的 1/3 样本对方差的贡献一般也

表 9.3 无须数学计算就可估计出群体中值 90% 置信区间的方法

下限：第 n 个最小值　　上限：第 n 个最大值		
样本量	样本值的第 n 个最大值和最小值	概率
5	第 1 个	93.8%
8	第 2 个	93.0%
11	第 3 个	93.5%
13	第 4 个	90.8%
16	第 5 个	92.3%
18	第 6 个	90.4%
21	第 7 个	92.2%
23	第 8 个	90.7%
26	第 9 个	92.4%
28	第 10 个	91.3%
30	第 11 个	90.1%

只占 2%，其余 98% 来自上下各 1/3 的样本数据。当样本量小于 12 时，方差基本上来自样本的两个极端：最大值和最小值。

这种不用数学计算就得出的 90% 置信区间的方法，比 t 检验计算出的区间范围稍大，但它避免了用 t 检验计算的困难。在调查人们观看真人秀时间的例子中，如果用 t 检验来算，下限就是毫无意义的-30 分钟，上限是 3 小时左右。而用表 9.3 来算，相应的 90% 置信区间就是 0 ～ 4 小时。这一范围比用 t 检验计算出的结果大一些，但由于上下限都是正数，所以中值是可以取到的。

用户观看真人秀的时间可能极不平衡，中值和平均值也可能不一样。但不管怎样，如果我们假设总体分布接近对称，则中值和平均值是一样的。在这种情况下，无须数学计算的估算中值 90% 置信区间的方法，完全可用于估算平均值的 90% 置信区间。

在参数统计中，不得不假设分布具有某些特定形态，而用无须数学运算的方法估计中值的置信区间时，根本不需要假设总体分布是什么形态。

此外，由于无须数学运算的方法估计的是中值的置信区间，它完全避免了平均值不能收敛的问题。总体分布可以是任何不规则形态，比如股市波动分布情况、“二战”后美国婴儿潮年龄分布状况，或者像轮盘旋转形成的均匀分布等。不管是线性、正态、还是双峰分布，都可用无须数学运算的方法来估计中值。

显然，评估者有时可以依据有限的几次观测，使用参数方法或者非参数方法，就能极大地减少不确定性。虽然主观评估有误差，但是参数方法和无须数学运算的方法也有误差，因为它们只考虑样本值，而以前积累的任何知识都被忽视了。换句话说，我们认为是常识的很多东西都被排斥在这些客观方法之外了。

假如我们测量电视销售经理每周平均花多少时间管理销售不佳的业务员。如果抽样 5 个销售经理，他们给出的回答是 6 小时、12 小时、12 小时、7 小时和 1 小时，利用 *t* 检验可计算出 90% 置信区间是 3.8 ~ 13 小时。不过，光看计算结果，我们并不能看出 1 小时的回答来自鲍勃，而他的销售不佳的业务员比谁都多，出于某些原因，他很可能故意给出一个很少的数字。

评估者可以运用简单的常识处理这种信息，例如，针对观看电视真人秀节目的时间样本，他们不会给出负的下限。基于经过校准的评估者评估，所得数据不见得比统计方法差，甚至还可以避免某些缺陷。在第10章我们就可以看到，先验知识是如何进一步提高估计精度的。

两次独立抽样：抓与重抓就能算出湖里有多少鱼

如何量化湖中鱼的总数？我在每一期研讨班上都会问这个问题。往往有人给出这样极端的回答：抽干湖水。普通经理、普通会计师，甚至普通的中层信息技术经理，都认为量化和计数是一个意思。因此当被问及如何量化湖中鱼的总数时，他们认为应该给出一个精确值，而不是减少不确定性。

有这个想法后，他们就会选择抽干湖水。而且毫无疑问，接下来就会组织一帮人清点每一条死鱼，过程还搞得十分正式，每把一条死鱼扔进后面的垃圾车里，就在本子上多记上一笔，也许他们还会派人把垃圾车里的鱼再点一遍，并检查已经干涸的湖床，以确保清点的质量。最后报告，鱼的精确数量是22 573条，去年放养的效果是成功的，当然，现在这些鱼都死了。

如果你让海洋生物学家来量化湖里的鱼，他们就不会把计数和量化弄混。生物学家会使用“抓与重抓”的方法：首先，他们会抓捕一批鱼，比如说1 000条，然后给鱼打上标记，之后再放回湖中。过一段时间，等这些鱼均匀地分布在湖中后，再抓一批上来，假设他们又抓了1 000条，其中有50条鱼做过标记，这意味着湖中大约5%的鱼都做了标记。因此可以得出结论，湖里大概有 20 000 条鱼。

这是一种基于二项分布理论的方法，但在这里，我们可用正态分布近似估算。计算误差时，只需改变样本方差的算法即可，其他都不变。本例中的样本方差是用群体内的样本比例乘非样本比例。换句话说，是将二次抓取时鱼群中做标记的比例（0.05）乘没做标记的比例（0.95），结果是 0.0475。

下面的过程和之前一样。将样本方差除以样本数，取平方根，结果是 0.007。要想得到做标记的鱼占鱼总量的 90% 的置信区间，可将做标记鱼的份额 0.05 ±（0.007 × 1.645），结果是 3.8% ～ 6.2%。由于做标记的鱼是 1 000 条，因此湖中鱼的总数是 16 129 ～ 26 316（1 000/0.062 = 16 129,1 000 / 0.038=26 316）。

对有些人来说，这看似是一个比较大的范围，但假设我们以前的不确定性水平很高，校准估计的范围也只是 2 000 ～ 50 000 条，所以这一范围已经大为缩小了。如果我们当初放养了 5 000 条鱼，现在仅仅是想知道鱼的总数是增加了还是减少了，那么任何大于 6 000 的数字都表示鱼的总数增加了，超过 10 000 条当然更好。如果把初始范围和相关阈值都考虑在内，不确定性显然已经大为减小，误差也在可接受范围之内。实际上，我们完全可以在第一次抓捕中只抓 250 条鱼，然后放掉，再抓 250 条，也就是说抽样量只有前面的 1/4。假设做过标记的鱼在第 2 次重抓时所占比例也是 5% 左右，那么我们对鱼的总数超过 6 000 条仍然很有信心，也就是说 6 000 仍然在 90% 置信区间内。

这种通过抽样来揭示全貌的方法特别有用，这种方法已经用于评估美国人口普查局统计遗漏的人数、亚马孙流域未经发现的蝴蝶种类及未知的潜在顾客数量等问题。未能看到整体全貌，并不意味着不能对它进行量化。

从本质上说，抓与重抓是两次独立抽样，比较两次抽样的重合程度，可以估计群体总数。如果你想估计一座大楼的裂缝数，可以挑选两组质量检测员，然后看看两组各找到多少裂缝以及共同找到的裂缝有多少，用同样计算方法就行了。每次找到的裂缝数量可以看成前面例子中两次抓捕的鱼的数量（各 1 000 条），共同找到的裂缝数量可以看成在第二次抓捕中找到的做标记的鱼的数量（50 条）。

“抓与重抓”是很多抽样方法中的一种而已。毫无疑问，相当多的功能强大的方法还没被发现。了解一些重要的抽样方法，可以增加我们的背景知识，以便评估更广泛领域的量化难题。

总体均衡抽样

计算鱼的总数是量化难题中的一个例子。有时，你可能还想估计总体中具有某一特点的个体比例，例如，你想知道弗吉尼亚州注册选民中是民主党人的百分比，想知道顾客偏爱某一新产品的百分比，这时就可以进行总体均衡抽样（Population Proportion Sampling）。

在抓与重抓的例子中，我们必须确定湖中有多少鱼做过标记。第二次抽样时知道了标记数量，就能估计被标记的鱼的百分比，从而就能估计湖中鱼的总数了。

我们还想通过样本中属于某一特定集合的比例 p，估计总体中属于该集合的比例 P。例如，如果我问 100 个顾客是否访问过网店，34 个人说是，则 p = 34%。当然，考虑到抽样误差，真实的 P 可能和样本结果稍有不同。

用 p 估计 P 的方差是 p×（1 − p）/n。例如，在上一个例子中，方差是 0.34×（1 − 0.34）/100 = 0.002244，之后计算 P 的 90% 置信区间和使用 *z* 检验一样，只需要将方差转化为标准差，再乘 *z* 检验，如果样本量小于 30 的话，就用 *t* 检验，再用抽样比例 p 加减此结果，得到的就是 P 的 90% 置信区间。也就是说：

$$90\%\text{置信区间的上限} = p + 1.645 \times \sqrt{p \times (1 - p) / n}$$

$$90\%\text{置信区间的下限} = p - 1.645 \times \sqrt{p \times (1 - p) / n}$$

因此，上例中的 90% 置信区间就是 26% ～ 42%。我们在估计比例 P 时使用的是近似正态分布，也就是说在满足一定条件时，我们实际上可以用正态分布。这里的一定条件是指，满足 p×n>7，并且（1−p）×n>7，这一条件在某些书中稍有不同，我这里选的是平均值。换句话说，如果在 100 个顾客样本中，访问商店的人数大于 7 并且小于 93，那么该方法就有效。但如果用很小的样本量，估计很小的比例，该方法就不行了。例如，如果只抽样了 20 个顾客，并且其中只有 4 个人访问过网店，估计 P 时就要用其他方法。

图 9.2 显示了几种小样本的 90% 置信区间情况。比如如果顾客样本量是 20，其中 4 个具有我们要找的特征，此时可在图 9.2 中找到“命中数”为 4 的行和“样本量”为 20 的列，由此可知，区间范围是 9.9% ～ 38%，这就是顾客访问网店人数比例的 90% 置信区间。

为了节省空间，这里没有给出“命中数”超过 10 的行。只要“命中数”大于 8，就可以运用近似的正态分布。而且我们还可以使用反向选

样本量

样本中的『命中数』

	1	2	3	4	6	8	10	15	20	30
0	2.5–78	1.7–63	1.3–53	01.0–45	0.7–35	0.6–28.3	0.5–23.9	0.3–17.1	0.2–13.3	0.2–9.2
1	22.4–97.5	13.5–87	9.8–75.2	07.6–65.8	05.3–52.1	4.1–42.9	3.3–36.5	2.3–26.4	1.7–20.7	1.2–14.4
2		36.8–98.3	25–90.3	18.9–81	12.9–65.9	9.8–55	07.9–47.0	5.3–34.4	4.0–27.1	2.7–18.9
3			47–98.7	34.3–92.4	22.5–78	16.9–66	13.5–57	9.0–42	6.8–33	4.5–23
4				55–99.0	34.1–87	25.1–75	20–65	13–48	9.9–38	6.6–27
5					48–94.7	34.5–83	27–73	17.8–55	13.2–44	8.8–31
6					65–99.3	45–90	35–80	22.7–61	16.8–49	11.1–35
7						57–95.9	44–87	28–67	21–54	14–38
8						72–99.5	53–92	33–72	25–58	16–42
9							64–96.7	39–77	29–63	19–45
10							76–99.6	45–82	33–67	21–49

图 9.2　小样本的群体比例的 90% 置信区间

择法，例如在 30 个样本中有 26 个“命中”，如果要得出这种情况下的比例范围，可以将没有命中的当成命中的，也就是计算在 30 个样本中有 4 个命中的 90% 置信区间，为 6.6% ～ 27%，然后用 1 减，相应的范围就是 73% ～ 93.4%。

从图 9.2 显示的区间范围中，我们无法看出其分布形态。但它们的分布形态和正态分布相差很远，图 9.3 显示了几种分布的形态。当命中数为零或接近零时，P 的概率分布形态严重倾斜。命中数等于样本量或接近样本量的情况也是一样。

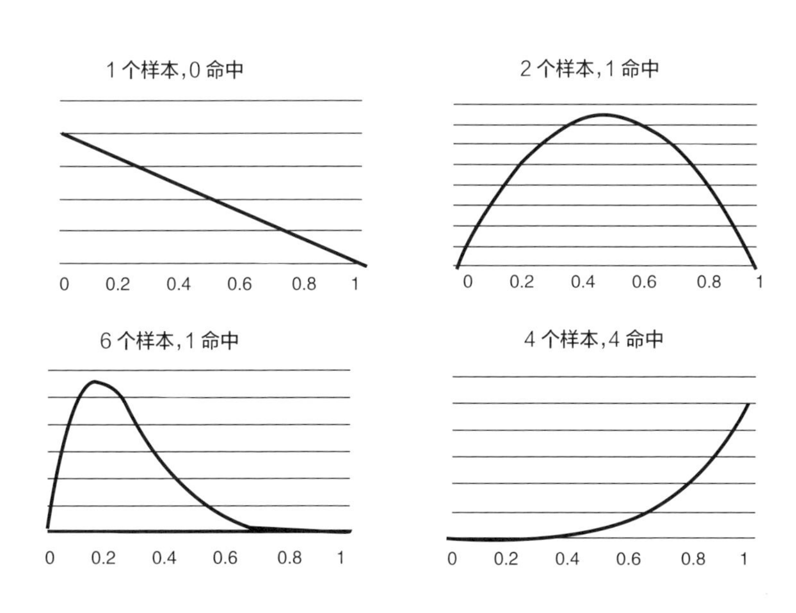

图 9.3 小样本下的比例 P 的概率分布示例

现在，你可以使用图 9.3 估计小样本的置信区间了。如果样本量在图中给出的几个样本量之间，可以使用插值得出近似估计。在第 10 章中，我们将详细讨论怎样利用一种完全不同的方法计算出这些分布。

定点抽样

定点抽样（Spot Sampling）是总体均衡抽样的变体。定点抽样是对人、流程或事物在某一时刻、某一地点的随机抽样，而不是在一段时间内始终跟踪它们。例如，如果你想看看员工在某一活动上花费的时间比例，可以在一天的某个时间点对员工随机抽样，看看他们当时正在干什么。如果你发现在 100 个样本中，有 12 个员工正在接听会议电话，就可得出结论:会议电话所占的时间为 12%，其 90% 置信区间是 8% ～ 18%。在某个特定的时间点，他们或许在接电话，或许没接电话，你要了解的就是该活动占多少时间而已。

这个例子的样本量已经足够大了，我们可以把员工花费在会议电话上的时间比看成正态分布。但如果你只抽样了 10 名员工，发现其中 2 人在打电话，此时要用到图 9.2，得出的结果是 7.9% ～ 47%。这个范围看起来很宽，但如果之前经过校准后的估计是 5% ～ 70%，并且对于某些决策来说，阈值是 55%，那么我们的量化就是有价值的。

整群抽样

整群抽样（Clustered Sampling）是将总体以群为单位抽取样本的一种方式。例如，你想看看多少家庭使用了蝶形卫星天线，或者多少家庭在扔垃圾时能正确区分塑料以便回收利用，为了节约成本你可能会随机选择几个街区，然后对这几个街区进行全面普查。因为一个个地选择家庭很耗时，而且同一个街区的家庭也许很相似，因此不能把同一街区的单个家庭数看成单个随机样本。所以,当一个街区内的家庭高度同质化时,将街区的数量而不是家庭的数量作为有效样本的数量,是非常明智的。

分层抽样

在群体内部可能会有彼此差异很大的多个群组,但每个群组内部的同质化程度相当高,此时,我们可以采用分层抽样,不同群组可以使用不同的抽样方法。如果你经营一家快餐店,想按地区对顾客抽样,那么你就应该对不同方向来的顾客抽样;如果你运营一家工厂,需要量化员工的安全意识,由于看门人、质检员和电焊工应遵守的安全规定不一样,因此量化内容和方法也该不一样,但是别忘了霍桑效应,应该想办法规避。

连续抽样

一般的教科书不会讨论连续抽样(Serial Sampling),如果本书不是想量化一切,也不会讨论连续抽样。有时,连续抽样会发挥很大作用。

例如,在"二战"中,盟军间谍所报告的德国马克 V 型坦克产量非常不一致,盟军情报部门不知道该相信谁。因此,1943 年,统计学家根据缴获坦克的序列号估出了坦克产量。坦克的序列号是连续的,且后面嵌有日期。因为坦克的序列号有可能不是从 001 开始,所以单看序列号并不能精确了解序列从何处开始。依据常识,坦克的月产量肯定大于缴获的当月生产的最高和最低序列号之差,此外,他们还能推知更多信息吗?

把被缴获的坦克当成对坦克总量的随机抽样,统计学家就能计算出月产量的概率分布了。过去这似乎是不可能的,例如缴获的同一个月生产的 10 辆坦克的序列号之差都在 50 以内,假如该月生产了 1 000 辆坦克,那么随机抽样 1 000 辆坦克中，序列号的差值范围应该比 50 大得多。如果当月只生产了 80 辆坦克，那么随机抽取 10 辆坦克的序列号之差就会小得多。表 9.4 显示了盟军情报部门用统计方法对马克 V 型坦克月产量的估计，并和战后缴获的坦克档案中的真实数字做了对比，显然，统计结果非常接近真实数字。

表 9.4 “二战”时期德国马克 V 型坦克产量的对比估计

生产月份	情报部门的估计	统计估计	真实数字
1940 年 6 月	1 000	169	122
1941 年 6 月	1 550	244	271
1942 年 8 月	1 550	327	342

即使算上误差，统计估计比情报部门的估计仍然准确得多。图 9.4 显示了随机抽样如何推导出总体数量。假设只缴获了 8 个样本，最大序列号和最小序列号分别是 100220 和 100070，按照步骤 1，两者之差是 150。步骤 2 中，上限曲线和样本量为 8 的垂直线交叉值是 1.0。步骤 3 中，总量的 90% 置信区间的上限值是（1 + 1.0）× 150 = 300。重复步骤 2 和步骤 3，可计算出平均值和下限值。最后得到 90% 置信区间是 156 ~ 300，平均值是 195，值得注意的一点是，平均值不是置信区间的中值，因为分布是倾斜的。仅仅通过 8 辆坦克，运用这种方法，我们就轻松获得一个合理结果。

请注意，如果有好几辆缴获的坦克来自同一个军事单位，就不能把

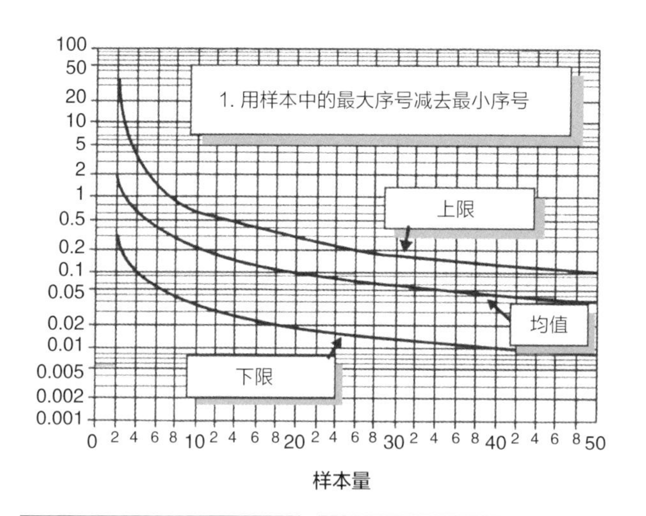

2. 在水平轴上找到样本量，然后沿着垂线找到和上限曲线的交叉点。

3. 在纵轴上找到交叉点对应的 A 值，然后加 1，这就是总量的 90% CI 的上限。

4. 重复步骤 2 和步骤 3，找到总量的平均值和下限。

图 9.4 序列号抽样

它们看成独立抽样，因为在同一单位的坦克可能会有同样的序列号，通常我们看序号就能发现这一点。而且如果序号不连续，或者有些号码被跳过，我们运用该方法时就要做一些修正，号码的分布规律很容易看出来，例如只用偶数作为号码序列或者序列是以 5 为增量往上增加的。

在商业中如何应用这一方法呢？序列号就是对产品的连续编号，我们在任何零售店查看序列号，就可免费获得竞争对手的产量信息。如果我们想做到完全随机，就应该从多个商店抽样。与之类似，从垃圾桶里找到丢弃报告的一些页面，或者丢弃票据的号码，我们就可以了解当日报告或票据数量的一些信息。当然，我不是鼓励大家都去垃圾桶，但我们可以利用垃圾桶量化人们很多有趣的行为。

寻找阈值：在哪个点上做决定？

始终要记住，量化的目的是为决策提供帮助。而且人们会设定一个阈值，如果某值大于或小于阈值，就可据此做出决策了。但是当某值增大或减小到何种程度时，才可以做出决策了呢？大多数统计方法不会为你解决这个关键问题。下面，我给大家讲一个统计方法，它不仅仅可以减少不确定性，而且还和阈值的量化相关。

网络会议可以节省很多交通时间，甚至可以避免因交通阻塞造成的会议延迟或取消。不过，确定一个会议是否可以远程举行，需要考虑其内容是什么。如果是常规会议，那么就可以远程举行。假设你要量化员工在可以远程举行的会议上平均花费多长时间，那么首先你要量化哪些会议可以远程举行。

为了赶来参加那些本可以远程举行的会议，普通员工在交通上耗费了3% ～ 15%的时间。假设你认为这一比例超过了7%，所以有必要投入相当一笔钱开发远程会议软件。完全信息的期望值计算显示，该项投资不应超过15 000美元，而根据经验，量化成本最多1 500美元。如果你有几千名员工，这意味着对所有会议做全面普查是不可能的。假设抽样了10名员工，对他们最近几周的交通和会议时间详细分析后，你发现只有1个人耗费的交通时间少于7%，那么员工交通耗时的中值低于7%的概率有多大呢？基于常识，人们可能会说10%，实际上，真实的概率比10%小得多。

图 9.5 显示了估计总体中值低于阈值的概率的方法，运用该方法的前提是在小样本中，已知小于阈值的样本量和大于阈值的样本量。

利用图 9.5 计算上例，方法如下：

◎ 在图顶端找到和样本量对应的曲线，这里是 10。

◎ 在图表底端找到低于阈值的样本量，这里是 1，然后找到和它对应的垂直虚线。

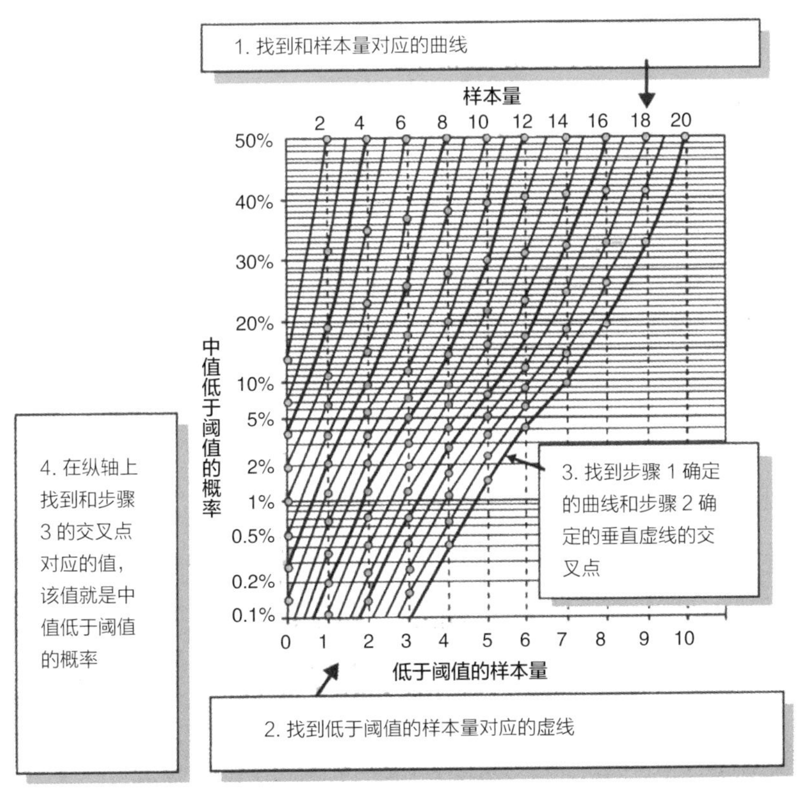

图 9.5 阈值概率计算图

◎ 找到曲线和虚线的交叉点。

◎ 在左侧的纵轴上，我们可以找到和交叉点对应的百分比，这里是 0.6% 左右。

也就是说，对于本例来说，中值低于阈值的概率比 10% 小得多。随着样本量的增加，中值或平均值低于阈值的概率会减少得非常快。假设我们只抽样了 4 个样本量，并且它们都大于阈值，参考图 9.5 可知，中值低于阈值的概率还不到 4%，因此中值大于阈值的概率在 96% 以上。4 个样本量就能提供如此高的确定性，看似不可能，但如果做些计算或使用蒙特卡洛模型，就会发现这是千真万确的。

请注意，随着样本量的增加，和阈值相关的不确定性，比和总体相关的不确定性减少得更快。因此在样本量不大的情况下，总体的 90% 置信区间仍然很大，但如果阈值在总体的 90% 置信区间以外，则关于阈值的不确定性就会快速下降到接近于 0。换句话说，图 9.5 中的漏斗状曲线簇变密的速度会非常快，无论分布是什么形态都如此。

运用这种方法时，我们最初的假设中值在阈值两边的概率各为 50%。如果有一些信息显示中值很可能低于阈值，那么这种方法就不精确了，但我们仍然可以从中获得有用结果。如果低于阈值的概率小于高于阈值的概率，那么我们运用这种方法就会高估中值低于阈值的概率。例如在上例中，3% ～ 15% 的范围说明低于阈值 7% 的可能性小于高于阈值的可能性。根据图 9.5 的计算我们可知，中值小于阈值的可能性是 0.6%，但如果知道了上述信息，我们就能确定实际概率比 0.6% 还小。

假设普通员工开网络会议的时间范围是 1% ～ 8%，总体中值就很可能低于阈值 7%。此时，上例就低估了中值低于阈值的概率。但我们可以考虑另一种有助于把概率缩小到近乎为 0 的方法，那就是查看初始范围的中值，并计算和相应阈值有关的概率。对于 1% ~ 8% 的范围来说，中值低于和高于 4.5% 的概率各为 50%。10 个员工的抽样，假设抽样的 10 名员工的数据都低于 4.5%，参照图 9.5，则中值高于 4.5% 的概率小于 0.1%。虽然这里没有确切告诉我们中值低于阈值 7% 的概率，但显然中值高于 7% 的概率接近于 0。

如果从样本就能看出中值低于阈值的概率较低，那么随着抽样量的增加，不确定性会下降得更快。如果抽样结果和已知信息矛盾，我们就需要更多抽样，才能减少同样多的不确定性。当然，如果你作更多的数学计算，就能进一步减少不确定性。在估算中值是否大于阈值时，如果 4 个样本都远远高于阈值，相较于 4 个样本勉强高于阈值，前者当然会给人们更大的信心。

打开天窗说“量化”

有多少汽车偷偷使用了含铅汽油?

20 世纪 70 年代，美国环境保护署（EPA）陷入了公共政策困境，事情是这样的：1975 年之后设计的汽车带有触媒转换器，可使用无铅汽油，但含铅汽油便宜，因此人们更愿意继续使用含铅汽油。为了禁止人们使用含铅汽油，EPA 下达行政命令要求汽车公司把油箱出口处的喷嘴节流装置设计得更狭窄，因为含铅汽油很难通过狭窄的喷嘴节流器，然而人们只要去掉节流器就能继续使用含铅汽油。

EPA 统计支持服务部门的首席经济学家巴里·努斯鲍姆说：“我们知道人们把含铅汽油灌入新汽车里，因为车辆登记局做完车检后，就会看看节流器是否被摘除。”

有段时间 EPA 很惊慌，因为他们不知道如何测算有多少人使用含铅汽油。在“尽管去做”的精神激励下，EPA 的人在加油站开始了抽样调查。他们在全国范围内随机选择加油站，然后利用望远镜观察正在加油的汽车，记录下这些汽车加的是无铅汽油还是含铅汽油。

这项工作给 EPA 带来了负面影响，虽然 EPA 没有拘捕任何人，但《亚特兰大宪法报》（*Atlanta Journal-Constitution*）的一个漫画家把 EPA 的人描绘成纳粹，说他们会拘捕任何使用含铅汽油的人。努斯鲍姆说：“这给我们和警察局带来了麻烦。”警察认为，任何人都有权观察其他人。不管怎样，EPA 获得的结果十分重要：在只能使用无铅汽油的小汽车中，大概有 8% 使用的是含铅汽油。

对照组实验：当事件还未发生时

我第一次网购是在 20 世纪 90 年代中期，当时我想找一本量化哲学方面的书。我读了库恩、波普尔等人的书，但就是没有找到我想要的。

我在亚马逊上看到了一本书叫作《怎样像科学家一样思考》（*How to Think Like a Scientist*）。由于这本书的评论很好，于是我买了一本，两周内就收到了。买回来之后才发现它只是一本适合 8 岁孩子阅读的儿童读物。如果在一堆打折书中看到这本书，我不会买，因为封面就告诉我，它不是我要找的读物，而当时亚马逊还不能显示绝大多数图书的封面。

然后我开始翻阅那本书。虽然每页的内容都是 2/3 的卡通图画和 1/3 的文字，但它还是抓住了核心点，而且解释得通俗易懂。比如检验一个假说时，它列出了简单的量化方法，并做出了非常容易理解的解释。这让我意识到之前的想法是错误的。我之所以会买它，正是因为事先不知道它是一本儿童读物。这本书让我明白了一个最重要的道理：科学方法就是为 8 岁以上的人准备的。

很多管理者并未重视实验方法在商业量化中的价值。艾米丽 · 罗莎告诉我们，实验设计其实很简单；恩里科 · 费米用一把纸屑就能巧妙地测出原子弹的当量。如果你想了解某个问题，又没有找到前人量化结果，或者也找不出任何跟踪方法，那么就创造观测条件做个实验吧。

“实验”可以理解为为了达到目的而特意创造出的某种量化方法，例如为观测系统对外来威胁的反应速度而进行的安全测试，就是一项实验。但一般来说，我们要考虑到控制实验可能存在误差问题。还记得第 2 章艾米丽 · 罗莎是怎样设计实验的吗？她怀疑抚触疗法的现有数据，甚至怀疑病人的意见也可能存在偏颇，因此设计了一个完全随机的单盲实验。

当很难跟踪一个现有现象或者待量化事件还没发生时，采用对照组的实验方法比较有效，这种方法需观测实验组和控制组。例如销量上升是否因为顾客偏爱新产品？利润上升是否因为采用了新配方？是什么导致产量提高？

如果一段时间内影响商业行为的因素只有一种，那么就不需要设计对照组实验了。然而事实并非如此，常常是多个因素影响着某一个商业行为，所以采用对照组实验，可以让我们只改变一个因素。对比实验组与控制组，观察它们的变化，两组之间的差异就可以归结为这一因素了。当我们所量化的事物受到很多不确定因素影响时，也可以采用这一方法。

如果想知道一个产品的某一新特性对顾客满意度影响有多大，我们就需要做实验。顾客满意度受很多因素影响，但如果我们只想看产品的某种新特性是否让顾客满意，就需要把它和其他所有因素分离开，单独量化这一特性对顾客满意度的影响。我们将购买新特性产品的顾客和没有购买新特性产品的顾客做比较，就可以看出产品新特性的效果。

实验中采用的绝大多数方法，我们之前都讨论过了，无非是抽样或者单盲双盲测试。我在这里介绍对照实验的另一种计算方法。如果要让人们相信实验组的结果和控制组不同，我们应该得出这样的结论：实验组与控制组的差异绝不是偶然造成的。结果计算与之前有所不同，在这里我们要计算的是两组之间差异的标准差。

假设一个公司想量化客服质量培训对销售的影响。客服的工作是接听客户电话，倾听他们对新产品提出的问题。公司认为，客服服务质量对销售的影响，也许不像人们说的那么大。公司要做的就是评估培训效果，确定相关阈值，并计算该信息的价值。

管理者决定向打过电话的客户调查客服质量。他们认为，不应该仅仅问客户是否满意，而应该问他们把良好的客服体验告诉了多少朋友。通过分析搜集的市场数据，管理者认为，客服质量培训可以把销量提高0% ～ 12%。如果销量能提高2%，就证明培训投资是值得的，也就是说，这项投资的阈值是2%。

在参加培训之前，他们对每个客服先做了一个调查收集基准数据。每隔两周，他们会随机挑选每位客服服务过的一个客户，并问他们：“自从打了客服电话，你总共给多少个朋友或家庭推荐过我们的产品？”然后记录下客户推荐的人数。由于过去做过口头宣传对销售影响的研究显示，每个客户对朋友或家庭正面推荐一次产品，就能平均带来0.2个客户。基于此，他们就可以做出决策了。

因为培训费用很高，所以管理者决定首先随机选择30名客服作为实验组培训。控制组就是所有没有进行培训的客服。实验组培训后，管理者再对客户调查。分别计算基准数据、实验组数据和控制组数据的平均值和方差，结果如表9.5所示。

表9.5 客服质量培训实验数据

	样本量	平均值	方差
实验组（接受培训）	30	2.433	0.392
控制组（不接受培训）	85	2.094	0.682
基准数据（未培训前的数据）	115	2.087	0.659

这些数据表明，培训确实有效。但这一结果是否可能只是随机出现的呢？也许随机抽取的30名员工的表现本来就好于整体，也许这30名员工遇到的客户恰好好应付。想知道答案，就要对实验组和控制组的测试结果进行以下5步计算：

步骤1 将每一组的方差除以样本数，得到实验组的值是0.392 / 30 = 0.013，控制组的值是0.682 / 85 = 0.008。

步骤 2 将两者相加：0.013 + 0.008 = 0.021。

步骤 3 取平方根，得到测试组和控制组的标准差，结果是 0.15。

步骤 4 计算两组的均值之差：2.433−2.094 = 0.339。

步骤 5 计算实验组和控制组的均值之差大于 0 的概率，也就是实验组比控制组好的概率。在 Excel 中利用“normdist”公式计算如下：= normdist (0，0.339，0.15，1)

计算结果是 0.01。也就是说，实验组与控制组相比，出现差异的概率只有 1%。因此我们有 99% 的把握说实验组比控制组好。

我们也可以用同样的方法对比控制组和基准数据。控制组和基准数据的平均值之差只有 0.007。经计算，我们发现控制组比基准数据差的概率是 48%，比基准数据好的概率是 52%，这说明它们之间的差别可以忽略不计。

我们可以很自信地得出这样的结论：客服质量培训确实有助于提高销售。由于实验组和控制组之间的平均值之差是 0.4 左右，市场部认为训练可以提高大约 8% 的销量，所以对客服进行培训是合理的，而且应该对所有客服培训。

变量的相关程度：风马牛之间有多大关系？

我在研讨班上遇见的最常见问题类似于“我怎么知道销量提高是因为应用了某种新 IT 系统呢”。学生们现在仍然频繁地提这样的问题，这让我感到惊讶，因为在过去几个世纪，科学量化的重点都在于如何分离变量，并量化其影响。我只能说，问这个问题的人并没有理解科学量化中的最基本概念。

除了运用对照组实验量化商业行为中的某个变量，我们还可以量化一个变量和另一个变量的相关程度。两个数据集合的相关性，可以用 +1 ~ –1 之间的一个数表示。相关性为 1，表示两个变量的变化完全一致，一个变量增加，另一个也会增加；相关性为 –1 则说明两个变量关系也十分紧密，但一个增加，另一个减少；相关性为 0 表示两个变量没有任何关系。

想直观了解数据的相关性，请看图 9.6 所示的 4 个例子。在图 9.6 中，水平轴可以表示员工的测验分数，垂直轴可以表示产量，当然，水平轴也可以表示电视上一个月播放的广告数量，垂直轴可以表示该月的产品销量，总之它们可以表示任何两个事物的相关关系。显然，某些图中的数据比另一些图相关性更高。

图 9.6 左上角的图显示两个变量完全不相关，因为从数据的散点中我们找不到“斜面”。右下角的图显示的是两个高度相关的变量的情况，它所呈现的就是一个斜面。

做任何计算之前，先直观地看看各个点是否具有相关性。如果你对比项目预算和决算的关系，发现它们看起来和图 9.6 右下角类似，则说明你的预算相当准确；如果看起来和左上角很像，则说明一个人通过掷骰子做出的预算也比你的好。

如果我们可以根据历史数据做回归模型，就不需要设计控制实验了。例如，我们也许很难把信息技术项目和销售增长联系起来，但有很多因素影响销售，比如新产品上市得越快，对销售的促进作用就越大。如果

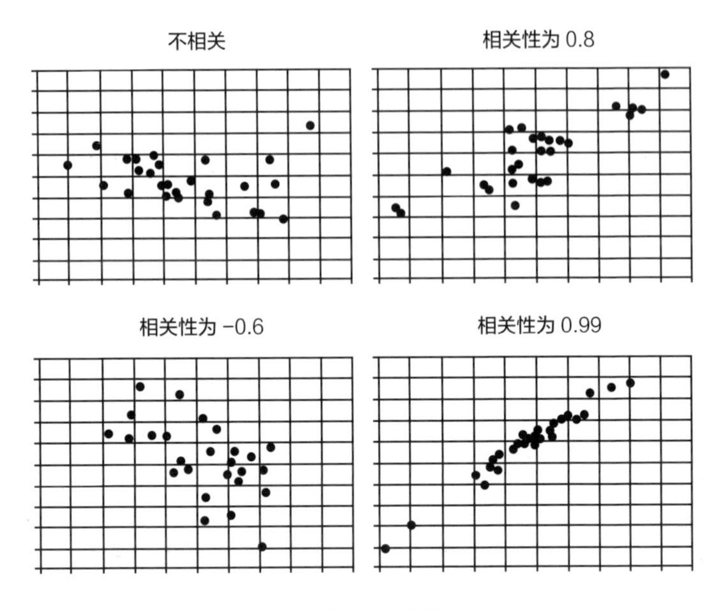

图 9.6　数据相关性的例子

某些环节能实现自动化生产，那么就能加快产品上市时间，而这些环节就是产品上市的关键点，由此它们就和产品上市建立了关系。

我曾经为大型有线电视网分析过特殊软件项目的投资，当时他们正在考虑把电视节目中的几项主要工作自动化，以期提高收视率，进而带来广告收入的增加。但公司该如何预测这个项目对收视率的影响呢？尤其当有很多因素影响收视率时，他们更不知道该怎么办了。

这个项目之所以能提高收视率，是因为它缩短了某些工作时间，而工作效率提高得以让新节目更快出炉。电视网储存了收视率的历史数据，因此通过查看历史节目，就能确定每一档新节目在播出前需要推广几周。图 9.7 显示了收视率和推广时间的关系。

分析这些数据之前，你能看出它们相关吗？如果相关，这幅图和图 9.6

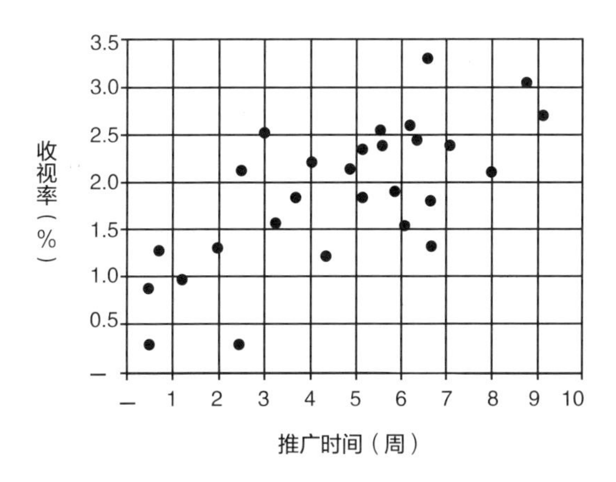

图 9.7 某有线电视网的节目推广时间和收视率的关系

中的哪幅图最相似？我做回归分析的第一步就是绘制这样一幅图，通过这幅图，可以很清晰地看出其中的相关性。在 Excel 中操作如下：先输入两列数据，本例中就是促销时间和收视率，每一对数字表示一个电视节目，然后在 Excel 中选择全部数据，再单击主菜单“插入”，在下拉菜单中单击“图表”,会打开“图表向导”对话框,在其中选择“XY 散点图”,然后按照软件提示做就行了。你将会看到图 9.7 所示的情况。

这幅图看起来相关，但相关程度究竟如何？想得到答案，我们必须了解稍微技术化一点的内容。在这里我没有介绍回归模型的理论，而是直接讲在 Excel 里怎么做。

在 Excel 中我们可以用“=correl( )”函数计算相关性。假设推广周数和收视率数据分别存储在一张电子表格的 A 列和 B 列的前 28 行，你可以用“=correl (Al:A28，Bl:B28)”计算相关性。由计算可知，相关性是 0.7 左右。因此我们基本上可以说，推广时间越长，对提高收视率越有帮助。接下来我们可以重点考虑如何把生产过程流程化以延长推广时间。

另一个分析相关性的方法是在数据分析工具包中使用回归向导。回归向导会提示你选择“Y range”（Y 的范围）和“X range”（X 的范围）。在这个例子中，Y range 和 X range 分别是收视率和推广周数。回归向导会输出一个表格，显示回归分析的结果。表 9.6 解释了其中一些结果。

表 9.6 Excel 的回归向导“输出摘要”（Summary Output）表中的一些项

变量名	意义
变量 R (Multiple R)	一个或多个变量和“独立”变量（例如收视率）的相关性，本例是 0.7。
R 的平方 (R square)	变量 R 的平方。将样本按推广周数分组，每组样本分别计算方差，再除以本组的样本量，然后对各组的值求和。
截距（Intercept)	推广周数为 0 时的收视率，这是最佳拟合线和纵轴的交点。
变量 1 (X variable 1)	推广周数的系数。
P 值 (P-Value)	实际上不相关，但恰好计算出两者相关，从概率上说也是可能的。一般来说 P 值应该低于 0.05，但如果不确定性比之前有所降低，那么即使 P 值高于 0.05，也说明量化有效。

我们可以利用这些信息创建一个关于收视率和推广时间公式。在这个公式中，我们可以用推广周数计算收视率。一般来说，我们称被计算的值（这里是收视率）为“因变量”，称用于计算的值（这里是推广周数）为“自变量”。

可用以下公式估计收视率：

收视率＝系数 × 推广周数＋截距

对于本例来说：

收视率＝2.29× 推广周数＋ 0.37

如果推广周数为 10，我们就能估计出收视率的置信区间的中值大约是 23.3。请注意，截距 P 相当随机，因此在本例中，为了便于解释，可以忽略截距值。我们可以只将推广周数乘 2.29，不再加截距值，一样拟合得很好。输出摘要表中的标准误差和 *t* 检验的值，可用于计算收视率的 90% 置信区间。如果我们在散点图上画出该公式对应的直线，结果如图 9.8 所示。

图 9.8 显示当两个数据集合存在相关性时，仍然有其他因素的影响，使得收视率并不完全拟合推广时间。将回归模型和控制实验结合起来，就可以明确是哪种因素影响结果。和 Excel 的简单函数相比，使用 Excel 回归向导的优点是可以做多元回归分析。也就是说，可以立刻同时计算好几个自变量的相关系数，例如，我们可以建立一个模型，让收视率和推广时间建立关系，还和季节、节目种类、目标受众等建立关系。每一个增加的变量都会有一个对应的系数，我们可以将它们命名为“变量 2 的系数”“变量 3 的系数”等，因此我们可以得到如下公式：

收视率 ＝ 变量 1 的系数 × 推广周数＋变量 2 的系数 × 目标受众的结果 ＋…… ＋截距

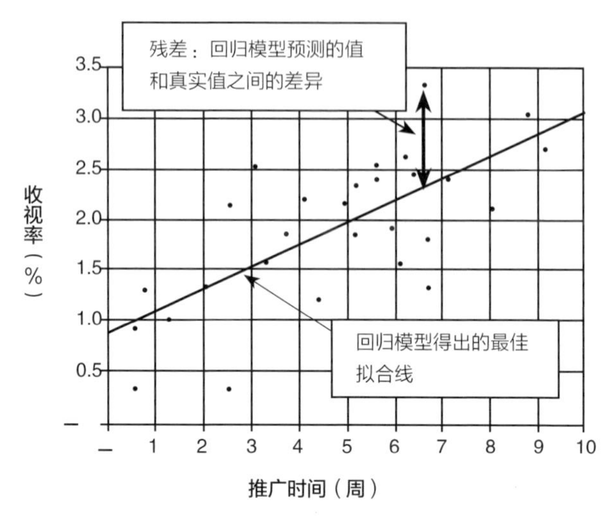

图 9.8　节目推广时间和收视率的关系

关于回归模型，你还要注意以下 3 点：

◎ 首先，相关关系不是因果关系。例如，如果教堂的捐赠数额和酒的销量相关，并不意味着牧师和酿酒行业有合谋，可能因为两者都受经济大环境的影响。如果你认为存在相关关系的两个变量可能存在因果关系，那么你必须拿出一些可靠的证据。

◎ 其次，我们应该看到这只是简单的线性回归，使用其他函数可能得到更加拟合的相关关系，比如平方函数、反比函数或乘积等，大家可以试试。

◎ 最后，运用多元回归模型时，需保证自变量彼此不相关。

什么时候才使用假设检验?

迄今为止，本书介绍的方法已经可以处理很多的量化难题了，这些方法在实践中可以很好地帮助决策者决策。决策者的目标是减少决策的不确定性，而仅仅通过更好地定义问题和使用简单的观测方法，就可以减少不确定性，尤其在不确定性较大的情况下。

接下来讨论的内容也很重要，例如我们还没有谈过统计学家 R. A. 费舍（R. A. Fischer）提出的“假设检验”。在假设检验中，我们根据“显著性”水平，判定某个论断是否为真。显著性水平是一个任意设置的值，以表示最大程度上可接受的概率。这令很多统计专业的学生感到惊讶，因为较高的显著性听起来更好，它降低了接受某论断为真的门槛。

如果某个值达到了事先任意确定的上限或下限，假设检验就认为某论断为真，否则就为假。所有实证科学中都这么做，包括药物检验。例如，假设一项测试有 1% 的显著性，而只靠概率是不能得到这个结果的，那我们就“接受假设”。当然，显著性水平可以是 5%、0.1% 或者其他任意的值。显著性水平因学科不同而不同，其与该学科文化传统的关系比与科学定律的关系更大。

可以将显著性检验应用于我们讨论过的任何一个量化方法，包括随机抽样、实验和回归。在客服质量培训实验的例子中我们计算过，测试组比控制组差的概率只有 1%。如果选择的显著性水平是 5%，就能接受“训练确实起作用”的假设。如果显著性水平是 0.5%，就只能拒绝假设。

该方法的批评者认为他们不需要任意设置的标准。他们认为不应该仅仅声称对任意设置的标准很有把握，而应该用计算出的概率说明把握有多大，就像我们在客服质量培训实验中所做的那样。虽然学习假设检验的相关方法对专业人士来说极具启发意义，但我还是倾向于做一个批判者。因为我们需要知道风险和收益各自的不确定性程度，因此需要各种值的范围，而不仅仅考虑显著性水平。不过如果读者希望自己的量化研究不仅能支持管理决策，而且还能在专业期刊上发表，那就需要精通假设检验。

迄今为止，我们已经讲解了待量化的对象是正态分布时的一些量化方法，也讲了一些不考虑分布状态的量化方法，但本章讲的所有方法都忽视了先验信息。鉴于先验信息可能给量化工作带来偏差。因此我们将学习另一种基本的、完全不同的量化方法，这种方法把所有量化过程都建立在先验信息之上。

第 10 章

贝叶斯方法：利用已知估算未知

> 当我们遇到新信息时，除了将它和已经知道的建立联系之外，我们别无选择，因为在我们的意识中已然没有多余的空间存储新信息，以使其不被现有信息“污染”。
>
> ——麻省理工学院　克利福德·科诺尔德

学生们在统计学课上通常会学到几个简化假设的方法，然而这些方法常常过于简单化，比如假设总体呈正态分布，这简直就是灾难性的错误。很多统计入门教材还会假设，你对总体的唯一认知就是样本，然而事实证明，这个假设几乎永远错误。

假设你想调查一项广告活动对最近的销售是否有影响。要量化广告活动对销售的贡献大小，就要对销售代表抽样。一个很简单的方法就是对所有销售团队抽样，以此得到一些信息。

量化之前，其实你已经知道了很多信息，比如当前季度广告对销售的影响、经济形势、怎样量化顾客的购买信心。常识告诉我们，这种先验信息应该起一些作用。

然而遗憾的是，虽然学了很多统计学知识，但你仍然不知道怎样利用先验信息。所有传统统计学都假设：

◎ 观测者对于被观测事物的可能取值范围，没有任何先验信息。

◎ 观测者即使承认其具有先验信息，也仅仅是认为总体分布形态应该呈正态分布。

然而，在现实生活中，1 假设几乎都不成立，2 假设往往也不成立。

我们把和先验信息相关的统计称为“贝叶斯统计”（Bayesian statistics）。这一方法的发明者托马斯·贝叶斯（Thomas Bayes）是 18 世纪的英国数学家和神父，他对统计学贡献最大的论著直到其死后才得以出版。

贝叶斯统计处理的是怎样用“后验信息”更新先验信息的问题。其始于现有知识，然后考虑“后验信息”对现有知识带来多少改变。绝大多数统计学教材里讲的抽样都不属于贝叶斯统计。

与此同时，绝大多数统计学家都假定，所要量化的值的概率分布大致呈正态分布。换句话说，传统统计学假定：你不知道实际上事先已经知道的，却知道实际上事先不知道的东西。

贝叶斯统计是第 9 章中一些图表的基础。例如，在总体均衡抽样（图 9.2）中，先验信息认为样本在群体中的分布是 0% ～ 100% 的均匀分布，而非之前假定的我们一开始什么都不知道。在图 9.5 中，先验信息假定总体中值在阈值两边的概率分别是 50%。

在这两个例子中，开始时我都把不确定性最大化，这也叫作“稳健的贝叶斯方法”，因为它会将先验信息的作用最小化。但当我们开始使用先验信息时，才是贝叶斯统计真正发挥作用的时候。

贝叶斯定理：若 A 发生，则 B 发生的可能性多大？

简单地说，贝叶斯定理处理的是概率和条件概率的关系问题。条件概率是指在特定条件下某事件发生的概率。我将介绍概率的基本概念和贝叶斯定理。这不是概率理论基本定理的完整列表，也不是所有可能有用的定理的完整列表。但是，读完这一章就足够了。

1. 如何表述“概率”。

P（A）=A 发生的概率。P（A）必须是 0 到 1 之间的某个值（含 0 和 1）。

P（~A）=A 不发生的概率。符号“~”代表“不”“不是”或者“不会”。

如果 P（下雨）代表某一特定时间和地点下雨的概率，那么，P（~下雨）则是该时间和地点不下雨的概率。

2. 条件概率：如何表述“视情况而定”。

P（A|B）=B 发生时，A 发生的条件概率。

例如：P（车祸|下雨）表示某天某司机在下雨时发生车祸的概率。

3. 某物必须为真，但矛盾的事物不能同时为真。

所有相互排斥的、集中穷尽的事件或状态的概率之和必须为 1。

如果只有两种可能的结果，比如 A 或非 A，那么：

$$P(A)+P(\sim A)=1$$

例如，天要么下雨，要么不下雨。它必须是这个或另一个，不可能两者都是。

4. 某事物的概率是其条件概率的加权和。

我们可以将第 3 条规则引申到基于它可能发生的所有条件以及每种条件的概率来计算概率。

$$P(A)=P(A|B)P(B)+P(A|\sim B)P(\sim B)$$

例如，在汽车旅行中，下雨对发生车祸的概率有一定的影响。某人在某次旅行中发生车祸的概率是：

P（车祸）=P（车祸|下雨）P（下雨）+P（车祸|～下雨）P（～下雨）

5. 贝叶斯定理：如何反演条件概率（例如，从P（B|A）计算P（A|B））。

$$P(A|B)=P(A)P(B|A)/P(B)$$

根据第3条规则计算P（B），这种形式被称为贝叶斯的一般形式。如果我们只考虑P（B）的两个条件，那么第4条规则允许我们替换P（B），因此：

$$P(A|B)=P(A)P(B|A)/[P(B|A)P(A)+P(B|\sim A)P(\sim A)]$$

下面是一些使用这些概念的例子，它们会涉及简单的代数运算。我已经尽可能使示例简单，但你可以凭自己的喜好进行选择。你既可以详尽地通读以下示例，也可以简单地照着第10章的强力工具来做，这些工具可以从本书同名的网站上下载。

无论你自己解不解数学题，对于这一小节中的每个问题，你都可以使用“简单贝叶斯反演计算器”这个工具来确认结果。如图10.1所示，要使用这一工具，你只需输入以下内容：

1. 你想要计算的概率的名称（例如，“药物有效”或“产品成功”）。
2. 观测相关结果的名称，它可以让人们知道正在探讨的具体问题（例如，“试验阳性”或“市场测试成功”）。
3. 正在探讨中的断言为真的概率（例如，P（药物有效）=20%）。

4. 假设断言正确时得到特定结果的概率（例如，P（试验阳性 | 药物有效）= 85%）。

5. 在断言不正确的情况下得到特定结果的概率（例如，P（试验阳性 |~ 药物有效）= 5%）。

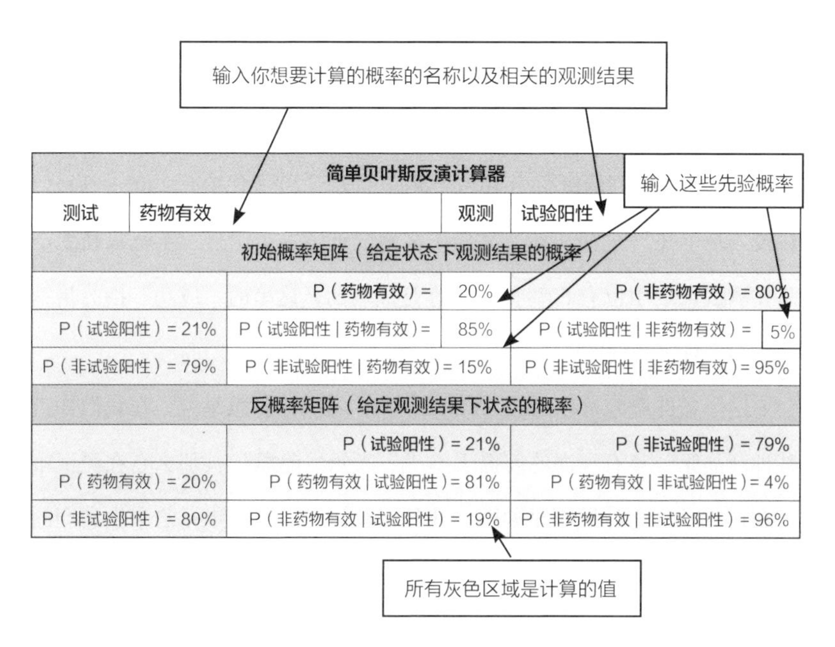

图 10.1 简单贝叶斯反演计算器示例 *

* 可从网站 www.howtomeasureanything.com 中下载。

请注意，你输入的概率都在“初始概率矩阵”之中。该矩阵用来展示你观测的相关结果的所有可见组合以及断言是否正确的所有组合。在这个简单的例子中，观测结果要么可见，要么不可见，断言要么是对的，要么是错的，所以我们就得到了一个 2 × 2 的矩阵。你想要的答案在“反演概率矩阵”能够计算得出。它是另一个 2 × 2 矩阵，显示了在特定观测结果的条件下，断言正确的组合。这种类型的代数运算被称为“贝叶斯反演”，你一旦开始使用就会发现它在许多其他领域都适用。对于像艾米丽、恩里科和埃拉托色尼这样容易看到量化问题的人来说，这是一个非常方便的计算。现在我们来看几个例子。

示例一：新产品的市场测试

假设我们正在考虑是否发布一种新产品。历史数据显示，新产品推出的第一年就赢利的概率为 40%，我们可以写成 P（FYP）= 40%。通常，在投入全面生产之前，新产品会先在测试市场发布。第一年就赢利的产品在测试市场中也有 80% 的可能性是成功的，这里的“成功”指的是销量达到了特定的阈值。

这个条件概率可以写成 P（S | FYP）= 80%，意思是说，在我们知道某种产品第一年有利润的前提下（“|”表示“前提”），那么它在测试市场获得成功的条件概率是 80%。此外，在新产品第一年无法产生利润的情况下，测试成功的概率可以表示成 P（S | ~FYP）= 30%。

但我们也许对在第一年就赢利的情况下市场测试成功的概率没那么感兴趣，我们真正想知道的是新产品在市场测试成功时，第一年赢利的概率。市场测试可以提供一些有用信息，以便我们决定是否要继续开发新产品。这就是贝叶斯定理的作用。在这个例子中，为了应用贝叶斯公式，我们定义以下符号：

◎ P（FYP）是产品在第一年就赢利的概率。根据历史经验，我们的校准专家估计这个概率为 40%。

◎ P（S | FYP）是产品在第一年就赢利的前提下，成功通过市场测试的概率。这个概率估计为 80%。

◎ P（S | ~FYP）是产品在第一年不赢利的前提下，成功通过市场测试的概率。这个概率估计为 30%。

要继续使用强力工具，首先在“要证明或测试的东西”的单元格中输入“FYP”，在“观测”中输入“S”。然后在相应单元格中输入上面提到的 P（FYP）、P（S | FYP）和 P（S | ~FYP）的值。运用表 10.1 中的第 4 条规则，你可以很简单地通过工具计算出市场测试成功的概率为 50%。这就是我们在单元格 P（S）中看到的答案。计算方法如下：

$$P(S) = P(S|FYP)\,P(FYP) + P(S|{\sim}FYP)\,P({\sim}FYP) = 80\% \times 40\% + 30\% \times 60\% = 50\%$$

现在我们可以计算市场测试的结果如何影响第一年赢利的概率。为了计算在市场测试成功的条件下第一年赢利的概率，我们使用贝叶斯定理对已知的概率建立一个方程：

$$P(FYP|S) = P(FYP)\,P(S|FYP)\,/P(S) = 40\% \times 80\%/50\% = 64\%$$

也就是说，如果市场测试成功，第一年赢利的概率是 64%。如果市场测试不成功，我们还可以通过改变上述公式中的两个数字，计算出第一年赢利的概率。既然赢利产品在市场测试中成功的概率是 80%，那么

不成功的概率就是 20%，我们可以把它写成 P（~S | FYP）= 20%。与此类似，如果不论产品赢利与否，市场测试成功的概率是 50%，那么不成功的概率就是 P（~S）= 50%。用 P（~S | FYP）和 P（~S）替换贝叶斯定理中的 P（S | FYP）和 P（S），可以得到：

$$P(FYP \mid \sim S) = P(FYP)\ P(\sim S \mid FYP)\ /\ P(\sim S) = 40\% \times 20\% / 50\% = 16\%$$

也就是说，如果市场测试失败，那么新产品在第一年赢利的概率只有 16%。如果你使用强力工具，就可以在标记为 P（FYP | S）和 P（FYP | ~S）的单元格中看到相同的答案。

总结一下，在没有市场测试的情况下，产品第一年赢利的概率为 40%。在有市场测试的情况下，测试成功后第一年赢利的概率为 64%，测试失败后第一年赢利的概率为 16%。

现在，你可能想知道为什么我们选择首先估计 P（FYP）、P（S | FYP）和 P（S | ~FYP）而不是其他一些变量。如果你发现首先估计 P（FYP | S）、P（FYP | ~S）和 P（S）比较容易，那么你当然可以从 P（FYP）和其他变量开始计算。在该工具中，你只需在相应位置输入不同的值，直到你在计算单元格中看到自己的目标值为止。贝叶斯反演的目的和一般的应用数学是一样的：给你一条路径，让你从解决看起来容易量化的问题到解决你认为难以量化的问题。

示例二：艾米丽的抚触疗法实验

前一章所提到的显著性检验这样的工具虽然被广泛使用，但它不同于计算某效应存在的概率或我们是否需要做什么决策的断言。例如，新药的临床试验通常不计算新药有效的概率，试验人员会假设新药无效，然后计算观察到的数据偶然出现的概率。

举个例子，让我们看看艾米丽·罗莎实验的假设替代结果。这是一个与事实相反的结果，抚触治疗师和他们在实际实验中既一样幸运，又一样不幸运（也就是说，治疗师对的次数，比他们猜对的次数的一半多了 17 次，而不是少了 17 次）。针对这样的结果，我们是否应该得出抚触疗法真的有效的结论呢？

回想一下，我们决定了实验的假设替代结果中的 p 值。在这个案例中，p 值是在假设抚触疗法无效的情况下，从 280 次试验中得到 157 次以上的正确答案的概率，它是 0.024。

让我们将观察结果称为“数据”，将 p 值表示成 P（数据 | ~TT），将目标值抚触疗法有效的概率表示成 P（TT | 数据）。当我们在评估例如是否在医院、卫生保健组织或病人身上花钱这样的决策时，就需要考虑以上这种概率。

我们可以处理程度上的问题，比如抚触疗法的效果如何，或者数据是正面的还是负面的。使这个例子简单化的方法就是只观察其二元结果。我们假设数据是正面的或者负面的，抚触疗法则相应为有效或无效。结合概率规则，我们可以使用下页的替代得到 P（TT | 数据）。

把所有这些替代放入一个大公式，P（TT）在结果中就抵消掉了。我们最后还要乘和除以 P（数据），以便我们可以划掉除数中剩下的 P（数据）。

艾米丽实验中的替代

规则 5（贝叶斯定理）：P（~TT | 数据）= P（~TT）P（数据 | TT）/ P（数据）

规则 3：P（TT | 数据）= 1 − P（~TT | 数据）

再次运用贝叶斯定理：P（数据 |TT）= P（数据）P（TT | 数据）/ P（TT）

再次运用贝叶斯定理：P（TT | 数据）= P（TT）P（数据 | TT）/ P（数据）

在去掉这些无关的条件后，我们得出：

P（TT | 数据）= 1 − P（~TT）P（数据 | ~TT）/ P（数据）

因此，为了在我们得到的 P（TT | 数据）下确定抚触疗法有效的概率，我们必须事先确定接触疗法无效时观测到相关数据的概率。我可以使用规则 3 和规则 4 对 P（~TT）和 P（数据）分别进行进一步替代，不过你应该已经明白了。仅通过 P 值（即 P（数据 | ~TT）），无法得到 P（TT | 数据）。我们必须事先确定抚触疗法有效和无效时观测到不同数据的可能性。

决策者应当考虑到，抚触疗法没有任何已知的生理或物理机制支持，事实上它还与生理和物理有相矛盾之处。然而，它仍然存在有效的可能性，只是其背后的机制尚未被发现。

即使抚触疗法是一种幻觉，和我们大多数人一样，患者和治疗师也很容易轻易相信它确实有效。同样，安慰剂效应就是真实而强大的，许多个世纪以来一直愚弄着各色各样的康复者。当许多人相信它是有效的而不管相反的证据时，它就好像成了一个既定事实。

艾米丽的实验结果再次有力地证明了抚触疗法是错误的。如果治疗师的猜测结果并不比抛硬币好，而且如果抚触疗法真的有效，那么他们猜得差，一定是极不走运的。然而，相反的事实表明，结果可能会有所不同，并为意见分歧留下更多空间。因此，如果我们必须确定P（TT | 数据），就不得不假设先验的概率。如果决策者不知道抚触疗法没有物理或生理基础，那么先验的概率可能是P（TT）= 0.5。在决策者了解物理和生理学的情况下，哪怕只给抚触疗法百分之一的成功机会，也是慷慨的。

让我们将问题简化后再计算概率：我们只考虑显著性测试的“通过/未通过”结果（即我们暂时忽略实际上有多少数据通过或未通过测试）。如果抚触疗法有效的先验概率只有1%，而实验却在0.05的显著性水平上“证实”了它，那么我们真正需要的答案是什么呢？我们可以证明，治疗师需要在280次猜测中至少猜对155次，才能通过0.05的显著性测试。这需要使用函数binomdist（），稍后将对此进行解释。

我们还必须计算出P（数据 | TT），即在抚触疗法有效的条件下，治疗师通过显著性测试的概率。我们可以用一个相对宽容的标准，假如抚触疗法有效，治疗师仍然只有65%的概率正确检测到疾病先兆。如果是这样，几乎可以肯定（99.97%的概率）他们将在280次试验中通过0.05的显著性测试。

让我们使用“S”指代“通过显著性测试”，以便我们将“如果抚触疗法有效（以65%的准确率检测到疾病的先兆），则治疗师将通过显著

性测试”的概率写成 P（S | TT）= 0.9997。我们使用先验概率 P（TT）= 0.01，鉴于抚触疗法通过显著性的概率并不比偶然性更好，根据定义，P（S | ~TT）的显著性水平为 0.05。将这些值输入到我们的贝叶斯计算器中，可以得到：

$$P(TT|S)$$
$$=P(TT)P(S|TT)/[P(S|TT)P(TT)+P(S|\sim TT)P(\sim TT)]$$
$$=(0.01)(0.9997)/[(0.9997)(0.01)+(0.05)(0.99)]$$
$$=0.17$$

这意味着，即使有一个支持抚触疗法有效的“显著”结果，通过我们先前的假设和随后的计算表明，抚触疗法有效的概率仍然只有 17%。根据先验概率，通过显著性测试的概率很小，很有可能只是一次随机的侥幸。

假如有人做了大量研究，试图量化人格特征与社会保险号码的后三位数字之间的关系，那么根据定义，5% 的人将通过显著性测试，即使我们知道这两者之间不可能存在关系。假如先验的 P（TT）足足有 50%，而艾米丽得到了治疗师很幸运的正面结果，那么 P（TT | 数据）将等于 95%。然而，由于实际结果和治疗师的运气一样糟糕，即使我们的先验概率是 50%，P（TT | 数据）也非常接近于零。

简单贝叶斯反演计算器的电子表格还可以回答另一个重要的问题。它允许用户在一个矩阵中输入一组简单的回报，以确定附加信息的价值。你可以输入诸如“如果你赌抚触疗法有效，那么成功你会赢得什么，失败你会输掉什么”。

如果政府的医疗保健系统正在考虑支持抚触疗法，那么可能会有 10 亿美元或更多的资金危如累卵。我们不仅需要考虑治疗师多年的薪水，还需要考虑放弃该疗法的成本以及该疗法相对于其他疗法的好处。

你可以在单元格中填入假设的值，但你可能会发现，几乎在所有情况下，即使艾米丽得到了假设的正面结果，附加信息的价值也会非常高。换句话说，我们将不得不进行更加严肃的研究，而不仅仅是考虑问题的解决。

揭开神秘之瓮的面纱

如果你回想一下第 3 章中神秘之瓮的问题，可能会发现答案是违反直觉的。尽管如此，这也是用贝叶斯定理得到的一个完全正确的结果。基于假设最大先验不确定性的大小，这是一个简单的“总体比例”的抽样问题。

在总体比例中，最大的不确定性的范围是均匀分布的 0% 到 100%——这是我们在对任何的瓮采样之前默认的范围。我们取出一颗绿色的弹珠，单是基于这一点，我们就能确定有 75% 的概率瓮中的大部分弹珠是绿色的。现在让我们来看看，我们是如何得出一个很多人认为违反了直觉的答案的。

我们不是问“如果随机取出的弹珠是绿色的，那么瓮中大部分弹珠是绿色的概率是多少？”相反，我们问一个简单得多的问题，然后看看如何用贝叶斯定理来解决第一个问题。

我们以同样的方式解决了市场测试的问题，现在可以问一些类似这样的问题：“如果瓮中 61% 的弹珠是绿色的，那么我们取出绿色弹珠的概率有多大？”这个问题就很简单。如果 61% 的弹珠是绿色的，取出绿色弹珠的概率就是 61%；如果 85% 的弹珠是绿色的，概率就是 85%，以此类推。在第一次抽取之前，我们的概率分布是均匀的。直观上，取出的弹珠大多数是绿色的有 50% 的概率，那么就有 50% 的概率你会取出绿色的弹珠。因为它们是相等的，因此在贝叶斯定理中，P（MG）和 P（DG）可以抵消掉。所以，在这种情况下，很容易看出，“如果取出一颗弹珠是绿色（DG），那么取出的大多数弹珠是绿色（MG）”的概率，与“如果大多数弹珠是绿色，那么取出一颗弹珠是绿色”的概率是相同的，或者这样表述：

$$P(MG \mid DG) = P(DG \mid MG)\,P(MG) \,/\, P(DG) = P(DG \mid MG)$$

如果大多数弹珠是绿色的，并且分布是均匀的，那么使用规则 4 可以得到，当我们知道大多数弹珠是绿色时，绿色的加权平均百分比是 75%，即 P（DG | MG）= 75%。既然我们也确定了 P（MG | DG）= P（DG | MG），那么 P（MG | DG）= 75% 必定正确。

我们甚至可以继续抽样，进一步完善对大多数弹珠的估计。图 10.2 展示了前五个样本如何进一步减少大多数弹珠颜色的不确定性。记住，神秘之瓮不只是一个纯粹的抽象游戏，它是许多量化问题的一个类比。在这个例子中，很少有关于总体比例的样本如何减少阈值的不确定性——在此案例中，阈值是 50% 的总体比例。你可以登录本书同名网站下载第 10 章的示例，以了解这个图中的数据是怎么计算的，在本章后面的内容中，我们将更详细地讨论如何解决像这样更复杂也更现实的问题。

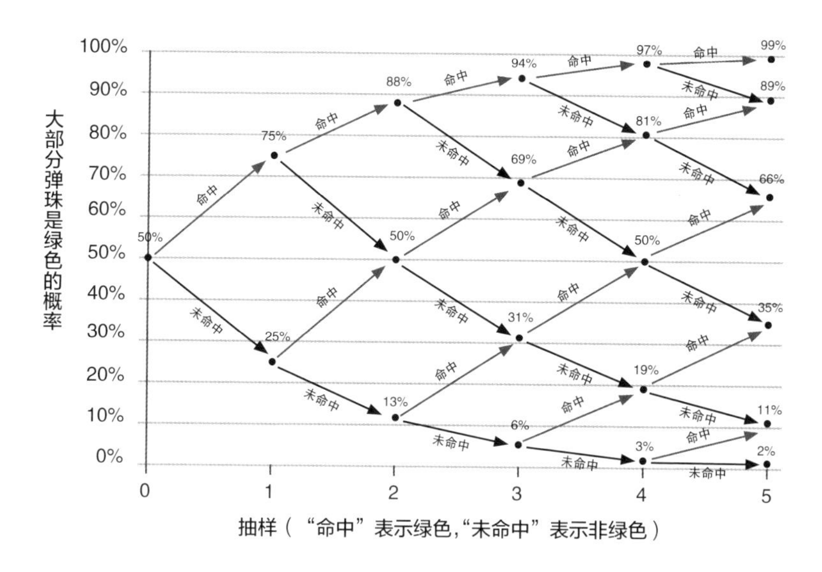

图 10.2 鉴于前五个样本，大多数弹珠是绿色的概率*

* 可从本书同名网站下载。

使用你天生的贝叶斯本能：用新信息更新旧信息

你可能和你的销售团队一起工作了很长时间，因此对鲍勃的乐观、曼纽尔的理性以及莫妮卡的小心谨慎都有了一定的认识，与刚参加销售工作的同事相比，你对他们的了解更多。统计学怎样把你的这种信息纳入统计？这是很多人不知该如何处理的情况。

有一种方法可以很简单地处理这种信息，实际上它和吉利豆例子中的主观估计差不多。我们把这种方法叫作“本能的贝叶斯方法”(Instinctive Bayesian Approach)。它的特点如下：

◎ 始于经过校准的估计。

◎ 收集附加信息（民意测验，阅读其他研究报告等）。

◎ 更新主观估计，而不需要做任何计算。

当人们用新信息更新他们的先验信息时，其方式基本上都是贝叶斯式的。1995 年，加州理工学院行为心理学专家马哈茂德·A. 埃尔 - 贾迈勒（Mahmoud A. El-Gamal）和戴维·M. 格雷特（David M. Grether）研究了人们在估计概率时，是怎样考虑先验信息和新信息的关系的。

他们做了一个这样的实验：在两个类似宾果游戏里的移动筐中放入标着字母 N 或 G 的球。一个筐中的 N 球多于 G 球，而另一个框中的 N 球和 G 球数量相等。实验者从筐中拿出 6 个球，告诉学生每种球的数量，并让他们猜测球是从哪个筐中拿出来的。有 257 名学生参加了这个实验。如果一个学生得知 6 个球中有 5 个 N 球，只有 1 个 G 球，就会倾向于认为是从 N 球多于 G 球的筐中拿出来的。但如果实验者在每次拿出 6 个球之前，先告诉他们选择某筐的概率是 1/3、1/2 或者 2/3，则学生们的答案就是基于本能的贝叶斯方法了，不过他们仍然会高估新信息的价值、低估先验信息的价值。换句话说，他们具有贝叶斯倾向，但并不是完美的贝叶斯主义者。

他们不是完美的贝叶斯主义者，因为当他们获得新信息时，也有一种忽视先验信息的倾向。假设我告诉你，一间大屋子里有 95 名刑事律师和 5 名儿科医生，我从中随机抽出一个人，并告诉你这个人的一些信息，比如他或她叫珍妮特，喜欢科学和孩子。那么，珍妮特更像律师还是儿科医生呢？绝大多数人会说珍妮特是儿科医生。

然而在这个假设中，即使只有 10% 的律师既喜欢科学，又喜欢孩子，那么喜欢两者的律师人数也超过了儿科医生，因此，珍妮特更有可能是律师。处理新信息时忽视先验概率是人们常犯的错误。有两种方法可以防范这个错误：

- ◎ 脑子里始终想着先验概率有助于解决难题，更重要的是，应尽量明确地估计每一个概率和条件概率，并尝试找到一个前后一致的值的集合。
- ◎ 我还发现经过校准的评估者评估的结果更接近贝叶斯方法得出的结果。人们对大多数难题可能都过于自信，但一个经过校准的评估者具有基本的贝叶斯本能，不会过于自信。

我建立的好几个模型都包括了经校准的评估者的条件概率分析。2006 年，我和几个在某政府部门工作的评估者谈话，并问了他们以下 5 个问题：

A. 4 年后民主党人当选总统的概率是多少？

B. 如果民主党人当选总统，4 年后你的预算提高的概率是多少？

C. 如果共和党人当选总统，4 年后你的预算提高的概率是多少？

D. 4 年后你的预算提高的概率是多少？

E. 假设你在某种程度上可以预见你 4 年后的预算，如果预算提高，民主党人当选总统的概率是多少？

具有贝叶斯本能的人会用贝叶斯公式回答这些问题。如果一个人对问题 A 到 C 的回答分别是 55%、60% 和 40%，那么对问题 D 和 E 的回答肯定分别是 51% 和 64.7%，这样前后才一致。因为问题 D 的答案肯定是 A × B + (1 − A) × C。严格来说，这不是因为使用了贝叶斯方法，而是因为正确地考虑了条件概率。换句话说，事件 A 发生的概率，等于某些条件发生的概率乘在该条件下事件 A 发生的概率，再加上这些条件没有发生的概率乘相应的事件 A 发生的概率。而且问题 A、B、D 和 E 的答案，还应该存在 B = D / A × E 这样的关系。

绝大多数经过校准的评估者会给出相当接近的答案。如果决策者们对问题 A、B 和 C 的回答分别是 55%、70% 和 40%，且对问题 D 和 E 的回答分别是 50% 和 75%，这就比较合理，因为逻辑上要求 D 的值是 56.5%，E 的值是 68.1%。图 10.3 比较了主观估计和用贝叶斯公式计算出的结果。

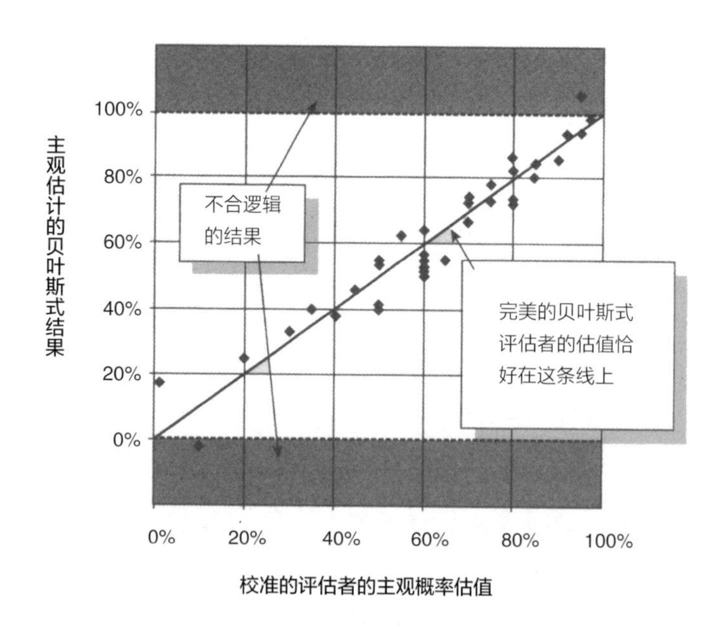

图 10.3 经校准的评估者估计的主观概率值和贝叶斯值的比较

请注意，如果点 D 和点 E 的贝叶斯值落在白色区间之外，那就和其他值（A、B、C）不一致了，因为这明显不合逻辑。经校准的评估者主观估计时，尽管没有意识到逻辑上的不一致，但绝大多数情况下，他们估计出的结果会接近于贝叶斯值。

在实践中，我使用“贝叶斯校正”对主观估计的条件概率校正，以保持各种估值的内在一致性。我对评估者说明，对一些问题的贝叶斯式回答可能会有其他答案，然后他们会校正答案，直到所有主观概率保持内在一致为止。

贝叶斯校正需正确地加上条件概率。例如，假设你觉得今年工厂发生严重事故导致停工超过 1 小时的概率是 30%。如果详细调查之后发现，不发生事故的概率是 80%，这种情况下，发生严重事故的概率是 10%。但如果发生事故，那么发生严重事故的概率是 50%。用加权平均法计算严重事故的概率，就得到 80% × 10% ＋ 20% × 50% = 18%，而不是 30%，因此需要通盘考虑。

一旦把事先未考虑到的先验概率考虑进去，人们在进行新信息和旧信息的整合评估时，就会显得很有逻辑。例如，如果想预测一项新政策能否改变公共形象，你可以量化客户抱怨是否减少、利润是否增加等。经过校准的评估者会根据其他公司的相似政策、受众群体的反馈信息更新现有的知识体系。具有贝叶斯本能的经过校准的评估者可以综合考虑他所具备的信息，而这是绝大多数教科书根本没讲到的。

试着考虑这个问题：你公司的利润第二年会提高吗？请说出你经过校准后的答案，然后你再问两三个了解这一问题的人，不仅仅要了解他们的观点，还要请他们解释原因。最后，你再评估公司第二年利润提高的概率，综合新信息后，你能作出更理性的判断，即使新信息是定性信息也如此。

图 10.4 显示了经过校准的评估者和其他 3 组的比较，这些经过校准的评估者基本上是本能的贝叶斯人，他们不会过于自信也不会过于不自信。其他 3 组分别是：非贝叶斯式的统计者，如 *t* 检验的忠实粉丝、未经校准的评估者、纯粹的贝叶斯式评估者。

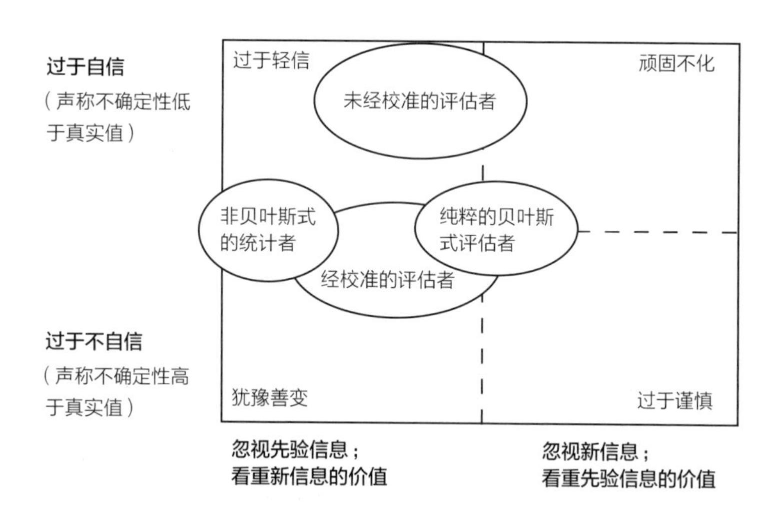

图 10.4　按信心和对信息的重视程度分类

图 10.4 是一个概念图，图的纵轴是信心程度，这是将人们的估计结果和真实结果进行比较得到的，横轴是人们忽视或重视先验信息的程度。

本能的贝叶斯方法也许会让客观量化方法的铁杆支持者产生焦虑，但完全没有必要，因为：

第一，我已经让大家看到，经过校准的评估者的主观估计通常更加理智。

第二，本能的贝叶斯方法主要用于客观方法无法解决的情况。

第三，人们在决策中其实一直使用这种方法，只是没有意识到而已。比如阅读了一篇预测房地产市场疲软的文章之后，人们的房屋买卖决策就会受到影响。但人们并没有对文章中提供的数据做研究，而且文章当中可能也没有提供这类数据。人们可能对文章当中的数据，例如价格列表做了新评估，虽然不够客观，但这就是本能的贝叶斯方法的具体运用。

本能的贝叶斯方法引起了人们的偏见。为了消除偏见，也为了消除在运用中的顾虑，我们可以对其进行必要的把控：

依据不偏不倚的判断 如果部门领导的预算会受研究结果的影响，那么就不应依据他的评估做决策。

使用盲测 给人们"蒙上眼睛"后再提供信息让其评估，可能会得出更公正的结果。如果群体对某一新产品存在看法，则可以隐去新产品的名字，然后测试人们的反应，以此判断是否应推出新产品。

单独评估 这一原则和盲测原则结合更有效。让评估者评估某一定性信息，然后把这些信息给另一个评估者，最终可得出贝叶斯式结果。

校正贝叶斯式的结果 让评判者先报告他们对判断的确定程度，

然后应用贝叶斯校正。当可以得到真实数据时，则只需用贝叶斯公式，而且也无须参考主观判断。

异构标杆法：类比评估

在第 9 章吉利豆抽样的例子中，评估者可能对质量没有概念，例如一位评估者说："我不知道一颗吉利豆多大。"另一个人说："我对小东西的质量没有任何感觉。"

我说过一张名片大约重 1 克、一毛钱的硬币重 2.3 克、一个大纸夹重 1 克。知道这些后，是否会大为缩小你的估值范围呢？对那些一开始给出很大范围的人来说确实如此。有一个人给出的吉利豆质量上限是 20 克，听到这些后立刻把上限减小为 3 克。事实证明，提供这些信息确实有作用，因为人们会本能地做出贝叶斯式的估计，尤其经过校准的评估者更是这样，他们会相当理智地用新信息更新先验信息。

我把这种与被测事物不同但有关的事物作为基准，以此更新先验信息的方法，称为异构标杆法（Heterogeneous Benchmark），即告知评估者其他数据，然后评估者以此为标杆，评估不确定性。即使提供的数据和评估的数量相关性很小，也没有关系，比如，我们可以通过了解其他产品或竞争对手的相似产品来评估新产品的销量。当人们觉得他们对某个量没有任何概念时，仅仅告诉他们测量的单位和数值，就能提供巨大帮助。如果你要评估新产品在新城市的市场容量，那么知道该产品在其他城市的市场容量将很有帮助，哪怕仅仅知道不同城市的相对经济规模，也是很有帮助的。

在最初不确定性极高的情况下，异构标杆法是一种理想而简单的量化方法。我们可以将该方法应用于以下案例中：

◎ 黑客偷走客户的信用卡和社会保险信息。

◎ 无意中将个人的医疗信息泄露给公众。

◎ 产品大召回。

◎ 化工厂发生大灾难。

◎ 公司发生丑闻。

在第 4 章介绍的退伍军人事务部的安全项目中，我陈述了如何对不同的安全风险进行建模并评估其范围和概率。但信息技术安全工作人员觉得不可量化的事物太多，其中典型的不可量化之物就是某些灾难性事件的无形损失。

皮特·蒂皮特（Peter Tippett）对此感受颇深。他写出了世界上第一个防病毒软件，并靠这个获得了硕士和博士学位，这让他的同学目瞪口呆。他的发明不久就变成了诺顿防病毒软件（Norton Antivirus）。之后，蒂皮特开始从事量化研究，他为数百家组织量化过各种安全风险。他声称安全是可以用金钱衡量的，我相信你会同意他的说法，但很多在信息技术安全行业工作的员工认为安全是不可能量化的。

蒂皮特发现人们的思维往往是“如果……那岂不是很可怕？”，在这种思维框架中，信息技术安全专家设想可能发生某种特殊的大灾难事件，他们必须不惜一切代价避免它，而不考虑其发生概率有多小。蒂皮特观察到：由于每个领域都有一个“如果……那岂不是很可怕？”的问题，因此人们认为所有事情都要处理，而根本没有轻重主次的概念。他想起一个具体例子：一家《财富》前 20 强的公司的信息技术安全主管想花费上亿美元同时开发 35 个项目。首席执行官想知道哪个项目比较重要，然而谁也回答不上来。

蒂皮特遇到另一个关于品牌损害的例子。安全专家说有些东西很敏感，例如健康维持组织的私人医疗记录，或者信用卡数据，而且它们都有可能被黑客破坏和获取。然后安全专家会进一步指出，如果大众知道发生了这种事情，就会给公司品牌带来损害，因此无论代价多高，概率多小，也要避免发生。由于品牌损害造成的损失和发生的概率不能被量化，因此专家强调，防范每一种灾难都和投资一样重要，而且这是必要的投资。

但蒂皮特认为，品牌损害问题不应该凌驾于其他问题之上。他设计了一种方法，将假想的品牌损害和造成已知损失的真实事件比较。例如他会问，如果公司的电子邮件系统一小时不能工作，这会造成多大损害？

美国信息安全技术供应商 Cybertrust 公司对客户资料丢失的案例进行了详细研究，该公司请首席执行官和公众都评估了品牌损失的价值，并和公司市值损失进行了对比。通过调查和比较，蒂皮特确定，客户资料丢失造成的品牌损害，不比把备份磁带放错地方所造成的损失更严重。

和其他基准做过几次比较后，就能大概知道不同类型灾难的损害规模，品牌损害所造成的损失比一些事情严重，但比另一些事情轻。我们可以结合发生相应类型损失的概率来考虑，以计算“期望”损失。

我们不能过于强调事先的不确定性，对于企业的品牌损失到底多大，我们也不能停留在不确定状态。在蒂皮特研究之前，我们可能对这种损失根本没有概念，现在至少对此有所感觉，我们可以区分减少不同安全危险的价值。

也许某些客户仍然坚持认为，任何观察都不能减少不确定性。品牌损害的不确定性如此之高，哪怕多一点点了解，我们都可以减少不确定性，这就是量化。

异构标杆法不仅可以量化品牌损害，而且可以量化各投资项目的轻重缓急。实际上，该方法可以应用于所有这类事情，以减少负面因素的影响。设置基准是一种很实用的方法，因为它可以提高我们对量化尺度的把握，当量化难题不确定性极高，以至于看似不可量化时更是如此。

如果你觉得这种方法过于主观，那就想想量化目标吧。除了感觉和洞察力，还能怎样量化品牌损害呢？请记住我们不是在量化物理现象，而是人的意见，因此量化品牌损害的出发点就是理解品牌损害的概念。这是对公众心理的研究，评估公众心理当然应该询问公众。当然，你也可以在销售和股价下跌后，间接观察公众是怎么花钱的。两种方法都是量化。

贝叶斯反演法：如果 X 为真，如何看到这一点？

本书的很多图表都是用贝叶斯反演制作的。对于统计和测量中的绝大多数难题，我们都会问：如果 X 为真，我看到这一点的概率是多少？但实际上，我们更容易回答这样的问题：如果 X 为真，我如何能看到这一点？贝叶斯反演可以让我们回答第二个问题，进而也回答了第一个问题。一般来说，第二个问题容易回答得多。

假设我们经营着一个汽车零部件商店，由于当地经济和交通路况发生了变化，我们想量化有百分之多少的顾客第二年还在附近。由于本地区的零售状况总体紧缩，我们校准评估的 90% 的置信区间是，第二年还会光顾的顾客比例为 35% ～ 75%。我们决定如果该值低于 73%，就得推迟扩张。我们还决定，如果该值低于 50%，就必须搬迁至交通流量高的地区。

我们使用第 7 章的预期机会损失（EOL）法计算了该信息的价值大大超过 500 000 美元，因此值得进一步量化，当然，我们希望调查的费用越少越好。

首先，我们抽样了 20 个顾客，看看能从中得到多少信息。如果在 20 个顾客中有 14 个说他们第二年还在本地，那么如何据此修改我们的 90% 置信区间呢？请记住在计算时，典型的非贝叶斯方法不会考虑以前的范围。让我们先看看结果如何，如图 10.6 所示。对于顾客第二年还有多少比例留在本地，该图显示了 3 种不同的分布，这看起来和正态分布有些类似，但又有明显不同。和正态分布类似的是，真实的结果出现在每个分布中间的概率更大，而在尾端的概率较小，但也不是没有可能；每个曲线下方的总面积都是 1，也就是曲线下方的面积包含全部 100% 可能的结果。

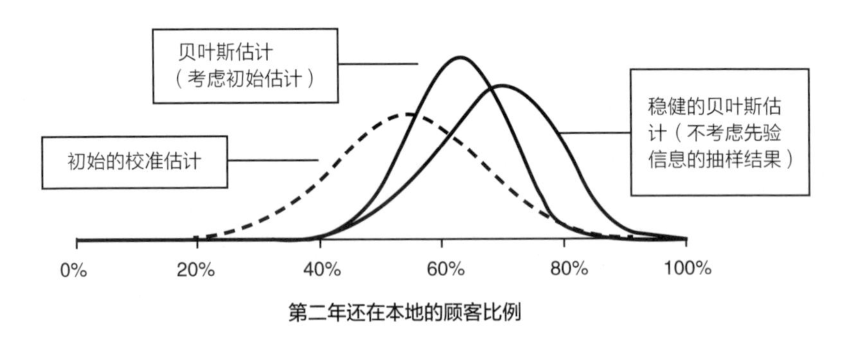

图 10.6　初始的校准估计、贝叶斯估计、稳健的贝叶斯估计之间的比较

对于图 10.6 中的 3 个分布，下面做一些更详细的解释：

◎ 最左边的分布是基于我们最初的校准估计得出的，此时没有进行任何抽样，这是不确定的先验状态，其概率分布为正态，第二年仍在本地的顾客比例的 90% 置信区间是 35% ～ 75%。

◎ 最右边的分布是基于抽样结果的分布，而且没有考虑任何先验信息，其值当然在 0% ～ 100% 之间，这也称为稳健的贝叶斯分布。

◎ 中间的分布是既考虑先验信息，也考虑抽样结果的贝叶斯分析结果，也就是既考虑到校准估计的结果，也考虑到抽样调查的结果。

请注意，中间的贝叶斯分布看起来像是其他 2 种分布的平均，但实际并非如此。它比其他 2 种分布窄，这是贝叶斯方法的一个重要特征。将校准估计的先验信息和随机抽样相结合，所揭示的信息比两者分别揭示的信息多。

现在让我们看看贝叶斯分析对决策的影响。我们之前决定，如果留下来的顾客少于 73% 就推迟扩张，少于 50% 就搬到更好的地方去。最初的估计是 35% ～ 75% 的顾客第二年仍会在这儿，因此停止扩张是较确定的。但由于顾客低于 50% 的概率有 34%，因此可能需要搬迁。

如果只有抽样数据，我们可以确定留下来的顾客不会低于阈值 50%，但并不确定是否会低于阈值 73%。只有把两者结合起来，我们才能确信，结果基本在 50% ～ 73%。因此我们既不会搬迁，也不会扩张。具体结果如表 10.1 所示。

表 10.1 通过阈值比较 3 个分布的结果

	推迟扩张的阈值（留下顾客的百分比 <73%）	搬迁的阈值（留下顾客的百分比 <50%）
基于初始的校准估计（35% ~ 75%）	93%	34%
仅基于抽样的估计（20 个抽样中 14 个表示将继续留在本地）	69%	4.3%
使用校准估计和抽样的贝叶斯分析	91%	6.5%

虽然对于是否扩张或搬迁，仍然有一定的不确定性，但是比不用贝叶斯分析时小多了。如果继续调查的信息价值仍然很大，我们或许会抽样更多的顾客，然后充分使用贝叶斯分析。随着样本越来越多，每得到一个新样本，我们的估计范围就会更窄，校准估计的影响也会越来越小。当样本量不多，且抽样是为了调整初始估计时，贝叶斯分析最为有用。

区间范围的贝叶斯反演法：每种结果出现的概率是多少？

本节的讨论更具技术性，但我将尽量减少数学运算，尽可能直接讲 Excel 的函数。

在上例中，如果所有顾客当中有 90% 的人说他们计划第二年继续留在本地，此时抽样 20 个人，你期望说出同样话的顾客是多少？这个问题很简单，20 的 90% 是 18；如果总数中有 80% 的人计划留下，我们的期望值就是 16 人。然而抽样是随机的，在 20 个人中可能会有 15 个人愿意留下，也可能 20 个人都愿意留下。因此我们不仅需要知道期望结果，而且要知道每种结果出现的概率是多少。

二项分布可以帮助我们计算特定命中次数的概率。如果给出某种结果在一次试验中出现的概率，则进行若干次试验之后，我们就可以计算指定命中次数出现的概率。例如，投掷硬币时正面向上的概率是 50%，如果我们想知道投掷 10 次恰好出现 4 次正面向上的概率，就要用二项分布。在 Excel 中可以这样写：

= binomdist（命中数，试验数，一次试验的命中概率，0）

对于上面的硬币试验，公式就是 =binomdist（4,10,0.5,0），Excel 中计算出的值是 20.5%。也就是说，投掷 10 次恰好出现 4 次正面向上的概率是 20.5%。公式中最后的 0 是告诉 Excel，我们只想要指定命中数的概率，如果用“1”将得到累积概率，也就是所有不大于指定命中数的概率之和。

在汽车零部件商店的例子中，如果有一个顾客说他第二年还将住在本地，那就是一次命中，样本量就是试验次数。利用二项分布，管理者可以计算出指定结果的概率，比如 20 个随机顾客中有 14 个第二年还在本地，如果全部顾客中有 90% 的人第二年还在本地，则在 Excel 中写 = binomdist（14, 20, 0.9, 0），因此上述结果是 0.887%。而对于不超过 14 个人这么回答的概率，公式是 = binomdist（14,20,0.9,1），结果是 1.1%。无论哪种方法都可以看到：假如全部顾客中有 90% 的人第二年将留下，那么在 20 个随机抽样中有 14 个人这么说的概率相当小。

现在，假设我们要计算总量中有1%的人第二年还在这里的概率，然后计算2%、3%……也就是以1%的间隔递增到99%，在Excel中能计算出每个指定结果出现的概率。以汽车零部件商店的例子来说，如果20名顾客中有14个人说第二年还在本地，利用贝叶斯理论得出的计算公式是：

P（比例 = X|20次抽样有14次命中）= P（比例 = X）
× P（20次抽样有14次命中|比例 = X）/ P（20次抽样有14次命中）

在公式中：

◎ P（比例 =X|20次抽样有14次命中）指目标个体在总数中的比例为X时,20次随机抽样中有14次命中的概率。
◎ P（比例 = X）指目标个体在总数中的比例（例如X = 90%，表示所有顾客中有90%的人第二年仍在本地购物）。
◎ P（20次抽样有14次命中|比例 = X）指目标个体在总数中的比例为X时，在20次随机抽样中有14次命中的概率。
◎ P（20次抽样有14次命中）指目标个体在总数中的比例为任意值时，在20次抽样中有14次命中的概率。

我们知道，在Excel中计算P（20次抽样有14次命中|比例 = X）的公式是 = binomdist（14,20,0.9,0），现在必须算出P（比例 = X）和P（20次抽样有14次命中），可以将比例每次递增1%，利用 = normdist（ ）函

数和校准估计来做。例如，为了得到比例 X 为 78% 和 79% 的概率，在 Excel 中可以这么计算：

= normdist（0.79，0.55，0.122，1）－ normdist（0.78，0.55，0.122，1）

这里，0.55 是初始的 90% 置信区间校准后范围 35% ～ 75% 的中值，90% 置信区间的宽度是标准差的 3.29 倍，(75% － 35%)/3.29 = 0.122，0.122 是标准差，再利用正态分布公式 normdist，分别计算出 X = 79% 和 X = 78% 的累积概率，两者相减，就是 X = 79% 的概率，值为 0.5%。从 X = 1% 开始，每次递增 1%，就能算出每个百分比的 P(比例 = X) 了。

要计算 P(20 次抽样有 14 次命中)，我们需要利用迄今学过的所有知识。对于每一个 X 值，当知道 P(Y | X) 和 P(X) 时，要计算 P(Y)，就要把每一个 X 的 P(Y | X) × P(X) 值累加起来。由于我们知道怎样计算 P(20 次抽样有 14 次命中 | 比例 = X) 和 P(比例 =X)，因此将各个 X 值的 P(20 次抽样有 14 次命中 | 比例 = X) × P(比例 =X) 的结果累加即可，最后得到 P(20 次抽样有 14 次命中) = 8.09%。

至此为止，我们计算了 P(比例 = X)、P(20 次抽样有 14 次命中 | 比例 = X) 和 P(比例 =X | 20 次抽样有 14 次命中) 的值以及在不知道分布的情况下，最终得出，P(20 次抽样有 14 次命中) = 8.09%。

如果我们从 X = 1% 开始，每次递增 1%，并把各个 X 值所对应的概率累加起来，就会发现当 X = 48% 时，累积概率大约为 5%；当 X = 75% 时，累积概率为 95%。这意味着新的 90% 置信区间大约为 48% ～ 75%，比之前估计的范围窄，这就是图 10.6 中正态分布曲线比其余两条窄的原因。

所有计算在本书同名网站上都可以找到。

我们原本在第 4 章就可以用到总体的比例图，但当时还无法把初始的估计范围考虑进来，第 9 章中的图 9.5 也是根据贝叶斯反演推算出来的。首先假定目标群体在全体中的比例 X 是均匀分布的，也就是其值可能为 0% ～ 100% 中的任意值，并且取每一个值的概率都一样。这个假设不属于贝叶斯理论，但此时的不确定性最大，因此初始的 90% 置信区间也最宽。对于如此宽的初始区间使用贝叶斯反演方法，就可以产生图 10.3 最右边的稳健的贝叶斯分布，这就是没有任何先验信息的 X 的分布情况。

我们完全没有或完全具有先验信息的可能性都极小，因此用贝叶斯方法估计区间范围时要把先验信息考虑进来。但是，随着样本量的增加，先验信息的影响会越来越小，最终减少到 0。当抽样量超过 60 个时，结果趋近于稳健的贝叶斯分布，此时就不用再考虑先验信息。

如果你掌握了这类分析方法，就可以更进一步分析初始分布非正态的量化难题了。

贝叶斯法教会我们什么？

虽然有点麻烦，但贝叶斯定理是我们手头最强大的量化工具之一。它重构量化问题的方式非常实用。我们以前可能会问："通过量化我能得出什么结论？"可能还会这么问："我的观测表明 X 在多大程度上为真？"但是贝叶斯让我们看到，我们还可以问："假如 X 为真，我们观测到这种现象的概率是多少？"。

贝叶斯式的提问非常实用，因为答案直截了当。贝叶斯方法还促使我们思考不同观测的相似性以及如何解释观测的意义。

正如我们在之前的例子中看到的那样，如果我们知道总体中只有20% 的人第二年还会在本地，然后就可以确定如果随机抽样了 20 个人，恰好有 15 个人不在本地的概率。我们还可以用贝叶斯定理反演，计算随机抽样 20 个人，恰好有 15 个人不在本地时，总体中有 20% 的人第二年还在本地的概率。这个概率几乎接近于 0。

在某个假设是真实的前提下，很容易计算某个观测结果发生的概率，而且可以反演为某假设为真的概率是多少，才会出现这样的观测结果，也就是从“如果某假设为真，那么看到这种结果的概率是多少？”开始，到回答“根据我的观测结果，某假设为真的概率是……”结束。这种相似的境况还有很多。

贝叶斯方法的结论是合乎逻辑的，它驳斥了很多对量化可行性的质疑意见。量化的怀疑论者经常声称某物是不可量化的，他们认为量化中存在各种潜在误差。而且他们还假设，因为误差总会存在，所以观测和量化根本没有关系。这是对量化方法的误解，属于 3 类误解之一（详见第 3 章），他们还假定：误差的次数之多，幅度之大，如果没有数学工具，那么观测就不能减少不确定性。但是当我们使用贝叶斯方法时就会发现，只要观测和待量化的事物确实有某种关系，那么观测就是有意义的，错误或误差并不会导致观测结果和要观测的事物之间毫无关联。

如果你想知道原因，请构造一个矩阵。行是待量化事物的各种可能的状态，列是各种可能的观测结果，每个观测都有一个初始概率，每一行也有一个初始概率。矩阵中的每个单元就是在相应状态下，看到的观测结果的条件概率。在汽车零部件商店的例子中，我们可以在调查前构造该矩阵。行是第二年仍会光顾我们商店的顾客的真实百分比，列是在 20 个抽样顾客中回答“是”的顾客数量。调查完后，我们就知道结果了，但在调查前，我们不得不考虑所有可能的结果。

然后，我们对该矩阵加 3 个具体限制条件。前 2 个很简单，第一个条件是所有可能的观测结果的概率之和为 1，第二个条件是事物的所有可能状态的概率之和为 1，第三个条件是每个观测结果的概率必须和在每个可能状态下的条件概率保持一致。具体地说，对于每一种可能的观测结果 O 和所有可能的状态 S 来说，应该满足 $P(O) = P(O|S1)P(S1) + P(O|S2)P(S2) + \cdots\cdots$ 这是概率论的基本限制条件。

使用贝叶斯反演后，我们可以用行、列和单元格的概率，构造一个新矩阵。在新矩阵中，每一个单元格的条件概率被反演成给定观察结果下的某一种状态的概率，而不是给定状态下的观测结果的概率。如果观测结果和状态彼此完全独立，那么对所有的观测结果 O 和任意 2 种状态 Sa、Sb 来说，就有 $P(O) = P(O \mid Sa) = P(O \mid Sb)$。也就是说，状态对任何观测结果的概率没有影响，因此观测并不能告诉我们任何东西。但如果你要建立一个矩阵，其中一些状态的改变会影响观测结果的概率，观测结果也会改变状态的概率。观测结果不会改变某些状态的概率的唯一条件，就是所有状态和所有观测结果相互独立。

这对量化怀疑论者是很有力的反驳。例如，怀疑论者认为研究毒品贩子或吸毒病人，不会得知关于毒品交易是否增长的信息。因为并非所有的毒品交易者都被抓，也并非所有的吸毒者都是临床病人，而且逮捕率也是多种因素的综合结果，例如不同城市的预算费用不一样，抓捕的毒品贩子数量就可能不一样。

但是，有没有一些调查结果可能改变对毒品交易增长的估计?

假设我们发现，即使在预算吃紧的城市，被抓的毒贩子数量也在上升；

假设无论戒毒宣传活动如何起伏不定，去戒毒的人也一直在增加；

假设即使预算增加了，但被抓的毒贩子和接受戒毒治疗的人却在减少。

如果以上假设都是真的，那么这些信息或许会让我们调整之前对毒品交易增长的估计。即使调整的范围与之前相差很小，但是请记住，不确定性的变化虽然很小，可是小的改变也会有相当大的信息价值。认为某物不可量化的怀疑论者，应该针对具体问题，建立一个观测结果和状态之间的真正独立的概率矩阵，他们做到了吗?

PART 4

第四部分

量化抽象事物

偏好、态度和判断

长久婚姻带来的幸福感与一年多挣 10 万美元相当?

如果给赌徒展示短暂的笑脸图像，那么他们将更易冒险，风险偏好是如何影响人们的决策的?

如果次品率降低了 15%，但顾客退货率提高了 10%，总的产品质量是否提高了?

如何用谷歌搜索工具提前一周预测到流感暴发?

第 11 章

量化人们的偏好和态度

如果一个问题能够清晰地表述，那么我们就已经解决了一半。

——美国发明家　查尔斯·凯特灵

在第 10 章中，品牌损害的例子只是一大堆主观估计难题中的一个实例而已，像这样的例子还有很多，术语“主观估计值”（Subjective Valuation）可以认为是多余的，因为估计事物的值，什么时候“客观”过呢？难道就因为一磅黄金的价格由市场所定，所以它的值就是客观的吗？恐怕不是这样吧。况且市场价值本身就是大量的人主观估计的结果，我们永远不可能得到所谓的客观结果。

认为诸如“质量”“形象”或“价值”等概念是不可量化的人并不在少数。在某些具体情况下，是因为他们找不到对这些量的“客观”估计方法，但这本身就是一个错误的期望。所有的质量评估难题，如公众形象、品牌价值等，都和人的偏好有关。

从这个意义上说，人类的偏好是量化的唯一来源。如果这意味着量化是主观的，只能说明这种量化的性质就是主观的。它不是物体的物理特性，而是人对事物的权衡和看法。我们唯一要关注的问题就是：该如何量化人们的选择。

观测人们的意见、价值观和幸福感

广义地说，有两种途径可以用来观测人们的偏好：第1种是他们说什么，第2种是他们做什么。陈述偏好（Stated Preferences）是人们口头上说的，显示偏好（Revealed Preferences）是人们通过实际行为展示出来的。了解这两种偏好，都能减少不确定性，但了解真实的偏好通常会更有效。

如果我们询问人们在想什么、相信什么或喜欢什么，那么我们就是在做一项观测，其统计分析工作和分析万物的客观的物理特性没什么不同：从一个总体中抽样，然后问一些特定问题就可以了。问卷设计领域的专家在设计问卷时，会使用很多复杂的细则，并进行细致的分类，但对于初学者来说，了解以下4类问题已经足够了。

李克特量表（Likert Scale） 这是由美国社会心理学家李克特于1932年在原有的总加量表基础上改进而成的。被调查者在一个可能的感觉范围内进行选择，每组陈述有“非常同意”“同意”“不一定”“不同意”“非常不同意”5种回答。

多项选择 被调查者需要从一个封闭的多项集合中选择，如“共和党”“民主党”“独立候选人”“其他”。

排序 被调查者需要对项目评级，例如：请给以下8项活动排次序，最不喜欢的是1，最喜欢的是8。

开放式问题 被调查者可以用他们喜欢的任何方式简要写出答案，

例如："对于我们的客户服务，有什么地方是你不满意的吗？"

问卷设计专家经常把问卷看作一种仪器。调查问卷要消除或控制"反应偏向"，这是设计这类测量仪器时遇到的独特难题。

反应偏向指被调查者在回答问题时受到了有意或无意的影响，使得回答并没有反映他们的真实态度。如果偏差是故意造成的，说明问卷调查的设计者想引诱被调查者做出特定的反应。例如，"你反对总督的过失犯罪吗？"问卷偏差也可能是无意造成的。下面是避免反应偏向的 5 个简单方法。

问题简短精确 冗长的问题让人很容易糊涂。

避免使用过多术语 问卷设计者或许没有意识到过多术语会影响被调查者的回答。例如询问民众是否支持某个政治家的"自由主义"政策，就是一个充斥过多术语的问题。

避免引导性问题 引导性问题会告诉被调查者问卷设计者们期望得到什么样的回答。例如："克利夫兰的清洁工人工资低、工作重，应该提高他们的工资吗？"有时，人们不是故意让问题具有引导性的。和术语过多一样，防范无意识的引导性问题的最简单方法，就是让他人重新审视问题。使用引导性问题，就没必要让人们回答它了。如果调查者引导被调查者朝着他们想要的答案靠拢的话，那么他们能通过问卷调查减少多少不确定性呢？

避免复合问题 例如："你喜欢汽车 A 或汽车 B 的座位、方向盘还是控制系统？"被调查者不知道该回答哪个问题，应该将复合问题拆分成多个问题。

将问题反转，以避免定向的反应偏向 "定向反应偏向"（Response

Set Bias）指被调查者在回答问题时具有的、和内容无关的倾向。例如，如果你让被调查者回答多个问题时都用范围从 1 到 5 的量表，就要注意在每个问题中，不要把“5”设置成总是“正面的”或“负面的”反应。这样做是为了鼓励被调查者阅读并回答每个问题，而不是挑一列由上到下地对每个复选框打钩。

直接询问被调查者他们的喜好、选择、希望和感觉，并不是观测这些问题的唯一方法。我们还可以观察人们做什么，从中我们可以推断出大量的偏好信息。实际上，和直接问问题相比，观测人们做什么是量化人们真实意见更加可靠的方法。

如果人们说他们更喜欢花 20 美元照顾孤儿，而不是看电影，但在现实中却经常去看电影，却从没有给孤儿一次钱，这说明他们的显示偏好和陈述偏好不一样。时间和金钱是显示偏好的两个很好的“指示器”，看看他们怎样花费时间和金钱，你就能推断出关于显示偏好的很多东西。

现在，当被调查者在问卷上回答他们“非常赞同零售店里的圣诞节饰品出现得早些”之类的论断时，看起来似乎与量化不相关。实际上，我们做调查的目的与之前的量化并无差异。做出决策之前，如果你知道某个变量的值，就会减少错误决策的概率。对于一个变量，你知道其不确定性的当前状态，如果它达到了某个值，你就会改变决策。例如，认为圣诞节饰品上市偏早的零售商的比例是 50% ～ 90%，如果超过 70% 的零售商强烈认为圣诞节饰品上市时间偏早，那么购物中心就应该推迟圣诞节饰品进场的时间了。

使用这些方法时，值得重视的一点是，量表本身的设计对回答会产生很大影响，那就是“分区依赖”（Partition Dependence）。假设问消防员在不同地点灭一场火要花多长时间，50 名消防员回答问卷 I，另外 50 名消防员回答问卷 II，两份问卷如表 11.1 所示。

表 11.1 分区依赖的例子：灭一场火要多长时间？

问卷 I	问卷 II
A. 少于 1 小时	A. 少于 1 小时
B. 1 ~ 4 小时	B. 1 ~ 2 小时
C. 4 小时以上	C. 2 ~ 4 小时
	D. 4 ~ 8 小时
	E. 8 小时以上

显然，问卷 II 采用了不同的量化尺度，改变了问卷 I 的选项 B 和选项 C。人们对问卷 II 中选项 A 的回答，和问卷 I 中选项 A 的回答会有什么不同吗？我们发现，选项 A 在两份问卷中虽然是相同的，但人们在问卷 II 中选择 A 的比例要低于问卷 I。本例中，可以让消防员估计一个具体数值，来避免分区依赖。如果这种做法不实际，或许需要多次调查，以将分区依赖的影响减到最小。

另外，不要把民意调查方法和决策分析过程中使用的方法混淆。如果你想了解公众的想法，那么使用量表进行民意调查就很有作用；但如果你要决定一个大项目的预算，使用量表就会产生其他一些令人头痛的问题，关于这一点我们将在下一章详细陈述。

我们现在关注的不是以量化为导向的数量单位，而是偏好和态度等

“软”的方面。但我们可以把民意调查的结果和数量建立明确而有用的关联。

实际上，我们可以把主观反应和客观量化建立起联系，而且人们也经常这么做。比如说，有些人已经将这种方法用于量化幸福了。如果你可以把两件事情关联起来，并且其中之一还可以和金钱建立关系，那么你就可以都用金钱来衡量它们了。如果你觉得这很难，甚至可以直接问人们：“你愿意支付多少钱？”

打开天窗说“量化”

幸福是可以用金钱衡量的

安德鲁·奥斯瓦尔德（Andrew Oswald）是英国华威大学（University of Warwick）的经济学教授，他提出了一种量化幸福价值的方法。

他的方法不是直接询问人们愿意为幸福支付多少金钱，而是根据李克特量表问他们的幸福程度，然后请他们说说收入和生活中的一些事情，比如家庭的婚丧嫁娶、孩子出生等。

这让奥斯瓦尔德知道了幸福如何因生活事件而发生改变。通过量化，他看到了近期家庭成员的死亡是如何降低幸福感以及升职是如何提升幸福感的。而且他还能把收入和幸福建立联系，因此他能计算出与幸福感相当的收入。例如，他发现长久婚姻给人带来的幸福感与一年多挣 100 000 美元相当。

我和妻子结婚 13 年，按上述标准，目前我的幸福程度就相当于未婚人士 13 年间多挣 130 万美元。当然，这是个平均数，个体差异可能很大。这个值对于我来说很可能偏低了，因为我觉得我的婚姻非常幸福，而且我很高兴能继续拥有幸福的婚姻。

支付意愿法：通过讨价还价估算生命价值

就其本质来说，估值就是主观判断。比如股票或不动产的价值也是市场参与人士主观估计的结果。如果要计算公司的净资产，就要对价值进行“客观”量化，把各种事物的市场价值比如房地产价值、品牌价值、用过的设备的价值等加总。当然无论计算多么“客观”，在量化价值时使用的基本度量单位仍然是货币单位，比如美元。

因此，如果想对绝大多数东西估值，一个行之有效的办法就是问人们愿意为之付多少钱，或者观察他们过去为它付了多少钱。支付意愿（Willingness To Pay，WTP）法就是询问人们愿意为某物付多少钱。这种方法常用于不能用任何其他方法估值的事物。而且，这种方法已经用于估计营救濒危物种、提高大众健康及环保等方面的价值了。

1988 年，作为永道公司的新职员，我的第一个咨询项目是评估一家金融公司的打印业务是否应该外包给印刷商。公司董事会觉得和当地社区的人做生意肯定会带来更多客户，而且印刷商和董事会的人是朋友。印刷商认为术业有专攻，从事金融行业工作的人专职从事金融工作就好了，印刷工作应该交给他们做。

董事会中有一些人对此存在顾虑，因此请永道公司对这项业务进行评估。这个项目的所有数据都是我处理的。我发现，公司不仅不应该把更多的印刷业务外包，而且应该尽量自己处理。该公司足够大，所以它有能力和专业的印刷商竞争，而且他们的印刷设备也可以保持高使用率，还能在供应商那儿获得好价钱。此外，公司已经有一批技能熟练的员工，他们十分了解印刷行业。

不过，无论印刷业务是不是公司的核心业务，成本收益分析很清楚地显示，公司应该保留甚至承包更多的印刷业务。如果外包，公司肯定要支付更多的钱，甚至把员工利益、设备维护、办公空间等因素考虑进来后也是如此。所以，外包会让公司每年多花几百万美元。有些员工甚至担心，外包后公司获得的服务质量会降低。因为本公司的印刷员工根本无须为客户的优先顺序操心，他们就是为本公司服务的。综合考虑，外包之后,5 年的净损失至少约为 150 万美元。

因此，抉择的关键是：公司是否认为该印刷商的友谊和当地社区小生意人的支持，至少值 150 万美元？作为初级分析师，我认为估价多少并不是我的职责，我只需诚实地报告他们决策的成本，而不用管他们到底如何决策。如果他们认为社区友谊的价值超过 150 万美元，那么外包损失是可以接受的；但如果他们认为社区友谊不值这个价，那么外包的损失是不可接受的。最终他们认为，和印刷商的特殊友谊以及特殊的社区支持不值那么多钱。所以，公司不仅没有将印刷业务外包，还想减少外包业务。

当时，我把它归为“艺术品购买”（Art Buying）一类的难题。你也许认为不可能对“无价的”艺术品估值，但如果我确保你至少知道艺术品的真实价格，你就可以自己估计艺术品的价值了。如果有人说毕加索的某幅画是“无价的”，但没人愿意花 1 000 万美元购买，那么很清楚，这幅画不值这个价。我们当然不想估计友谊值多少钱，只是想让公司知道它将为此付出多少，然后就可以作选择了。

支付意愿法的一个变形是统计生命价值法（Value of a Statistical Life，VSL）。统计生命价值法不是直接问人们对自己的生命估多少钱，而是问人们为了减少死亡风险愿意多付多少钱。实际上，人们经常会在花钱和略微减少过早死亡的概率上做决策。

比如，有辆车可以在发生碰撞时减少 20% 的死亡率，但需要多花 5 000 美元。假设驾车死亡率为 0.5%，因此多花 5 000 美元能减少 0.1% 的死亡率。如果你不愿意多花 5 000 美元，也就是说和 0.1% 的过早死亡率相比，你更愿意保留 5 000 美元，那么运用统计生命价值法，你对生命的估值要少于 5 000 / 0.001，也就是 5 000 000 美元。

又比如，有一种致命的疾病如果在早期就能测查出来的话，则完全可以治疗，你愿意花 1 000 美元做医学扫描，看看是否有 1% 的可能患上这种致命的疾病。那么，根据统计生命价值法，你的生命至少值 1 000/0.01 = 100 000 美元。我们还可以继续看，你是否会购买其他和安全相关的产品或服务，从而推知你对减少生命威胁风险的估价是多少，以及你对你自己生命的估价是多少。

但这个方法存在一些问题。

首先，在某些事情上，人们会过高估计自己面临的风险，因此他们的选择也许不那么有启发性。詹姆斯·哈米特（James Hammitt）博士发现，人们理解概率的能力相当低下，尤其是和健康相关的小概率事件。在一次大规模调查中，只有大约 60% 的人正确回答了这个问题："5/100 000 和 1/10 000 哪个概率更大？" 当人们对自己的偏好进行思考时，是否也会存在这种无知呢？

如果确实有很多公众是数学盲，那么就有理由对从公众调查中收集到的估值信息持怀疑态度。基于此，哈米特改进了他的调查方法。他把能正确回答这个问题的人和根本不理解概率基本概念的人分开了。

其次，我们当中量化生命和健康价值的人，除了要面对被调查者中的一些数学盲外，还要面对正义人士义愤填膺的情绪。一些研究显示，在对环境价值的调查中，大约有 25% 的人拒绝回答问题，因为他们认为无论费用多大，环境保护都是绝对必要的。由于这些支付意愿高的人放弃估值，导致了平均估值偏小，而它原本可以更大。

但我怀疑这种愤怒情绪是否只是个面具。毕竟，能在媒体上发表这种言论的人都是名人，他们完全可以放弃使用任何奢侈品，然后把多余的钱捐出来用于环境保护。他们还可以放弃工作，成为环保的全职志愿者，但他们没有这样做。在这个问题上，他们的行为经常和他们清高的言论不合拍。一些人也拒绝用金钱衡量人生的价值，但是他们仍然不放弃使用每一件奢侈品的机会，不把多余的钱捐给和大众健康有关的慈善机构。

对这种言行不一致的解释有很多。哈米特的研究说明，对数字不敏感的人占很大比例，他们拒绝估计人生价值，或许部分原因是出于对数字的害怕。对某些人来说，显示愤慨是他们防卫机制的一部分，也许他们觉得“不识数”没什么大不了的。因为很多数量本身就不重要，尤其当谈及人生价值这种话题时。

量化与幸福、健康、人生有关的价值，确实是一个棘手的课题。在网上搜索“归结为一个数字”（Being Reduced to a Number），将查到成千上万个链接，绝大多数都是反对将量化以任何方式应用于人。给世界建立数学模型，和语言、艺术一样，是人类独有的特性，但你很少发现有人抱怨被“归结为一首诗”（Reduced to a Poem）或者“归结为一幅画”（Reduced to a Painting）。

而且令人惊讶的是，对这些极具争议的价值的估计，初始范围都相当宽，但估计得相当准。我做了好几个联邦政府项目的风险与回报分析，其中一项就是减少威胁大众健康的风险。在每个项目中，我们只是用各种统计生命价值法或支付意愿法获得较宽的区间范围，在计算过信息价值后，几乎很少有必要继续量化以减少其区间范围的。

一些人对于用金钱衡量这些事物价值感到担忧。其实他们应该想想，假如在商业评估中完全用 0 代替这些因素的价值，那么就会低估某些信息的价值。

然而这些信息的价值可能会指导我们对相关变量进行更深入的量化。绝大多数情况下，真正不确定的不是公共安全或福利的价值，因为其初始的区间范围看起来已经很窄了。量化的焦点都集中在其他不确定的变量上了，这令人相当惊讶。

顺便说一句，关于普通人的生命价值，很多政府机构通过各种统计生命价值法和支付意愿法研究，估算其范围在 200 万 ~ 2 000 万美元。如果你觉得这个值太低了，那就看看你花费多少钱在人身安全上吧，再看看你在生活中是如何选购奢侈品的。如果你真的认为每个人的生命价值都很高，比上面的范围宽得多，那你早该采取不同的行动了。因此，当我们深入审视自己的行为时，很容易发现，只有伪君子才说：“生命是无价的。”

投资边界曲线：量化风险承受能力

人们在决策时，都有一个共同之处，就是对风险承受能力的估计。比如你或你的公司应该承受多大风险，无人可以为你计算，但你可以量化。和统计生命价值法类似，你要做的其实就是检查一个权衡列表而已，列表上有真实或假设的一系列权衡项目。

一些金融投资机构的管理者正是这么做的。1990 年，诺贝尔经济学奖颁发给了哈里·马科维茨（Harry Markowitz），因为他首先提出了现代投资组合理论（Modern Portfolio Theory，MPT）。现代投资组合理论是马科维茨在 20 世纪 50 年代提出的，从此之后，该理论成为绝大多数投资组合优化方法的基础。

我和其他作者批评过现代投资组合理论的一些假设。例如，这一理论对波动巨大的股市建模采用正态分布是不合理的。但该理论还是有很多有用的东西。也许现代投资组合理论最简单实用之处，就是显示了投资者在给定回报下，愿意接受多大风险。如果投资的潜在回报更高，投资者通常愿意接受稍高一点的风险。但如果投资回报相当低，他们就愿意接受稍低的风险。这可以用风险回报曲线来表示，图 11.1 显示了某个投资边界的形状图。

该图和马科维茨的图稍有区别。马科维茨的风险轴反映了特定股票的历史收益波动情况，但是类似信息技术项目或新产品开发商的投资，一般不会和股票波动一致。实际上，这类投资的风险另具特点，即亏损概率较大，但马科维茨的量化方法观测不到。

你可以为你的公司构建一个投资边界模型。假设你要进行一项大的投资，不管是 100 万美元还是 1 亿美元，总之你要选定一个规模，且比其他投资的规模明显大很多。

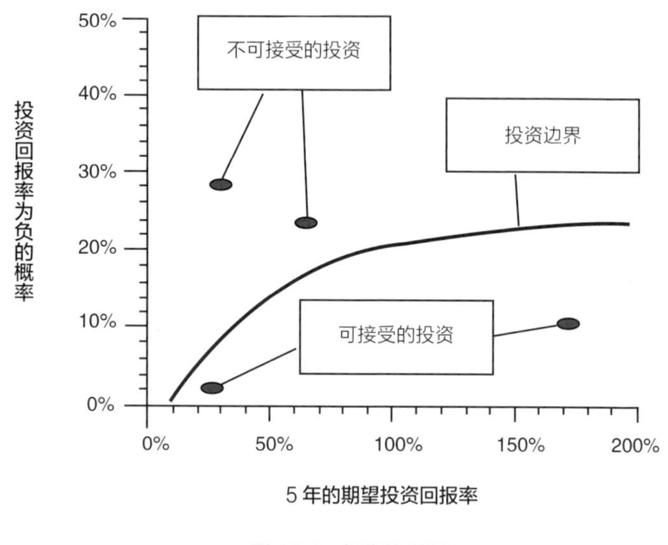

图 11.1　投资边界图

现在假设你已经用蒙特卡洛模型计算了数千个情境的回报情况，5 年的平均投资回报率是 50%，但投资回报率仍有比较高的不确定性。也就是说，存在亏损的可能。假设投资回报率为负的概率是 10%，你会接受这项投资吗？如果接受，我们就把投资回报率为负的概率提高到 20%；如果不接受，就把投资回报率为负的概率降到 5%。这时，你还会接受这项投资吗？

不断重复此步骤，提高或降低风险的概率，直到风险和回报刚好达到你接受的程度为止。最终这个点就在你的投资边界曲线上。现在，将投资回报率提高到 100%，你最大承受多大风险？这就是投资边界曲线上的另一点。最后，假设你可以投资一项没有任何亏损风险的项目，你能接受多低的投资回报率?

这 3 个点都在你的投资边界曲线上。如有必要，你还可以不断提高或降低投资回报率，在曲线上画更多的点。只要画一些点，然后把它们连起来，整个曲线的形状就很明显了。

图 11.1 除了风险轴和马科维茨的不一样之外，还有不同的地方。对于现代投资组合理论的铁杆支持者，我提点忠告：不同的投资规模，其投资边界曲线也不一样。马科维茨的投资曲线针对整个投资组合，而非单项投资。但这里有 3 条曲线，一条对应小额投资，一条对应平均规模的投资，一条对应大额投资，它们的差别很明显。

出于几点原因，我经常使用这个简单工具来单独评估每一项投资。当实施其他几个项目时，新项目的投资机会可能会在一年中的任何时间出现，所以很难对整个投资组合进行“优化”，因为很难在任何时间随意决定投资或不投资任何项目。

关于投资边界在应用信息经济学中的应用，我在 1997 年和 1998 年写了好几篇文章，发表在《信息周刊》(*Information Week*)和《首席信息官》(*CIO Magazine*)上。我指导很多高管进行实践，收集了多种类型组织的几十个投资边界案例。在每个案例中，无论在董事会中参与决策的人是 1 个还是 20 个，一般都需要 40 ~ 60 分钟来构建投资边界曲线。

所有参加此类会议的人都是各个组织的决策者，他们都能快速掌握绘制投资边界曲线的核心。我还注意到即使参会人员超过十几个，大家绘制出的投资边界曲线也能全体通过。无论他们对具体项目的看法如何不一致，都能在组织的风险和收益关系上快速达成一致意见。

研究表明，“偏好”并不是天生的，它受很多看似无关因素的影响。例如一个有趣的实验显示，如果给赌徒展示短暂的笑脸图像，那么他们将更容易冒险。第 12 章将会谈到，我们的偏好会在决策过程中不断变化，我们甚至会忘记一些偏好是过去所没有的。

在我和高管们一起将公司的投资边界文档化时，发现对他们最重要的影响也许是，他们现在更愿意将风险厌恶数量化。正如使用概率分析的校准训练解决了很多想象的难题一样，将风险厌恶数量化，似乎也让管理者在决策时不再过分关注量化了的风险分析。在分析过程中，管理者会有一种主人翁意识。因此，当看到一个投资提案的风险收益的平衡点与以前得出的投资边界曲线不匹配时，他们就会理解其意义。

投资边界曲线对决策的影响是，和风险相比，投资回报率的值会调得大大高于最低投资回报率，最低投资回报率一般在 15% ~ 30% 之间。随着投资项目规模的增大，这种效果也越来越突出。在一般的投资环境中，典型的信息技术决策者在决定投资大的信息技术项目时，应该要求 100% 以上的回报率。项目取消、收益的不确定性、具体运作时面临的各种干涉，所有这些都是风险。因此，大型信息技术项目的期望回报也要很高才行，这些对信息技术决策者有很大影响。

可以毫不夸张地说，软件投资是商业决策者最具风险的投资决策之一。例如，大型软件项目被取消的概率，会随着项目不断拖延而增加。在 20 世纪 90 年代，开发时间超过 2 年的项目被取消的概率超过 25%。

但是，绝大多数使用投资回报率分析的公司不会考虑这种风险。虽然信息技术风险是决策中要考虑的一个巨大因素，但最低回报率并不会随着信息技术项目的风险不同而调整。如果决策者通过风险与回报率来看待软件开发项目，而不是通过固定的最低回报率来看的话，他们很可能会做出完全不同的决策。

效用曲线：选鱼还是选熊掌？

投资边界曲线只是商业管理者在经济学第一学期要学习的一种效用曲线而已。不幸的是，绝大多数管理者可能会觉得这种课完全是理论课，没什么实际应用价值。但是，管理者如果想用一种东西和另一种东西进行交易，这个曲线就是很好的分析工具。当然，还有其他一些曲线可以让决策者明确定义相关术语，并做出正确决策。

例如，明确界定“绩效”和“质量”这两个定义，在量化偏好和价值时很有用。“绩效”和“质量”等术语的使用经常是模棱两可的。如果不说明到底更重视“绩效”，还是更重视“质量”，那么实际上等于什么也没说。正如我们过去看到的那样，完全可以轻松地确定这些术语的含义，让它们和其他事物一样可以量化。

当客户说他们需要量化绩效时，我总是问他们：“你所说的‘绩效’究竟是什么意思？”一般来说，他们会提供和绩效有关的一个独立观测的列表，上面有“这个人准时完成了工作”或者“我们的客户给予她很多赞扬”等信息。他们也许还会提到工作中的低错误率或者和生产率有关的因素。换句话说，他们在如何观察绩效方面其实并没有问题。正如一个客户所说：“我知道要查看什么，但是如何全面看待这些呢？如果一个人能准时完成工作并且错误更少，而另一个人从客户那里得到了更多正面反馈，到底谁的绩效更高呢？”

这其实不是量化的难题，而是将主观权衡文档化的难题。这是一个如何将很多观测指标纳入某种“指数”的难题。这正是效用曲线发挥作用的地方。使用各种效用曲线，在下列情况下，可以看出我们是如何权衡并取舍的：

◎ 一个程序员能在99%的情况下准时完成分配给他的任务，而且95%的程序正确；另一个程序员准时完成任务的概率只有92%，但99%的程序正确，这两个人谁更好？

◎ 如果次品率降低了15%，但顾客退货率提高了10%，总的产品质量是否提高了？

◎ 如果利润上升了10%，但质量下降了5%，战略整合是否进步了？

对于这样的例子，我们都能想象出一幅显示权衡方式的图，这幅图类似于我们如何权衡风险和回报。在投资边界曲线的例子中，曲线上的每一个点的价值都等于0。也就是说，和预期回报相比，对应的风险刚好可以接受。因此在曲线上，决策者既可以同意投资，也可以拒绝投资。同样，绩效曲线上的每一个点也都是等价的。

在同一张风险回报图上，我们可以定义多条效用曲线，每一条曲线上的点的投资净收益都一样大。有时，经济学家把这种效用曲线称为“等效用曲线”，意思是曲线上的效用是常量或固定的。曲线上的任意两点都有同等效用，对人们来说没什么差别。因此在经济学中也把效用曲线称为“无差异曲线”。和地图上的等高线上的点高度相同一样，效用曲线也是由具有同样价值的点连成的。

图 11.2 显示了多条效用曲线。这是一个假想的例子，显示的是管理者怎样在工作质量和工作效率之间权衡，它清楚地说明了程序员、工程师、网站编辑等职业的工作绩效要求。如果工人 A 和 B 都能以同样的概率准时完成工作，但 A 的无错率更高，那 A 当然更好，这很容易看出来。但当差别不那么明显时，比如 A 的工作质量更高，但 B 更准时，此时曲线可以帮我们进行取舍。

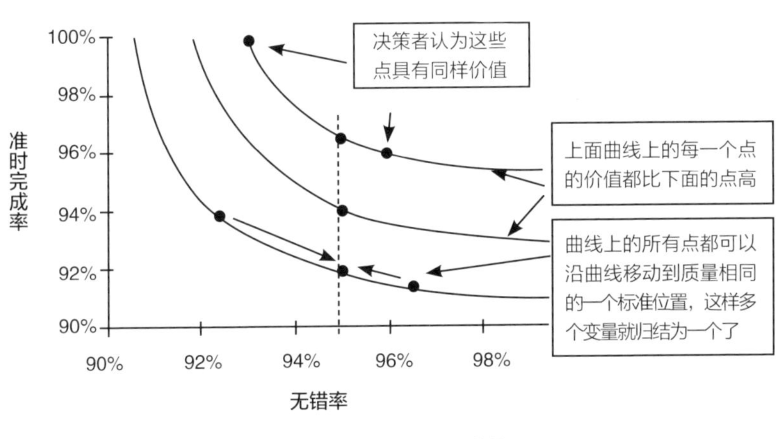

图 11.2 假想的效用曲线

曲线是由管理者画的，因此同一曲线上的两个点具有相同的价值。例如，管理者画的最上面的曲线，表示工人的无错率为 96%、准时完成率也是 96%，和无错率为 93%、准时完成率为 100% 等价。记住这只是一个管理人员画的假想的价值图，而不是固定的标准权衡图，所以，你画的绩效图可能和此图有所区别。

画好一系列相似的曲线后，下面曲线上的任何点的价值都低于上面曲线上的点。虽然只画出了几条曲线做参考，但实际上有无数这样的曲线，管理者们简单画几条就可以了。

任何两个参数之间的效用曲线，如质量和时限或风险与回报，提供了一种简单有趣的、表达两者之间价值的方法。由于每个点都可沿相应曲线移动而价值不变，因此可以认为所有点都和作为标准的某一垂线上的相应点等价。在本例中，我们把所有点的质量标准化处理，先把质量调整为标准化的质量，然后再看相应的准时率是多少。通过回答“工人的无错率是X、准时率是Y，和无错率是95%、准时率是多少一样好”这个问题，将两个变量减少为一个变量。

风险和回报的分析也是一样的。使用一系列风险与回报曲线，就能通盘考虑任何投资的风险和回报了，并可以简单调整风险，得到相应的回报率。这种把两个因素减少为一个因素的方法，可以推广到无穷多个因素的情况。例如，如果我创建了因素X和Y的效用曲线，然后又创建了因素Y和Z的效用曲线，那么，任何人都有能力创建X和Z的效用曲线。通过这种方式，就可以将类似评定工作绩效、评估新办公地点、选择一条新产品线等包含多种不同因素的决策，归结为只包含一个变量的标准化量化工作。

而且，如果任何一个因素都可以用金钱衡量，我们就可以将全部因素货币化。在评估风险不同的投资项目时，有时采用将不同因素转化为以某种货币为单位的货币等值法（Certain Monetary Equivalent，CME）是很有用的。

例如，假定我和你合伙做房地产生意，我想把你的股份全买下来。要么我花200 000美元在芝加哥郊区为你买一块空地，要么立刻给你

100 000 美元现金。如果你觉得两者没有区别，则花 200 000 美元投资一块空地的货币等值是 100 000 美元[①]。如果你觉得用 200 000 美元买块空地是笔划算的交易，那么或许你觉得这块空地的投资值是 300 000 美元，这意味着你认为这项投资和拿到手 300 000 美元现金等价。你也许已经考察了十几个变量，才最终得出这个结论。但结果没那么简单，无论变量和变量之间的关系有多么复杂，和 100 000 美元相比，你最终肯定会更喜欢等值于 300 000 美元。

以上就是我帮助很多客户确定各种投资的优先顺序的方式。投资要考虑各种风险，而看待回报的方法也有多种。通过建立变量之间的关系，并以某种货币为计量单位，我们就可以把所有变量都归结为一个货币等值。这是一个非常强大的工具，例如，当衡量质量需要考虑 12 个变量时，你也可以把它们归结为一个货币等值。虽然这样做有些主观，但你可以将衡量多个变量间的利害关系这一工作完全数量化。

绩效量化：一切都可归结为利润

有时把衡量不同因素之间的利害关系，归结为利润或股东权益最大化的问题更有意义。聪明的分析师应该有能力从统计角度建立价值分析模型，显示次品率、时效性等因素对利润的影响。所有这些因素都可以归结为一个参数，比如利润，而这也是人们唯一喜欢的重要因素。其他因素如生产率和质量，都和利润有关，我们要做的就是找出它们是如何影响利润的。这样一来，我们就没有必要在绩效和客户满意度、质量和

① 在美国，私人可以随意买地，但每年要向联邦政府缴纳土地税，所以买地未必划算。

数量、品牌形象和利润之间难以取舍了。

分析问题时用成本、收益方面的诸多变量来计算最终回报或者投资净值，本来就是商业的逻辑。当然，选择仍然存在，那就是选择应该要奋斗的最终目标。如果人们能在最终目标上达成一致，那么在不同绩效尺度（质量、价值、效率等）上的评价就不会是主观的。例如，在某个区域节约1 000 000美元,和在另一个区域节省1 000 000美元都应该一样，而不应该在主观上厚此薄彼，因为它们对绩效有同样影响。这里有3个不同行业的例子，他们都将“绩效”的某种形式定义为对最终目标的数量化贡献。

例 1 密苏里州圣路易斯市的汤姆·贝克韦尔（Tom Bakewell）是一个管理咨询顾问，他的工作就是对大学和学院进行绩效量化。几十年来人们一直认为绩效不可量化，但贝克韦尔认为，这些认定绩效不可量化的学院的最终量化目标应该是避免金融崩溃。对每个项目、每个系或者教授，贝克韦尔都计算出一个金融比率，并和其他同类机构或教授进行打分比较。某些人会反驳，在评估教授的表现方面，这个算法缺少微妙的定性绩效因素，但贝克韦尔认为他这样计算是理所当然的。他说：“他们让我在大学进行量化工作之前，已经试过各种方法，但还是陷入了金融危机。虽然他们已经削减了各处经费，但主要的劳动力成本却一点都没有减少。”这种务实的观点毫无疑问对我们会有所启发。

例 2 首席信息官中的佼佼者保罗·斯特拉斯曼（Paul Strassmann），用“管理带来的增值”除以工资、奖金和管理者的福利，计算出“管理的回报率”。他从利润中减去购买成本、税收等他认为在管理控制之外的费用，计算出管理的总价值。斯特拉斯曼认为，管理总价值受管理政策的直接影响，最终是一个数。他认为管理的价值必须在公司的财务中有所体现。可能你的算法和斯特拉斯曼的完全一样。

例 3 奥克兰运动家棒球队的总经理比利·宾（Billy Bean）决定抛弃传统的棒球运动员绩效量化方法。他把最重要的攻击性量化指标设为球员不被击出局的概率。同样，防守性的量化指标是某种对球队直接或间接做出贡献的指标。所有这些都被计入最终的整体量化，计算每一个球员对全队赢球的贡献比例，并和工资挂钩。这些都被转化为球队每次赢球的平均成本。截止到 2002 年，奥克兰运动家棒球队每场赢球的平均成本为 50 万美元，而其他一些队伍每次赢球的成本是 300 万美元。

在上述每一个案例中，决策者或许都不得不改变他们对绩效的想法，必须想想绩效究竟是什么。由贝克韦尔、斯特拉斯曼和比利提出的方法，也许会在实施中遇到阻力，因为有些人更想用定性的方法。顽固的批评者会坚持认为，一些定量方法太过简单，太多重要因素被忽略。但是如果不能量化对组织目标的最终贡献，量化还有什么意义呢？我们早已多次看到，关键在于搞清楚要量化什么，因此无论你认为绩效是什么意思，要做的就是彻底弄清其真实意义。

第 12 章

人的判断和测量仪器哪个更准？

毫无疑问，统计学在某种程度上依赖于概率。但是说到什么是概率，以及它是怎么和统计学发生联系的，自从通天塔建造以来，很少有这么大的争议和沟通障碍。

——美国数学家　伦纳德·吉米·萨维奇

和典型的机械电子测量设备相比，人类的心智确实有某些显著优势。在评估复杂和模糊的局面时，其他测量设备会变得无用，但人却有独特的能力。诸如在人群中辨认人脸或声音，对软件开发者来说是一项巨大的挑战，但对于 5 岁的小孩来说是很简单的事情。想要开发出具有高级人工智能的软件，比如可以写电影或写商业计划书的软件，我们还有很长的路要走。实际上，人类的心智是天生的测量仪器，它极为强大。或者说，如果人们不是被普遍的偏见和错误吓倒，人类的心智本来应该可以成为极为强大的测量仪器。

当然，人类心智不是一台完全理性的计算机，它是一个复杂的系统，会通过一系列规则理解并适应环境，而且所有这些规则都更倾向于简单化，即使很多规则是彼此矛盾的。我们把那些看起来不太理性但也不算太荒谬的规则，叫作启发式规则；把那些在理性面前飞舞的东西称为“谬论”。

如果我们希望发挥出人类心智作为测量仪器的作用的话，就需要找到一条发挥其强大功能，同时减少其误差的途径。正如对概率进行校准可以修正人类过于自信的倾向一样，也有方法可以纠正人类其他类型的错误和偏见。当人们需要对相似问题做大量判断时，例如估计新建设项目的成本、新产品的市场潜力、员工价值等，这些方法相当有效。在这些量化过程中，如果没有人的参与，对各种定性因素的判断就会极为困难，但人类也需要一点小小的帮助。

人类的心理如何影响决策？

第 8 章提到的偏见类型只是测量误差的一个比较宽泛的分类，它们仅仅是在随机抽样或控制实验中存在的测量误差。如果我们通过询问专家对某事物的评估来量化某物，可能就存在认知偏差的问题。关于认知偏差的例子有很多。下面是一些令人震惊的认知偏差例子。

锚定（Anchoring） 锚定是第 5 章讨论校准时提到的认知偏差，在此有必要再深入讲讲。简单地说，锚定就是事先告诉人们一个完全无关的数值，这个值对之后的估值会有影响。在一次实验中，阿莫斯·特沃斯基（Amos Tversky）和 2002 年诺贝尔经济学奖获得者丹尼尔·卡尼曼（Daniel Kahneman）让被试回答非洲国家在联合国中占多少比例。他们询问第 1 组被试的问题是："非洲国家在联合国中占的比例是否超过 10%？"而询问第 2 组被试的问题是："非洲国家在联合国中占的比例是否超过 65%？"而且询问之前告诉两组被试，这个百分比是随机产生的（但实际上不是），然后再让两组被试估计实际百分比。此时第 1 组被试回答的平均值是25%，而第2组是45%。虽然被试相信问题中的百分比是随机选择的，但之后的回答还是受到了影响。

之后卡尼曼还做了个实验，在被试回答之前，展示一个与问题毫无关系的数字。研究发现，被试还是受到了影响。之后，卡尼曼要被试写下他们自己的社会保险号的最后4位数，然后估计纽约的物理学家的人数。卡尼曼发现这两个数字的相关性是0.4。虽然相关性不算高，但还是很显著，比纯粹随机产生的结果要高得多。

光环 / 喇叭效应（Halo/Horns Effect） 如果人们首先看到一个喜欢或厌恶的事物，就会倾向于以支持他们结论的方式解释更多的后续信息，而不管后续信息是什么。例如，如果你事先对某人有了正面印象，就更容易从正面角度解释这个人的后续信息（光环效应）。与此类似，负面的第一印象会起相反的作用（喇叭效应）。圣迭戈州立大学的罗伯特·卡普兰（Robert Kaplan）做了一个实验，结果显示，论文作者的外表会对评分者产生很大影响。他让评分者对学生的论文打分，并在论文中附上学生的照片。他发现，论文分数和学生外表吸引力的主观评分有很大相关。但事实上，所有评分者收到的都是同一篇论文，而论文上的作者照片也是随机贴上去的。

从众效应（Bandwagon Bias） 如果你评估某一事物时，询问一群人与询问一个人，结果差异会非常大。1951年，一个叫所罗门·阿希（Solomon Asch）的心理学家告诉一组被试他想测试他们的视觉感知能力，如图12.1所示。他给被试呈现2张纸，一张纸上印着一条测试线段，被试需要在另一张印有3条线段的纸上找出与刚才那条长度相同的线段。结果显示，99%的人会正确选择C。

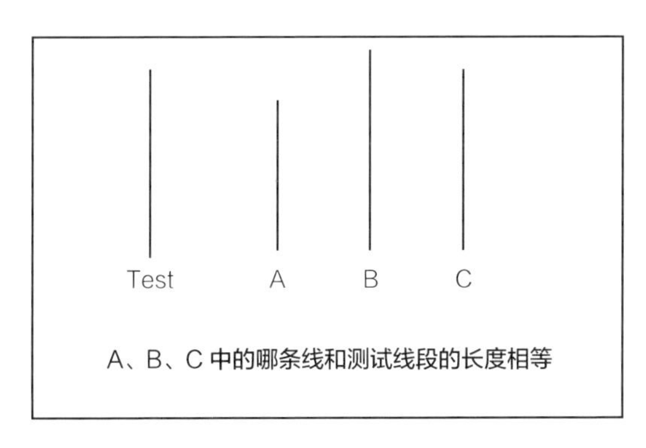

图 12.1 阿希的从众实验

但阿希对房间里的学生又做了一个实验，他让每个人依次回答同样的问题，而前几个人是秘密安排的实验人员，他们先故意选择了 A，但被试并不知道。因此当他们开始回答问题时，只要有人（实验人员）做出了错误回答，那么下一个人正确回答的概率就会降为 97%；当被试前面的两三个人都连续回答错误时，被试正确回答的概率就只有 67% ~ 87% 了。进一步施加压力，对被试说明如果他们组的每个人都回答正确，就给予奖励，那么此时正确回答的概率就只有 53%。

新兴偏好（Emerging Preferences） 一旦人们开始喜欢某个方案或见解，就会改变对后续信息的偏好，倾向于支持他们先前的决定。这听起来很像光环 / 喇叭效应，但在决策分析过程中，人们的偏好确实发生了一些变化，因此决策可能更倾向于支持在此过程中形成的偏见。例如，在项目 A 和项目 B 中，如果管理者起初更喜欢项目 A，如果你告诉他们项目 A 虽然风险更小，但比项目 B 实施时间长很多，此时管理者会说他们更喜欢风险小的项目。但如果你告诉他们方案 B 的风险更小，但实施时间更长，他们就很可能会回答说，他们总是喜欢进度快的项目，因为获利更快，风险也可能会降低。即使人们一开始并不支持这个决定，但是当他们决定之后，也会继续哄骗自己相信这个决定。

有一个实验要求食品杂货店的消费者品尝两种果酱，并选出他们喜欢的那一种。然后，另一个研究者问被试一些问题，将他们的注意力引开。在问问题的过程中，研究者偷偷把 2 瓶果酱的标签交换，然后要求被试品尝这些果酱，并再次让他们回答喜欢哪一瓶。结果发现有 75% 的人根本没有觉察到标签已经交换了，他们还是声称喜欢贴有原来标签的果酱，并详细解释为什么他们喜欢。

幸运的是，我们可以研究人类的非理性对人类能力的影响。康奈尔大学的杰伊·爱德华·罗素（Jay Edward Russo）是认知偏差领域前沿的研究者，他正在研究一些解决方案。例如，为了减少新兴偏好的影响，罗素提出了一种形式简单的盲测法。他让人们在评估个人偏好之前，先对各种偏好进行明确的排序。这可以防止他们今后为了支持最初的选择而声称“和那个比，我总是更喜欢这个”。

即使有这些偏差，我们还是要依赖专家，因为对于某些非结构化决策问题[①]，大部分人都认为专家才是唯一可能的解决者。

我曾经参与创建一个统计模型来预测哪种电影的票房可能更高。电影评估专家很难想象会有那么一个数学公式比他们的判断更准。我记得一个专家说过，要基于他们全部的经验和创造性，才能对整个电影项目“全面”分析。用他的话说，整个工作极为复杂，不可能用数学模型分析。

但当我对比专家们对票房的预测和实际票房数据时，根本看不到两

① 非结构化决策问题指那些决策过程复杂、决策方法没有固定规律可循，也没有通用模型可依的问题。

者之间有什么关系。换句话说，如果我能开发一个随机数产生器，它产生的数的概率分布和历史票房数据的分布相同，我也能和专家们预测得一样准。但是某些历史数据与电影票房具有很大相关，例如，电影的宣传费和票房收入就存在中等相关。因此，我们可以通过使用更多变量，来创造一个预测模型，这个模型在很大程度上可以预测真实的票房收入。和电影评估专家的预测记录相比，这应该是一个巨大的进步。

不幸的是，在电影行业，人们对“专家”们毫无根据的预测简直迷信到家了。在解决诸多行业难题时，人们都觉得专家才是最好的工具。他们认为不是所有事物都能用算术来表达的。然而实际上，复杂的难题永远是由专家解决的观点，在几十年前就被戳穿了。

在 20 世纪 50 年代，美国心理学家保罗·米尔（Paul Meehl）提出了一个至今仍然不被大多数人接受的观点，那就是在精神病的诊断方面，专家的临床诊断结果并不比简单的统计模型的更准。作为一个真正的怀疑论者，他收集了几十个研究案例，以检验医生和心理专家基于病历的诊断和预测的正确性。作为明尼苏达州多项人格测验量表的开发者，米尔让大家看到，在预测几种和神经紊乱、青少年犯罪及吸毒有关的行为上，他的人格测验要比专家的诊断更准。

他在 1954 年出版了里程碑式的著作《临床和统计预测的对比》（*Clinical versus Statistical Prediction*），这部著作引起了精神病领域的震惊。当时他引用了 90 多个案例挑战专家的所谓权威。一些研究者受此启发，在此基础上继续研究，比如密歇根大学的罗宾·道斯（Robyn Dawes）。每一个新的研究结果，都再次证实了米尔的发现。即使扩展到临床诊断领域之外也是这样。以下是他们的研究总结：

◎ 在预测大学一年级新生各科成绩的平均分时，基于高中成绩和能力测试的一个简单线性模型的预测结果，比经验丰富的招生人员的判断更准。

◎ 在预测罪犯的累犯行为时，基于罪犯的犯罪记录和监狱记录的统计模型的预测结果，比犯罪专家们的判断更准。

◎ 在预测医学院学生的学术成就时，基于过去学业表现的简单模型的预测结果，比教授们和学生谈话之后做出的判断更准。

◎ 在第二次世界大战中海军新兵表现的预测研究中，基于高中记录和能力测试的模型的预测结果，比专家面谈后的判断更准。甚至把海军新兵的高中记录和能力测试的数据给这些专家，他们的判断也不如模型预测得更准。

道斯认为，专家的自信来自他们认为对事物的判断必然会随着时间和经验的不断积累而变得更准。道斯认为这是由于对概率反馈的不精确解释造成的。很少有专家会真正对他们长时间的表现进行统计和测量，他们更倾向于将记忆中的零星碎片汇总起来。有时他们的判断是正确的，有时却是错误的，但他们记住的一般都是他们表现不错的事情，这容易让他们飘飘然。这是人们普遍过分自信的原因之一，也是绝大多数管理者在校准测验中表现差的原因。

专家们会将他们的过分自信延伸到分析过程中。他们对分析后做出的决策感觉良好，即使他们的分析方法可能一点都不能提高决策水平。进一步的研究发现，专家们使用的可能是大量的定性分析以及根本不能提高准确性的“最佳实践法”。

对赛马专家的一项研究中发现，专家们获得的关于马匹的数据越多，在改良品种方面的预测信心也就越高；获得少量数据的专家，比没有数据的专家预测得更准。随着数据量的增加，他们的预测水平开始变得平稳，甚至还会下降，但在预测时的信心却在不断上升，甚至当信息过载、预测能力降低时也是如此。

另一项研究表明，在达到一定程度之前，从其他人那里得到的相关信息可以提高专家们的决策水平，但超过了这一程度之后，由于专家要和更多人合作，决策水平会稍稍降低。但是与之前一样，他们决策中的信心在不断增长，甚至当决策水平并未提高时也是如此。

在 1999 年做的一项检测谎言能力的实验中，一组被试参加了检测谎言的训练，另一组被试未参加。研究发现，训练组被试在判断别人的话是否为谎言时更加自信，即使他们比没训练的被试的成绩还要差。

这些研究或许引起了管理者的沉思，他们不得不慎重思考，在决策过程中，是否要采用正规或系统的决策分析方法。这些研究清楚地表明，我们可以在很多领域对专家的能力提出质疑。更荒谬的是，专家常常过于自信，而且分析得越多他们越自信，即使准确率没有提高也是如此。

打开天窗说“量化”

通过将数据条理化，减少绩效评估的潜在误差

你也许认为芝加哥的伊利诺伊州立大学（University of Illinois at Chicago，UIC）信息和决策科学系对每种事物都能给出相当精

确的量化方法，但当阿卡尔古德·拉马派赛特（Arkalgud Ramaprasad）博士量化系里各位教员的绩效时，其方法比你想象的要简单得多。

拉马派赛特博士说："以前他们依据论文厚度来评定教员的绩效。顾问委员会的人会坐在一张放满教员们各种文件的桌子旁，然后开始讨论他们的绩效"。他们会讨论每个教员的出版物、获得的资助、各种建议、专业领域的荣誉等，然后给教员们打分，分数在1～5分之间。基于这种非结构的方法，他们会做出各种重要决定，比如是否提高教员的工资。

拉马派赛特博士觉得这个评估过程中的误差，绝大多数与数据呈现形式有关。只要简单将工作条理化，以一定的次序和格式呈现数据，评估工作就会有很大改进。在评估教员绩效时，他只是围绕教员绩效，简单将相关数据条理化并用一个大表格呈现而已。表格的每一行是一个员工，每一列是某方面的专业成绩，如获奖、出版情况等。

拉马派赛特博士没有对这些数据做进一步的规范，评分标准遵循了顾问委员会大多数人的意见，仍然使用1～5的打分尺度，使用表格呈现可以保证他们看到同样的数据。以前顾问委员会的专家们看到的是不同教员整理的数据，内容和格式各不相同，因此在评估过程中会有更多误差。

一些人也许会毙掉任何关于量化教员绩效的想法，认为任何方法都会存在误差，而且都无法处理全部的例外情况。但是拉马派赛特博士意识到，不管新的量化方法存在何种瑕疵，它仍然比过去的方法更好。公正地看，他的方法减少了不确定性，因此是一种量化工作，这让他至少有足够的底气评判教员的绩效。考虑到要为教员升职或加薪，这项评估工作是十分必要的。

也许我们还可以不怎么费力地采用更多的技术分析方法，进一步提高评估水平。实际上，拉马派赛特博士还没有处理我们讨论过的任何认知偏差，他只是将教员的数据标准化，消除了潜在误差而已。

由于还没有检验过这种方法的效果，我们还不知道是否真的减小了误差。也有大量证据显示，类似拉马派赛特博士提出的方法也许没有想象中的有效，正如前文提到的“二战”中海军新兵评估的例子。甚至给专家足够多的“结构化数据”，专家们的判断准确度仍然比不过简单的统计模型。因此，我把“条理化”仅仅看成必要的准备步骤，而不是一种解决方案，因为真正的工作还没有开始呢。

令人惊讶的简单线性模型

还有另一种方法，听起来并不高深，但十分有效，还相当简单。如果你正试图估计多项房地产投资的商业价值，就要确定一些主要因素，比如房地产的位置、成本、市场增长率等，然后给每个因素赋予一个权重，将每个因素的评分和相关权重相乘，并对这些主要因素进行评估，再将结果相加，得到的就是总分。

我曾经认为加权求和的方法不比占星术更准确，但随后的研究让我相信，它们确实有一些好处。然而不幸的是，能带来好处的方法一般都不会被使用到商业中。根据决策科学领域的专家杰伊·爱德华·罗素的研究，加权评分方法的效用取决于你正在做什么。即使最简单的加权评分方法，都可以提高人们的决策水平。

罗宾·道斯 1979 年写了一篇论文，题为《不恰当的线性模型的活力之美》（*The Robust Beauty of Improper Linear Models in Decision Making*）。在文章中他宣称："这些模型的权重并不重要，重要的是你得知道要量化什么，然后相加即可。"道斯、米尔和其他研究者发现，专家们觉得困难的是评估非结构化的难题，比如临床诊断和大学入学申请。简单的线性模型显然是结构化的，在很多情况下，它比专家的判断水平要高。

这里有两点需要澄清。首先，拉马派赛特博士评估教员绩效的经验和罗素、道斯的观点并不矛盾。其次，道斯实际上指的是规范化的 z 值，而不是一个任意的分数。他给其中一个需要评估的属性赋值，然后为该属性创建一个规范化的分布，使其平均值是零，接着再把每个值转化为高于或低于平均值的标准差。例如，他可以通过以下 5 个步骤，给拉马派赛特博士的教员评分表上的所有出版物打分：

步骤 1 对表中的每个属性列，根据某些等级量表或基本量表进行评估。请注意：如果有可能，基本量表最好有真实的度量单位，例如成本可以以美元为单位，时间可以以月为单位。

步骤 2 计算每一列的平均值。

步骤 3 使用 Excel 的总体标准差公式 =stdevp( )，计算每列的标准差。

步骤 4 对一列中的每个值计算 z 值，公式是 z =（值 − 平均值）/ 标准差。

步骤 5 由于此 z 值的平均值是零，下限最多是 −2 或 −3，上限最多是 2 或 3。

使用 z 值的一个原因是，可以避免其他加权评分法的无意加权问题。如果分数没有被转化为 z 值，而某个属性碰巧使用了一个大区间，就会增加其权重。例如，假设要评估房地产投资的每一个因素，等级量表的范围都是 1 ～ 10，但某个因素，比如位置的评分变化相当大，一般来说你会经常想给 7 分或 8 分，但考虑到市场增长情况，你又倾向给 4 ～ 5 分。最终的结果是，即使你认为市场增长率更重要，但位置的权重却更高。道斯将所有属性值都转化为 z 值，就是为了解决这个问题。

虽然这个简单方法不直接处理任何认知偏差，但道斯和罗素的研究似乎说明，这种方法对于决策来说可能更加准确。用这种方法处理难题，至少可以减少一点点不确定性，从而提高决策水平。但是在更大型和更具风险的决策中，信息的价值会非常高，这时我们可以而且也应该使用更复杂和更高级的量化方法，而不仅仅是把工作条理化和使用加权评分法。

不变比较原则：将任何估值都标准化

本书已经广泛涉猎了多种统计方法，现在让我们看看一些新的领域。在教育领域，我发现了一本名为《客观测量》（*Objective Measurement*）的书。该书的内容看似包罗万象，让你觉得它应该包含了宇航员、化学家或经济学家感兴趣的任何量化话题，但实际上，这个 5 卷本的巨著谈的只是人类行为和教育量化问题。

就像一幅名为“世界地图”的老地图，实际上只包含了遥远的太平洋上的一座小岛，而画这幅地图的人却根本不知道这个岛只是地球上极小的一部分。教育测试领域的一位专家认为“不变比较”（Invariant Comparison）是量化的基础和入门知识。另一个人却说它是物理学家工作的支柱。但我问了好几位物理学家和统计学家，除了一人之外，其他人之前根本就没听说过。显然，在教育量领域非常基础的知识，在其他领域未必如此。

在教育测试领域确实可以学到一些很有趣的东西。这个领域的专家会和所有判断人类行为的课题打交道，而这是量化难题的一大类目，其中有很多是在商业中被认为是不可量化的事物。不变比较原则是人类行为测试中的一个关键原则，是指如果一台测量仪器显示 A 比 B 多，那么另一台测量仪器也应该得出同样结果。换句话说，A 和 B 的比较不因测量仪器的变化而变化。物理学家也许觉得这是毋庸置疑的，根本就不值一提。但相反的情况恰恰可能会在智商测试或任何其他人类行为测试中发生。也就是说，两份智商测试题如果不同，就有可能得出完全不同的测试结果。比如鲍勃可能在一次测试中得分高于雪莉，而在另一次测试中得分却低于雪莉。

与不变比较原则相关的另一个情况是，不同的评判者对为数众多的个人进行非结构化的评估。也许被评估的人太多，不得不把他们分成几个组，并且分别由不同的评判者评估。一个评判者可能只评估一个人的某个方面，这个人的其他方面则由其他的评判者评估；也有可能每个评判者所给出的测试题难度不同，此时，不变比较原则就非常重要了。

假设你想根据项目经理被分配到不同项目后的绩效，来评估项目经理精通业务的程度。如果有很多个项目经理，可能就必须有多位评判者来评估他们的表现，而评判者可能是项目经理的直接上级，且项目本身的难度可能差别极大。

但是现在假设不考虑项目难度，也不考虑他们向谁汇报，假设所有的项目经理都在为同一个奖项竞争，而这个奖项设置的数量并不多，那么那些得到“硬骨头”项目的经理们显然会吃亏，他们的绩效可能不高。因此不同的评判者根据不同项目来比较不同的项目经理，评判结果必然没有考虑到评判者和项目难度。

1961 年，统计学家格奥尔·拉希（Georg Rasch）提出了一种解决方法。要预测被试能否正确回答一个真假问题，应该基于两点：第 1 点是在全体被试中除该被试外，能正确回答这个问题的正确率；第 2 点是该被试回答其他问题的正确率。即使不同被试做的是不同试卷，也可以预测某个被试在另一份他从未做过的试卷上的表现，而误差也是可以计算出来的。

首先，拉希计算了从测试全体中随机选择一个人正确回答某一问题的概率，也就是试题难度；然后，拉希计算了概率的对数胜算值。对数胜算值就是回答的正确率除以错误率的值的自然对数。例如，如果某题目的难度是 35%，这意味着有 35% 的人能回答正确，而 65% 的人回答错误，因此正确错误比率是 0.538，它的自然对数是 −0.62。如果你愿意，可以在 Excel 中写出下面的公式：

= ln (P (A) / (1—P (A))

其中 P(A) 是回答正确的概率。

拉希用同样的方法还可以计算出个体回答任何问题的正确概率。例如上面这个人回答问题的总体正确率是 82%，他的“对数胜算值”就是 ln(0.82/0.18)=1.52。最后，将这两个值相加，得到 − 0.62 + 1.52 = 0.9。要把该值转换为概率值，在 Excel 中可以这样写：

```
= 1/(1/exp(0.9)+1)
```

计算结果是 71%，意思是这个人能正确回答这个问题的概率是 71%。它既考虑了具体问题的难度，也考虑了个体回答问题的情况。也就是说，假设某问题的回答正确率是 35%，而某个人回答问题的总体正确率是 82%，那么某人回答某个问题时，正确概率大约是 70%。与此类似，当数据不同时，我们还可以得到 90%、80% 之类的结果。某种程度上说，拉希模型只是概率的另一种形式的校准方法。

芝加哥量化研究协会的玛丽·伦茨（Mary Lunz），在为美国临床病理协会工作时，将拉希模型应用到一个重要的公共健康项目中。之前，美国临床病理协会的病理学家认证过程存在很大误差，现在需要减少这种误差。每个候选人需要诊断一个或更多案例，而且一个或多个评判者会对其中的案例诊断进行评估。让每个评判者评估每个案例是不现实的，而且各个案例的难度也很难保证一样。

提供给候选人的案例都是随机指定的，如果某个能力不足的候选人抽到了相对容易的案例，再遇到仁慈的评判者，则很可能会通过认证。伦茨通过计算每一个评判者、每一个案例和每一个候选人在每一项技能上的分数，制作出了标准拉希模型。用这个模型可以计算一个评判者让一个候选人通过考试的概率。

这个概率已经考虑了候选人可能遇到一个仁慈的考官，而且遇到的案例也很容易的情况。因此，现在评判者或案例难度的变动已经不再是认证过程中需要考虑的因素了。我相信在其他公共领域，不久之后也可以做到这一点。

打开天窗说“量化”

蓝思阅读测评系统的妙用

拉希模型的一个有趣应用就是勇于量化不同读物的阅读难度。杰克·斯特纳（Jack Stenner）博士是 MetaMetrics 公司[①]的总裁和创建者，他使用拉希模型开发了评估学习者的阅读能力和阅读材料的难度等级的蓝思阅读测评系统（Lexile Framework of Reading）。该系统统一对测验、文本和学生进行量化。MetaMetrics 公司 65 名员工所做的工作，也许要比任何其他机构做的多得多。他们在蓝思阅读测评系统中完成的工作有：

◎ 量化了大约 2 000 万名美国学生的阅读能力。

◎ 量化了超过 20 万本书和上千万篇杂志文章的阅读难度。

◎ 将好几个教材出版商的阅读课程作了结构化处理。

◎ 美国各州和本地教育机构非常迅速认可了蓝思阅读测评系统。

① 一家教育测评机构，致力于开发学生能力测评系统。

在蓝思阅读测评系统中，阅读难度为 100 的文本大约相当于小学一年级读物；难度为 1 700 的文本大约相当于高等法院的判决书、科学杂志上的文章等。而阅读能力为 600 的读者，大约能理解阅读难度为 600 的文章的 75% 的内容。顺便提一下，本书的阅读难度为 1 240。

透镜模型：消除评估过程中的不一致

20 世纪 50 年代，一个叫埃贡·布隆斯威克（Egon Brunswik）的决策心理学研究者想用统计方法量化专家的决策情况。他的绝大多数同事对专家所经历的潜在决策过程感兴趣，而布隆斯威克本人则对描述专家决策过程的东西更感兴趣。他认为，决策心理学家的工作“更应该像一个绘图员，而非地理学家”。换句话说，决策心理学家只需把外部观察的现象画出来，而不应该关心所谓隐藏在内部的过程。

带着这种观点，布隆斯威克开始对专家的评估过程进行实验。这些评估过程包括是否允许学生毕业，或者肿瘤的癌变程度等。在评估之前，先给专家一些基础数据，得到专家们的大量评估之后，他发现了一个最佳回归模型。其中有一些决策者有意或无意地使用了隐含权数（Implicit Weights），决策者用它们来决定应该做出什么评估。

他还发现，该模型虽然以专家的判断分析为基础，且没有考虑任何客观历史数据，但用这个模型决策比专家们更正确。换句话说，在面对诸如评判是否允许学生毕业或肿瘤癌变的程度这样的问题时，利用这个仅仅基于专家判断分析得出的模型做出的决策，比专家面对问题时做出的决策更正确。他的这一理论后来被称为“透镜模型”，并逐渐广为人知。

透镜模型已经广泛应用于各种情境，包括医疗诊断、海军雷达操作员的飞机确认、基于财务数据判断商业失败的概率等。在每种情况下，该模型都能和专家们做得一样好，而且在绝大多数情况下比他们做得更好，如图12.2所示。

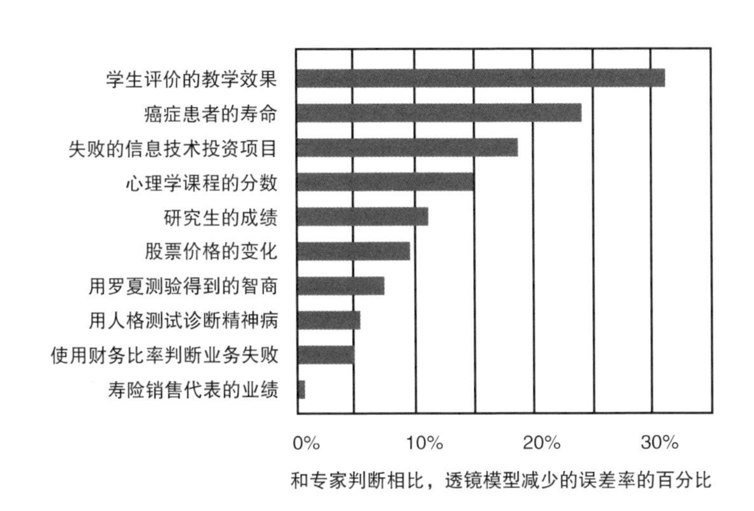

图12.2 透镜模型针对不同类型决策的效果

透镜模型消除了人们在评估过程中的不一致判断误差。在相同情况下，专家的评估往往变化很大，他们会受到一系列不相关因素的影响，却仍觉得自己博学和专业，而透镜模型却能给出一致的评估结果。

专家们通常是那些确定什么因素应纳入统计模型中的人。米尔发现，专家们的判断有时虽然存在很大误差，但并不意味着他们真的没有学识。由于透镜模型是基于已知数据输入的数学表达式，它可以用程序实现，可处理海量数据。显然，专家们是无法做到这一点的。

布隆斯威克的透镜模型法可以分为 7 个简单的步骤，如图 12.3 所示。

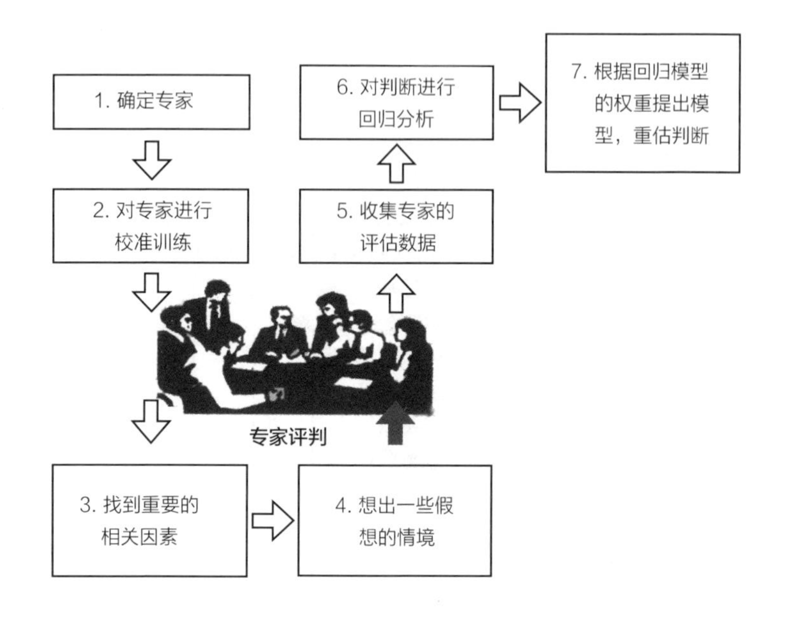

图 12.3　透镜模型的过程

透镜模型的过程如下：

◎ 确定参与的专家。

◎ 如果他们要评估一个概率或范围，先对他们进行校准训练。

◎ 请他们确定与待量化的事物相关的一系列因素，但这些因素要少于 10 个，例如软件项目的时长对失败风险的影响，或者贷款申请人的收入影响其还贷的概率等。

◎ 对上述每个因素，用价值组合法产生一系列情境，可以是真实例子，也可以纯想象，对待量化的事物形成 30 ～ 50 个场景。

◎ 请专家们对上述每个情境进行相关评估。

◎ 执行第 9 章讲过的回归分析。自变量“X”是提供给专家的变量，因变量“Y”是专家们的估计值。

◎ 在 Excel 的输出表中，情境的每一列数据都应该有系数。将各个变量值和相应的系数值相乘，然后再相加，这个值就是你要估计的值。

此过程会产生一个表，表中的每一列变量都有一个权重系数。由于产生的模型没有任何不一致性，因此肯定可以减少一些误差。

我们可以快速估计，用此模型减少了多少由于专家们不一致判断导致的不确定性。我们可以设置一些重复情境估计不一致性。例如，列表中的第 7 个情境也许和第 29 个情境完全一样，在看过几十个情境之后，专家们会忘记他们已经对同样的情境进行过估计，因此常常会给出稍有不同的回答。心思周密的专家在评估时会给出相当一致的答案，但绝大多数专家的评估一般会有 10% ～ 20% 的偏差，这种偏差可以用透镜方法消除。

罗宾·道斯是未优化的简单线性模型的支持者。他认为和无助的人类判断相比，布隆斯威克的方法确实有了显著提高，但又认为布隆斯威克的方法可能不是由于对回归模型权重的优化造成的。道斯的研究也让大家看到，他的模型的权重不是由回归推导出来的，而是设定各个权重都相等，或者对权重随机赋值。和他的模型相比，透镜模型的误差只是稍有减少而已。

道斯认为，透镜模型之所以比专家的判断准确性大有提高，或许是因为在模型中让专家来确定影响因素以及赋予每个因素正值还是负值，而对每个值的大小没必要非用回归来优化。

无论如何，道斯的发现是有价值的，因为：

◎ 道斯的数据确实显示出优化的透镜模型比未优化的简单模型有一些优势，即使优势很小。

◎ 他的发现支持了模型的应用，因为无论有没有优化权重，这些模型都比人的判断更准确。

但我仍然发现努力创建优化模型，尤其是针对重大决策，哪怕只是对简单模型稍有优化，都是有价值的。

当然我们还可以做得比优化的线性模型还要好。在商业实践过程中，使用回归模型时，我倾向于附加一些规则，比如“只有当项目的时长超过 1 年时，它才是一个需要特别考虑的因素，所有短于 1 年的项目的风险是一样的”。因此，有些非线性模型比线性的透镜模型拟合要好得多。道斯的所有模型都是严格的线性模型，因此他的模型的拟合程度一般比我的非线性模型低。

我从两点来源发现这些附加规则：专家们的明确声明和他们反映的方式。例如，如果一个专家对一个软件项目的时间范围的概率估计显著扩大，说明他对 12 个月以内的项目根本没有做任何区分，因此我不会把初始的“项目时长”这个变量设定为同一个值，而会设定不同值。例如设定任何少于 12 个月的时长为 1，13 个月为 2，14 个月为 3……

即使专家没有告诉我这些，也可以通过观察其判断结果来了解。假设我们把专家们的判断画在“需求变化的可能性”图上，把变化的可能性作为“以月为单位的项目时长”的函数，就会看到如图 12.4 所示的图。

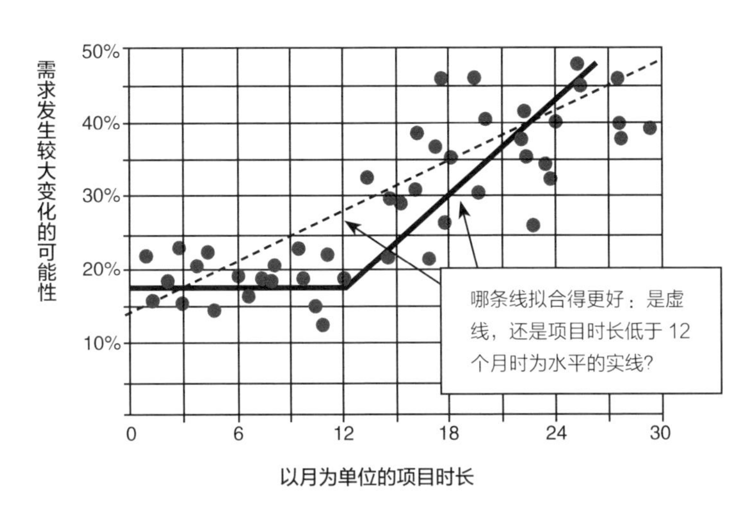

图 12.4 透镜模型的一个变量为非线性的例子

超过 1 年的项目会有不同的变量集合，也许一些变量和专家的分析有关，但是多少有赖于项目时长。透镜模型可以处理这些非线性条件，这不仅更符合专家的意见，而且更符合真实的项目结果。

我有时发现，如果附加更为细致的规则，一个变量还会更好地拟合实际数据。也许一个变量最好的拟合方法是取其对数或者把它和其他变量相乘等。我鼓励大家做实验，对同一数据我一般会用好几种非线性方式尝试，而且往往发现某种方式明显比其他方式好。

我也会试图将模型限制在只考虑不多的几个变量内，以此避免建构出和数据过于拟合的模型，因为这种模型实际上毫无用处。不要建构拟合得更好的非线性模型，只要你建构的非线性模型在具体难题中起作用就行。

事实证明，在很多不同的复杂层次上你都可以使用加权的模型。如果你对非线性方法很有信心，那当然最好，但如果你认为有难度，而只会用线性回归模型，那就用线性回归模型好了。如果你觉得用回归模型也有难度，就用道斯的 z 值权重吧。和简单的方法相比，每种方法都有所提高，而且都比专家的判断更准。

两种不适用的量化方法

一些读者可能觉得，迄今为止我的方法已经大大降低了量化的门槛，尤其是量化标准的改变，因此所有事物都是可量化的。因为我曾经说过，只要某种方法可以降低不确定程度，它就是一种量化方法。虽然观测中存在各种误差，但只要能减少不确定性，那么误差就不构成量化的障碍了。

如果有大量证据说明，某些客观方法确实能使评估更加精确，那么它们也是量化手段，例如拉希模型和透镜模型。但我想告诉你，即使在这些宽松的条件下，我也认为某些方法并不是合适的量化方法。因此现在需要给大家一些告诫，在我们学习一些新的量化方法前，要明智地应用一些“刹车”手段。

我们把量化定义为“减少不确定性”，这确实让量化工作更加切实可行了，因为我们现在不关注量化精度，只要能减少不确定性就行。但是该定义也是一个硬性的限制条件，如果一种方法不能减少不确定性，甚至还会增加不确定性，那么它就不是合适的量化方法，而且对决策者来说也没有任何经济价值。如果我们有一些詹姆斯·兰迪、保罗·米尔以及罗宾·道斯的怀疑精神，我们就要讨论两种常见的量化方法：典型的成本收益分析法（Cost Benefit Analysis，CBA）和主观的加权评分法。

当我开始写这本书时，就广泛联系了很多人，向他们寻求可以作为案例的量化解决方案。我说我在寻找“困难的或似乎不可能量化的难题，但却有聪明量化方法的有趣实例，而且量化结果最好能令人吃惊，且可以改变大型决策”。这个想法无懈可击，而且我通过电话访谈做了很多案例研究，比我最终在这本书里呈现的案例多得多。但同时我也看到，很多分析师、顾问和商界人士，会把“量化”和“商业案例”等同看待。他们并没有提供使用丰富观测手段以减少不确定性的例子。相反，他们会解释一个项目为什么适合商业运作。

我相信成本收益分析法确实可以作为第 8 章提到的一种分解法，而且它本身也可能会减少不确定性，而不需要做进一步的量化。正如费米所做的那样，商业中也会把案例问题分解而不需要做进一步的技术观测，以此揭示一些人们早就知道的事情。但在过去几十年我做过的评估案例中，对于高信息价值的变量，只用分解法最多能减少大约 25% 的不确定性。而绝大多数情况下，只需要做一些实证观测就可减少较大比例的不确定性。

相比之下，商业中太多的量化例子都采用分解法，似乎不需要做任何实证观测。每一个变量都只是初始的估值，或者来自一位专家，或者经由委员会同意的，并且永远只是一个确定的值，而非表达变量不确定性的范围。他们没有调查和实验，甚至也没有使用提高主观判断水平的方法。正是这些人，不管我给他们施加多少压力，即使做过一些现实调查或实验后，在用成本收益法分析的报告中仍然会把一个变量看作某一具体值。

和要求经过校准的评估者提供一个 90% 的置信区间不同，当要求评估商业案例的确定数值时，人们的行为会完全不同，尤其是评估与评估者自身利益相关的案例时更是如此。一群人坐在屋子里评估商业案例，就像玩估值游戏一样，人们被迫选择一个确定值，而不管不确定性有多高。评估者会问："别人会在多大程度上赞同这个值，而且我还能充分证明这个预先选定的值是合理的？"这种做法就好像承认"舆论"（Consensus）和"事实"（Fact）这两个术语是同义词一样荒谬。前面讨论的阿希的从众实验只是其中的一个例子而已。

制定管理决策时用到的加权评分法同样令人不安，其中的分数和权重都是任意选定的确定值，而不是道斯使用的 z 值。和前面讨论的简单的线性模型类似，这些方法的提出者也会以"战略整合""组织的风险"等名义，请项目管理者对各项目打分，评出各项目轻重缓急的次序。

在绝大多数这类方法中，每个项目评估的因素在 4 ～ 12 个之间，但有些方法包含的因素超过 100 个。每个评估者要给每个项目的每个因素打分，比如每个因素的分值为 1 ～ 5 分。然后把各个因素的得分和权重相乘，权重的值也可能在 1 ～ 5 之间。某些公司通常会把权重标准化，以便用相同尺度比较所有项目。然后把各因素的得分和权重相乘后的值加总，得到的就是项目总分。

加权评分法表示的是各项目的相对价值，不需要具体的度量单位。虽然加权评分法在很大程度上也是一种我们在第 3 章讨论过的等级量表，但是我总觉得任意给定的分值像是一种为所欲为的量化，因为它带来了额外的误差。之所以这么说，原因有以下 6 点：

加权评分法倾向于忽略第 11 章提到的分区依赖的问题。不同等级之间如何划分是主观任意性的，而划分成多少等级，等级值怎么定，对结果都有极大影响。

加权评分法常常被误用于在定量法可行的情况下。例如，如果将投资回报率曲线转化为一个值，或把可计算的风险转化为一个值，人们就不会像精算师或金融分析师一样仔细评估了。

研究已经表明，像加权评分法这种任意设定值的做法，对决策者一点帮助都没有，而且还会添乱。不同的风险评估者，对这种任意设定的分数，在理解上会有很大不同。他们虽然会对同样的分值达成“一致意见”，但其实有完全不同的看法，例如有人认为 2 分表示风险很低，但有人认为风险已经相当高了。

如果评分法是用于一个大群体调查，它还可以揭示出一些东西，但是用它来评估选择、战略或投资时，就没有什么价值了。调查者使用这些数据时，很少发现有值得惊讶的地方。

评分法的分数只可用于分级，但很多人会把这些分数看成真实数量，从而增加误差。前面解释过，更高的等级意味着“更多”，但并不意味着具体多多少。用户往往不能充分认识把等级值相乘或相加所带来的不良后果。

等级量表会带来一种叫作“范围压缩”（Range Compression）的极端的四舍五入误差。当用于风险分析时，最具风险项目的中等级别风险可能比同级别中最少风险的项目要大很多倍。很多使用等级量表的人会倾向于减少等级，从而把差异程度很高的结果集中在一起。例如，5 分制的等级量表和 2 分制的量表很像，但是 2 分制量表减小了“分辨率”，从而把相互之间差异很大的风险结果集中到一起。

在此有必要稍微深入探讨一下这种评分法和罗宾·道斯的 z 值法及透镜模型法有何不同。道斯的未优化的简单线性模型和布隆斯威克的透镜模型，都使用了更多的客观输入值，比如以月为单位的信息技术项目时长，或者申请上研究生的学生的平均成绩等。所有的输入值都不是专家任意评估的 1 ~ 5 的等级值。而且，道斯和布隆斯威克的方法的权重是比率值，而不是等级值，布隆斯威克方法的权重还是经过实证确定的。

人们使用等级量表的心理十分复杂。当专家们从 1 ~ 5 的等级量表中选择权重时，4 不一定是 2 的 2 倍。因为这些模糊性，5 分或 7 分等任何等级量表都会给量化过程增加额外的误差。我发现决策者经常无视评分法得出的结果，因为这种方法得出的结果很少能减少决策的不确定性。但很奇怪的是，决策者们常常会花大量时间和精力，去完善和应用他们的评分法。

这些方法中的一种方法有时会用于信息技术行业，而且被误认为属于信息经济学。人们认为它是客观的、结构化的和正式的。但实际上，这一方法并不是基于任何已被普遍接受的经济模型建立的，而且也根本不能被称为经济学。这个方法被称为“主观和未经调整的信息技术加权计分法”。

对于 IT 系统来说，用这种方法计算出的总分没有任何经济上的意义。在等级量表中，不同分数和权重的设定，无论从理论上还是实证上看，与客观的科学方法没有任何关系。这种方法其实就是一种完全的主观估值法，而且也没有用拉希模型和透镜模型进行误差校正。

信息经济学法以一种有经济意义的数量方式增加新误差，例如把投资回报率转化为分值。转化过程大致是：若投资回报率小于或等于 0，则分值为 0；若投资回报率在 1% ~ 299% 之间，则分值为 1；若投资回报率在 300% ~ 499%，则分值为 2，以此类推。换言之，投资回报率为 5% ~ 200% 的分值是一样的。在更多的用定量组合评定先后次序的方法中，这种差异最终会让两个项目之间产生巨大差异。因此这种分析法会对有效信息造成损失。

信息技术管理方面的作家芭芭拉·麦克纳林（Barbara McNurlin）同意这种观点。麦克纳林分析了 25 个不同的收益评估技术，其中包括几个不同的加权评分法。她发现，它们都没有理论基础，因此都是无用的。

保罗·格雷是《信息系统管理杂志》（*Journal of Information Systems Management*）的图书评论家，也许他的总结是最好的。在对一本名叫《信息经济学》（*Information Economics*）的书的评论中，格雷写道："不要被题目中的'经济'这个词骗了，这本书中唯一讨论经济的地方是附录中讨论一本关于成本曲线的书，这本《信息经济学》实际上没有包含任何经济学知识。"另一种流行的加权评分法叫作"层次分析法"（Analytic Hierarchy Process，以下简称 AHP）。AHP 和其他加权评分法有两点区别。

首先，它基于一系列的成对比较，而不是直接给属性赋权重。也就是说，询问专家某个属性相比另一个属性是"极其重要"还是"稍显重要"，然后在同一种属性中、以同一种方式比较不同的选择。例如，和新产品 B 比较，询问被试是否更喜欢新产品 A 的战略性收益（Strategic Benefits），然后再询问他们是否更愿意为新产品 A 冒开发风险，之后再问他们战略性收益是否比开发风险更重要。被试会在每个属性中比较各种可能的选择，然后再在各属性之间相互比较。成对比较避免了给属性任意设置权重的问题，这是这一方法的优点所在，但是令人奇怪的是，AHP 会将比较的数据转化为任意设置的分值。

其次，AHP 的系数是一致性系数，各系数是由内在的一致性决定的。例如你更想获得战略性收益，为此宁愿适当提高开发风险，但又想以较低的风险开发目前的分销渠道，那么，你就不应该为了获得战略性收益而开发目前的分销渠道。如果这种相互牵制的关系有很多，一致性计算的价值就会较低。完美的一致性系数的权重值是 1。

一致性计算用的是矩阵代数的特征值方法，用它可以解决一系列数学问题。因为 AHP 使用了这种方法计算一致性系数，所以 AHP 又常被称为“理论上是合理的”或者“数学上已经证明了的”方法。如果理论合理性的准则就是在一个过程中的某些地方，使用数学工具来证明一个新理论或者实现一个过程，那就太简单了。有人可能会在占星术中使用特征值方法，还有人可能在分析掌纹时使用数学方程式。但在这些应用过程中，这些方法不会带来更大价值，也不具备理论上的合理性。如果一个数学方法能在某个领域使用，那它早就被使用了。

AHP 其实就是另一种加权评分法，只是设置系数时考虑了一致性，因此减少了误差，但即使这样我们也不能说“结果是得到了证明的”。问题是比较各个属性如战略整合和开发风险，常常是无意义的。

如果我问你是喜欢一辆新车还是喜欢钱，你就会问我是什么样的车，有多少钱。如果是一辆已经用了 15 年的甲壳虫和 100 万美元，你当然会喜欢钱；但如果是一辆崭新的劳斯莱斯和 100 万美元，你当然会喜欢车。

但我发现，当人们在评分过程中使用 AHP 时，没有人停下来问一句："我们谈的制造成本和开发风险之间有什么关系？"

滑稽的是他们只管回答，好像两者之间的关系早就确定了一样。这么做的结果是，不同人权衡的结果完全不同，这当然又增加了另一种不必要的误差。

对于 AHP 方法的理论有效性，到现在甚至还有广泛的争议，更不用谈它是否真的有助于提高决策水平了。有一个"排序逆转"的问题可以很好说明这一点：假设你用 AHP 方法对 A、B、C 进行排序，其中 A 排在最前，然后假设你删除了 C，这会使得 B 比 A 更靠前吗？这似乎是不可能的，但 AHP 却有可能出现这种结果。

AHP 方法还存在其他问题，那就是评估时它可能违反"独立准则"。对于一个已经设置好先后次序的列表，如果我们再增加一条准则，且这条准则对每一个选项的作用是相同的，那么评级就不应该有变化。例如，假设你正在权衡公司的野餐该在哪举办，你已经用 AHP 对一些选项作了排名，然后有人认为你应该把"野餐地点和办公地点的距离"作为一个判断准则。

假设所有选项距离相等，那么新增的这条准则对每一个选项的作用都是一样的。不过在使用 AHP 方法时，即使新增的准则对所有选项的作用都相同，居然也会改变原来的排名。

但对于 AHP 方法的支持者来说，理论上的缺陷不是障碍，所以有缺陷又怎么样？迄今为止，还没有理论来计算这种问题在实践中究竟有多普遍，而人们也不想做任何实证研究，因为这需要对该方法进行验证。不过，毕竟存在一个"一锤定音的"准则，来衡量成本收益分析法或各种加权评分法是否应该被看作量化。也就是说，如果结果确实比以前的认识水平有所提高，就是量化，否则就不是。

不管用什么方法，经过一段相当长的时间，真实的预测和决策必有所提高才行。虽然人们为了宣扬诸如 AHP 等方法，已经写了几百个甚至几千个案例，但在相当长的时间内，包括与控制组进行比较，仍然不能证明它确实可以显著提高决策水平。

对于校准训练、拉希模型和蒙特卡洛方法，不仅有大量的相关出版资料，而且也有大量证据证明其可以提高决策水平。根据米尔和道斯的说法，在量化时即使只有一小部分实证研究人员，使用这些方法也足以显著提高决策水平。图 12.2 是为透镜模型的效果收集的数据，如果使用加权评分法也能有这样的效果，我保证我会立刻变成这些评分法的铁杆拥护者。

对 AHP 方法效果的少量研究表明，虽然自 20 世纪 80 年代以来 AHP 方法已经广为使用，但并没有真正意义上的客观量化，他们只是为了说明其量化结果和客户主观偏好有多么符合。

加权评分法不可能解决之前讨论过的人类的典型偏见问题。我们中的绝大多数人都过于自信，除非我们受过校准训练，否则都倾向于低估不确定性和风险。不管在哪种程度上，这些方法都不能避免以前讨论的锚定、从众效应、光环 / 喇叭效应等问题。

但这些方法仍然有很多的拥护者，对此我们不应该感到惊讶。本章前面讨论过，我们知道专家在决策的过程中信心会不断提高，甚至当分析和信息收集方法不再有效时也是如此。这就是道斯所说的“博学的幻觉”。

所有这些问题也许都在第 2 章讲过的艾米丽 · 罗莎对信心十足的抚触理疗师的量化过程中出现过。那些理疗师们从未想过，要去比较该疗法和安慰剂有何不同。艾米丽的简单实验表明，认为抚触疗法有效只是他们的一个幻觉而已。

管理者也许会觉得这个例子对他们并不适用，毕竟他们不会相信超自然现象。但他们量化过自己的决策绩效吗？如果没有，这些管理者们就需要想想他们和米尔、道斯和艾米丽·罗莎测试过的“专家们”有何不同了。

各种评估方法价值比较

一旦针对已知的困难寻求解决措施，人们就可以避免成为蹩脚的测量仪器。如果你有数量极多、相似、需要反复进行的决策工作，使用拉希模型和透镜模型就可以消除判断中的某些类型的误差，从而减少不确定性。甚至使用道斯的简单 z 值法，也能对人们的判断能力小有提高。

我们这里用纯粹基于历史数据的客观线性模型法作为比较的基准。和本章讨论的其他方法不同，基于历史数据的模型根本不依赖人们的判断。米尔的研究结果显示，其决策准确性显然会更高。虽然我们喜欢用这类方法，但在很多需要量化不可量化之物的具体情况下，详尽客观的历史数据很难获得，因此就需要其他方法，比如拉希模型和透镜模型法等。

在第 9 章，我们讨论了如何进行回归分析，以量化一个或多个变量。如果对于一个特定的、反复发生的问题，我们拥有很多历史数据，并有关于每个因素的完整档案，而且这些因素的值都是通过量化确定的，那么，我们就能创建一个客观的线性模型。

透镜模型建立的是输入变量和专家估计之间的关联，而客观的模型建立的是输入变量和真实历史数据之间的关联。在图 12.2 中，人们对透镜模型所做的每一项研究，也对客观模型做过。例如，根据癌症患者完整的病历资料，人们建立了透镜模型和客观模型，其作用是估计患者还能活多久，该研究会持续跟踪患者，以获取他们真实的继续存活时间数据。结果发现，透镜模型的预测比专家预测的误差率少 2%，但客观模型的误差率整整少 12%。对于图 12.2 中列出的所有研究项目，透镜模型的误差率平均比专家判断的误差率少 5%，而客观的线性模型的误差率则比专家判断少 30%。

当然，在提高人类判断方面，客观的线性模型也并非尽善尽美。如果我们把这些方法像光谱一样排列，从非结构化的主观评估，到客观线性方法的演进，结果大致如图 12.5 所示。历史数据可以帮助人们提高判断的准确性，但其他一些无须历史数据、校正判断误差的简单方法同样有价值。

实践证明，拉希模型和透镜模型等可以消除人类判断中的某些令人惊愕的误差，从而有可能将专家变成一个非常灵活的、经过校准的、强大的测量仪器。

决策科学领域的很多研究者还在争论这些方法的有效性，这完全是浪费时间。伟大的保罗·米尔在比较人类判断和简单统计模型时，说得非常精彩：“以前在社会科学领域还从来没有出现过这种情况，也就是在一个单一的方向上有如此多的人从事如此广泛的定性研究。假设你同时推动 90 项研究，你都很难拿出其中 6 项研究成果，证明人类判断比统计模型更准确。”

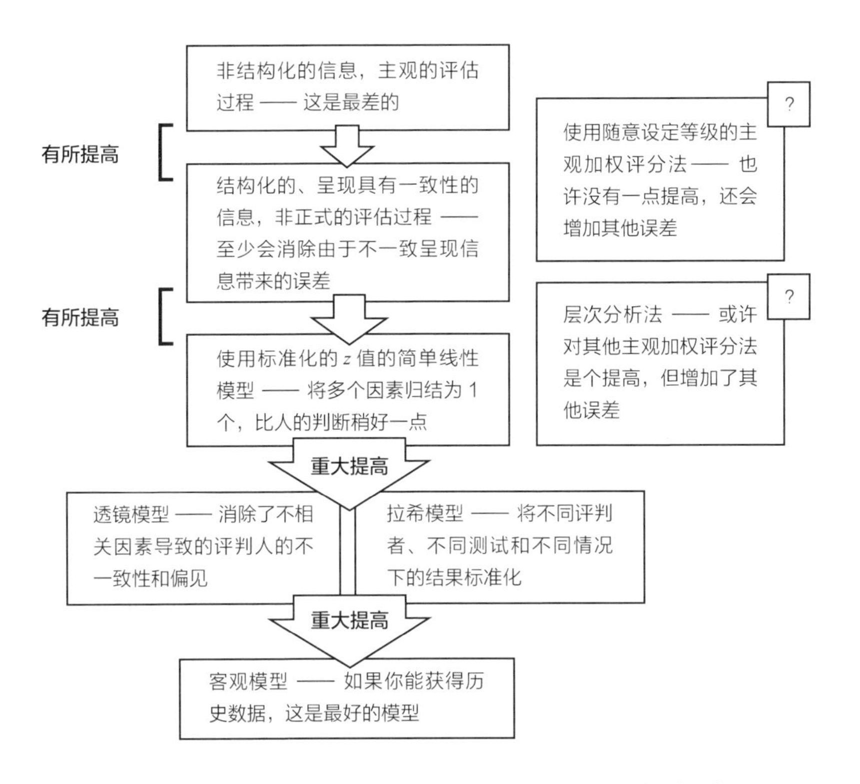

图 12.5　用于大量相似问题的判断时，各种评估方法的相对价值

科学家如何不断改善数据化决策模型

显然，专家判断问题的方法也有必要去通过量化来改善。如果这令人生畏，那就振作起来。下面是一个有科学头脑的管理者如何量化预测结果的例子，这位管理者实际上是一位真正的科学家。

生命技术公司（Life Technologies, Inc.）是一家生产实验室设备和材料的国际生命科学公司。该公司在 180 个国家拥有 10 000 名员工。这意味着几乎所有从事生命或健康研究（包括遗传学和新药临床试验）的实验室研究人员都会知道并使用他们的产品。

生命技术公司的科学家们对产品有很多想法，因此必须有决策者做出选择，决定推出什么样的产品。他们需要从众多的产品中选择，比如用于检测各种疾病的新型基因分析设备或试剂盒。这一决定的一个关键考虑因素是最初两年内可能产生的营业收入。当然，预测新技术的收益是一个非常大的挑战，特别是在新技术更新迭代较快的领域之中。而且，估计研发中的项目成本也不简单。研发项目需要的时间是不确定的，我们甚至也无法确定它是否能产生任何收益，以至于在一些失败的情况中，有的人不得不中断计划。

和许多公司一样，生命技术公司主要依靠他们最优秀的专家的意见来预测新产品的营业收入。主管分子与蛋白质生物学研发的副总裁保罗·普雷德基（Paul Predki）意识到专家的方法还可以改进，他说："我们发现我们的预测往往过于乐观。"2011 年，他让我帮忙开发一个新产品评估的决策模型。

我们的解决方案是我已经介绍过的多种方法的有趣组合。和往常一样，我们从明确地定义决策开始——依据两年的营业收入预测、项目成本估计、生产成本等因素来进行产品审批。我们对他通常用于预测新产品营业收入的专家的评估准确性进行了评定，然后为他们想要评估的"试点"产品建立了蒙特卡洛模型。对于像项目成本、制造成本和定价的估算，则直接来自他们的校准专家。

另一方面，基于前面讨论过的透镜建模方法，我们对关键的营业收入进行预测。生命技术公司要求他们的一些专家估计 50 多种假设的新产品前两年的营业收入。每种产品都有一组专家认为可以用于估计的参数，它们有的与营销策略有关，有的与目标市场的描述有关，还有一些与产品本身的细节有关。在收集完专家的估计值后，我们使用回归建模的方法，根据数据来近似专家估计，然后生成蒙特卡洛模型中的营业收入估计值。

像生物化学博士普雷德基这样的科学家不会辜负你的期望，他使用所有已发表的研究中的统计方法来对这个新模型进行测试。他将透镜模型应用到 16 种新产品上，这些产品没有在最初的研究中使用，并且已有收入数据。然后，他将透镜模型的估值与专家最初提供的产品估值进行了比较。普雷德基指出："最令人惊讶的结果是，即使这是我们的'简单'预测算法，其表现也始终比人类专家更好。"两年来，专家判断与实际结果的相关性显著提高，新模型消除了对营业收入的系统性高估。

总的来说，与人类专家相比，算法预测收入的误差减少了 76%。这就是科学家如何证明决策分析方法是有效的。

第 13 章

新型测量方法和仪器

互联网让一些过去不可量化之物变成了可量化之物，例如人们健康状况的分布以及健康状况的发展趋势。

——Infodemiology 预测法提出者　冈瑟·艾森巴赫

毫无疑问，很多人都能用有限的测量仪器量化事物，但遗憾的是，这些仪器没有得到广泛使用，因此，人们在高风险的大型决策中还是吃尽了苦头。

当我谈及测量仪器时，我谈的不仅是用于科学量化的设备，而且囊括你可能早就知道但还未被你当作测量仪器的东西，比如互联网。

全球定位系统：革命性的量化工具

我们之前探讨过一种观测方法，那就是使用整套仪器跟踪一个目前还没有被跟踪过的事物或现象，通过在现象中“植入”一些东西，你便很容易观测它。例如，我的父亲是美国国家气象局的员工，如果他想量化高空空气的运动，他会随风释放一些气球，并且在气球上安置无线电转发器和基本的气象测量设备。在本书前面提过的量化鱼群总数的例子中，人们通过给鱼做记号，就可以使用“抓与重抓”的方法量化鱼群总量。如果某种东西很难观测，我们就可以在量化过程中植入标签或跟踪器。

仪器本身是什么不重要，关键是花钱买仪器的人如何使用它。例如，简单的无线射频识别系统[①]（Radio frequency ID，以下简称 RFID）已经让商业领域的某些量化发生了革命性变化，但它还可以被应用得更广。RFID 标签是一种小型芯片，可以对某种无线电信号有所反应，还可以发射唯一的标识符。一个 RFID 标签的成本只有 10 ～ 20 美分，并且主要用于库存管理。

我问著名物理学家和科普作家弗里曼·戴森（Freeman Dyson），什么是最重要、最有效，也最具启发性的测量仪器，他毫不迟疑地回答：“全球定位系统（GPS）最令人惊叹，它改变了一切。”其实，我本来期望能得到不同答案，比如他可能会想起“二战”时在英国皇家空军的运筹调度经历。不过 GPS 确实是革命性的测量仪器，而且其本身就是一种量化方法。GPS 设备经济实惠，任何人都买得起，而且它还有很多软件支撑工具和服务。但是，很多人还是不把 GPS 当成测量仪器，或许因为 GPS 设备如此普遍，人们已经对它视而不见了。但是当像戴森这样的大师都认为它是最了不起的测量仪器时，我们就应该洗耳恭听了。

绝大多数与车辆相关的行业，都从 GPS 技术提供的量化中受益。在亚利桑那州有一家叫 GPS Insight 的公司，该公司供应安装在汽车上的 GPS 导航仪，并且它帮助运输公司全面发挥了 GPS 的功能。人们通过无

① 20 世纪 90 年代兴起的一种自动识别技术，一套完整的 RFID 系统由阅读器、电子标签及应用软件系统 3 部分组成。

线网络可以访问该公司的网站，网站上会显示车辆的具体位置，因此，人们不必再使用地图和谷歌地图。

任何熟悉谷歌地图的人都知道，谷歌地图使用卫星拍摄地球照片，然后用软件把这些照片接在一起，并附上道路、商业和无数其他人定制的地理信息系统数据。人们可以免费下载谷歌地图。

谷歌地图上的图片不是实时的，有些甚至已经用了 2 年多，不过，道路和其他数据通常较新，但有些区域的覆盖程度不如其他区域好。在很多地方，你可以轻易辨别出车辆，但在我儿时生活的小镇南达科他州耶鲁镇，你就很难看清任何道路。当然，图片的覆盖范围、分辨率和更新速度，肯定会随着时间的推移而加快。GPS Insight 公司也能让客户使用谷歌地图，其费用也相当低，大概在每平方英里 1 ～ 10 美元之间。

聪明人可以随意使用所有这些工具，并将它们作为量化手段。通过将 GPS、无线网络、互联网和谷歌地图结合起来使用，GPS Insight 可以提供车辆位置、司机活动和司机驾驶习惯的详细报告。这些报告记录了旅行时间、停留时间及其平均值和方差。该公司还可以帮助决策者深入挖掘数据，精确的时间、地点和活动都可获得，比如通过数据，我们可以知道某辆汽车在 43 号大街和中央大街交叉口的大楼处停留了 2 小时。

GPS 还可以提供另一种类型的报告，它可以确定谁的速度更快，每辆车在每个州走了多少小时和多少英里。由于该工具以经济时尚的方式减少了很多数量的不确定性，因此我们认为它是一种非常有用的测量仪器。

量化人们在会议上的交往和关系是另一个聪明地应用技术手段的例子。nTAG 公司开发了一种电子追踪器，它的质量不足 5 盎司（1 盎司

=28.3495 克），但是可以检测任何两位佩戴者是否已进入谈话距离，也可以跟踪与会者是否在谈话，还可以跟踪谁与谁谈了多长时间，因此它可以量化整个会议活动的效果。

这种电子追踪器解决了接收的关键问题。公司创始人乔治·埃伯施塔特（George Eberstadt）说："虽然大多数人不喜欢佩戴电子追踪器，但它量化的结果是可信的，人们对它的好评率是 100%。"

如果你正在主持一个会议，你注意到他们群体内部交流很多，但和别人交流较少。利用电子追踪器，你也许会找到让大家交流的更好方法。埃伯施塔特说："人们往往认为人际交往、教育和激励是任何会议的重要目标，如果你想量化会议价值，就不得不量化这些目标。"nTAG 的设备可以跟踪谁和谁在谈话以及谈了多长时间，因此公司可以量化某个会议是否达到了人际交往的目标。

如果说埃拉托色尼可以通过观看日影来量化地球的周长，我很想知道他运用 GPS，能量化什么经济、政治和行为现象；如果说恩里科·费米可以用一把纸屑量化出原子弹的当量，我想知道他用一块 RFID 芯片能干出什么事情；如果说艾米丽用一个简单的纸板屏幕实验就能揭穿抚触理疗师的把戏，我想知道给她更多的预算和工具，她能量化什么。

用屏幕抓取软件和混搭法挖掘网络信息

2006 年，多伦多大学的冈瑟·艾森巴赫博士演示了如何用谷歌搜索预测流感暴发。他开发了一个工具，可以收集和解释不同区域谷歌用户的搜索项。艾森巴赫把诸如"流感症状"等搜索项和事后确认的真实的流感暴发进行对比，证明他可以比健康机构提前一周预测到流感暴发。随后的研究也看到了类似结果。他把这种研究流感暴发的方法叫作“Infodemiology”，并在《医学互联网研究杂志》（*The Journal of Medical Internet Research*）上发表了文章。

20 世纪 80 年代，威廉·吉布森（William Gibson）写了好几本极具创造性的科幻小说，并获得了巨大声誉。他创造了“网络空间”（Cyberspace）一词。在他想象的未来互联网中，人们用大脑探测器进入虚拟空间，还有一些人专门根据某一类数据，分析用户的认知模式和市场机会，以便快速发财致富。和其他科幻小说作者一样，吉布森有些脱离现实。我认为要想更快地得到更有用的数据，还是要使用老套的谷歌和雅虎进行搜索。

虽然人们在大力宣传互联网令人惊奇的潜力，但是互联网的特殊用途显然没有被充分开发。在我们的有生之年，互联网也许会成为最重要的测量仪器，因为它非常简单，只需使用一些搜索引擎就能深入研究某些你想量化的事物。

在此，我们有必要谈谈网络上正在崛起的几项通用技术。我们可以通过互联网收集数据，也可以利用互联网收集其他人的数据。网络上的信息太多了，而且变化很快，如果你使用搜索引擎，当然可以得到一些网站的信息，但仅此而已。假设你需要估算你的公司名称在某些特定的新闻网站上出现的次数，或者谈论某个新产品的博客流量，你可能需要将这个搜索条目和在其他网站上搜索到的特定数据结合使用。

使用互联网屏幕抓取软件[1]是定期收集信息的一种方法。托德·威

---

① Screen scraper，可以抓取一个网站上的所有信息。

尔逊（Todd Wilson）是 Screen-scraper 网站的总裁和创建者，他说："有些网站每三四秒就会变，我们的工具最擅长的就是长期观察网站上的变化。"你可能会用一款屏幕抓取软件跟踪产品在 eBay 上的销售情况，并将销售数据和不同城市的天气建立联系，你甚至可以每小时检查公司名在不同搜索引擎中的点击量。

人们从互联网上搜索的数据往往来自多处，形成一种"混搭"，这让人们对数据有了一种新的理解。Housingmaps 网站把谷歌地图和不动产数据混搭，可以让你在地图上看到近期销售的房屋价格。另一个网站是 Socaltech，它显示了最近接受风险投资的公司的精确地点。智慧有多大，我们的空间就有多大。

你可以想出近乎无限种组合，例如，你可以把 MySpace 和 YouTube 的功能混搭，量化文化潮流或公众意见。eBay 给我们免费提供了海量的买家和卖家的行为数据，我们可以利用功能强大的分析工具对其汇总统计。在西尔斯（Sears）、沃尔玛、塔吉特（Target）和超储（Overstock）等网站上，消费者的评论信息是免费的，如果我们足够聪明，完全可以开发使用。

通过电子邮件就可量化顾客满意度？

国家休闲集团（National Leisure Group，NLG）是一家大休闲企业，每年的营业额为 7 亿美元左右，它也是关键调查公司的大客户。

朱莉安娜·海尔（Julianna Hale）是国家休闲集团的人力资源部门主管，负责公司的国际通信业务。她购买过关键调查系统，最近她看到了该软件在量化用户满意度方面的潜力。她说："如果你在旅游行业，你就会发现每一分钱都很难挣，利润率也非常小。"虽然有这么多困难，但量化国家休闲集团在顾客中的形象，仍然很重要。"我们有很多了不起的销售员，他们可以促成顾客消费，但顾客的回头率却不高。因此我们创建了顾客体验部门，并开始量化顾客满意度。"

每 6 ~ 8 个月，关键调查系统便会汇集多个部门的顾客调查信息。例如，在顾客预订酒店后，公司会通过电子邮件发送一份调查给他；顾客回家后,公司会发送另一份题为'欢迎回家'的电子邮件给他。海尔说："我们想看看会得到什么结果。一开始顾客的回信率是 4% ~ 5%，但在收到'欢迎回家'的邮件后，回信率则达到了 11.5%。这个比率已经相当高了。"国家休闲集团比较了顾客旅游前后对诸如"你喜欢把我们当朋友吗"这种问题的反应，他们想看看顾客在度假之后对公司的评价是否有所提高。

当他们发现顾客在旅游后不那么快乐时，国家休闲集团决定组建一个全新的团队。海尔说："我们不得不重新训练销售团队，以便用不同的方式销售，并且让顾客度过一个舒适的假期。"发现问题本身就是量化的成功，现在这个公司需要量化的是这个团队的销售情况。

任何人都可以在谷歌上注册，并从谷歌趋势[①]（Google Trends）上下载详细的数据。谷歌趋势显示了在一段相当长的时间内用户搜索某个条目的趋势。观察亚马逊上图书销售前 100 名的排行榜变化，或者观测访谈类、求职类图书和其他图书的销售情况，我们就可以在美国劳动统计

① 谷歌发布的一项功能，可以查看一个制定条目在网络上的搜索量，并可用图形方式观察其趋势。

局发布报告前，发现就业率的变化趋势。如果求职类图书销售旺盛，很有可能说明失业率在增高。开动脑筋吧，我们可以举一反三。

关键调查公司利用网络进行调查，他们开发的有些软件可以依据被调查者对前面问题的回答，继续询问各种动态问题。这些功能很有价值，而且成本低廉。

过去，《农场杂志》（*Farm Journal*）每份调查的成本为 4 ～ 5 美元，而现在它成了关键调查公司的客户。使用关键调查系统，每份调查的成本只有 25 美分，而且可以同时调查 500 000 人。

预测市场：苹果公司何时倒闭？

互联网促成了“预测市场”[①]（Prediction Markets）的诞生，这种方法通过类似于股票市场的机制收集公众意见，并对公众意见进行量化。2008 年之后，也许称市场机制有效不太合适，但它还是可以发挥一些作用。当经济学家谈论股市有效，他的意思是说人们很难一直盈利。对于任何股票，在任何时间和任何点位，它的价格在短时间内上涨和下跌的概率是一样的，如果概率不一样，那么市场的参与者会买入或卖出，直到达到这种“平衡”（如果市场中存在平衡的话）为止。

金钱的损益刺激着参与者，他们必须仔细考虑问题，施展各种能力，获取更多、更新的信息，并对投资进行分析，钱越多越是如此。越是非理性下注的人，赔钱的速度也会越快，最后就被逐出市场。非理性的人也会成为市场上的“随机噪声”，不过每个人高估或低估股票的概率相差

① 请大众来预测，然后求平均值。

不大，因此在一个大市场上这种噪声会彼此抵消，然而“羊群效应”放大了这种非理性情绪。而且由于参与激励，和公司价值有关的新闻会快速反映到股价上。

这就是新的“预测市场”试图总结出的机制类型。虽然人们在20世纪90年代早期就开始研究它，但直到2004年才广为人知，因为当年詹姆斯·索罗维基（James Surowiecki）出版了一本畅销书《群众的智慧》（*The Wisdom of the Crowds*）[①]。好几个公共网站都提供了这种预测市场的服务，例如谁将赢得奥斯卡最佳女演员奖，或者谁将被题名为共和党总统候选人等。表13.1列出了一些预测市场网站。

表13.1 关于预测市场的一些网站

Consensus Point	为企业提供服务，用于企业内部的预测市场。对于优秀的预测者，企业在建立和设置奖励制度（包括金钱激励）方面有很多灵活性
Foresight Exchange	一个对公众免费的网站，在预测市场还处于概念阶段就开始试水的网站之一。其赌注都是“虚拟货币”，由公众下注，志愿者监督。这是一个充满活力的市场，有大量的玩家，而且也是玩家进入预测市场良好的入门之路
NewsFutures	Consensus Point 网站的直接竞争对手，为企业提供创建预测市场的服务
Intrade	开始属于体育博彩网站，后来扩展到政治、经济、世界大事等其他领域，是全球知名的经济时政博彩网站。任何人都能创建账户，但要用真钱玩。而且任何人都能提出一个论断用于赌注，这也需要真钱

① 本书主要谈的就是集体意见的平均值，往往比个体的估算正确。

预测市场的参与者可以买卖“论断”的股份，比如某论断称某人将成为共和党总统候选人，公众可以针对论断的真假买卖“股票”。股票价格反映了该论断为真或为假的价值，一般是1美元。如果你认为论断为真，也就是说你认为某人会成为总统候选人，而且也认为股价合适，你就可以选择买进了“真”股，否则可以买进“假”股。如果最后证明论断为真，而且你买进了“真”股，你就挣钱了，否则就赔钱。而所谓“退休的”股票，就是论断已经被证明为真或假，且奖金已经分发完毕了的股票。

如果你有100股“真”股票，并认为某人会被题名为总统候选人，而那个人最终也确实成了候选人，那你就赢了100美元。但当你在结果揭晓前几个月，首次买入这些股票时，还不能确定这个论断是否为真，因此你可能每股只付5美分。随着该候选人宣布竞选总统，他的股价就会上升。但如果另一个人也宣布竞选总统，股价就会跌一点。如果别人宣布退出总统竞选，他的股价又会上升一点。你可以持有股票到最后，也可以在中途高价卖出。

预测市场的论断可以是总统候选人、奥斯卡奖获得者或美国偶像，也可以是任何你想量化的预测，包括公司合并、新产品的销售、重要诉讼的结果，甚至某公司的倒闭等。

图13.1显示了Foresight Exchange网站上“苹果公司将在2005年之前倒闭”这个已经“退休的”论断的价格走势。如果苹果公司在2005年1月1日前倒闭，那么该论断的发布者将对每股“真”股票付款1美元。这个论断的确切意义在于，如果苹果公司被别人买下，或者被其他公司并购，或者破产重组，公众会怎么看以及判断者的各种解释对“股价”有什么影响。

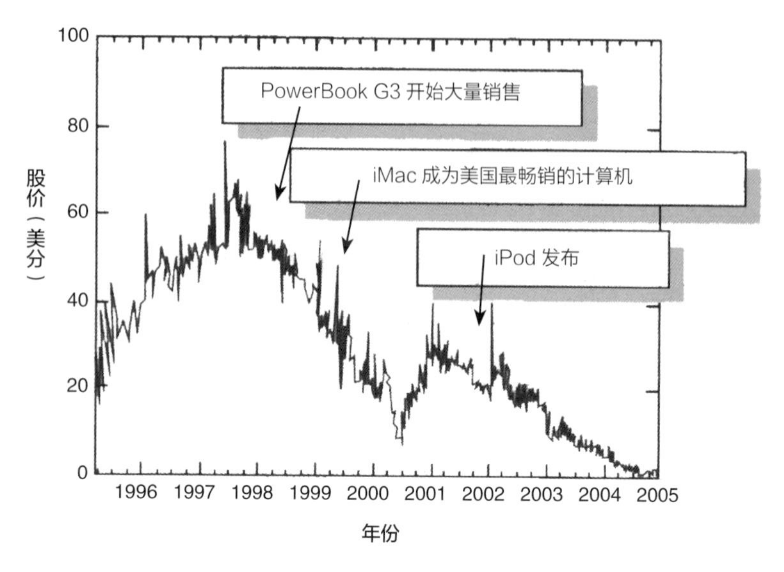

图 13.1 “苹果公司将在 2005 年之前倒闭”的论断的股价走势

现在我们知道，苹果公司没有倒闭，任何当时拥有“真”股票的人发现它们一文不值。但是，那些买入“假”股票的人确实每股赢了 1 美元。和真股票类似，股价反映了不同时期市场中的情况，图 13.1 显示了苹果公司历史上的一些关键事件。但和真实的股价不同的是，“真”股票的价格可以看成公司倒闭的概率。1999 年 1 月，“真”股票的价格大概是 30 美分，意为苹果公司到 2005 年 1 月 1 日大概有 30% 的概率倒闭。到了 2004 年，“真”股票的价格下跌到 5 美分，因为此时已经越来越明显，苹果公司到 2005 年仍然会存在。

预测市场有趣之处在于股价和论断为真的概率之间的匹配关系。回顾大量“退休的”论断，我们可以看到预测市场预测得多么精确。通过查看大量的历史预测及其为真的情况，我们就能知道一个概率是否精确。

如果我们选择了一个合适的概率计算的方法，那么当它告诉我们一个事件集合中的每个事件发生的概率是 80% 时，那么就应该有 80% 的事件与此类似。比如，在所有股票价格为 40 美分的论断中，最终也应该有 40% 的论断为真。图 13.2 显示出 Trade Sports、News Futures 和 Foresight Exchange 等网站上的股价和论断最终为真的百分比的吻合情况。

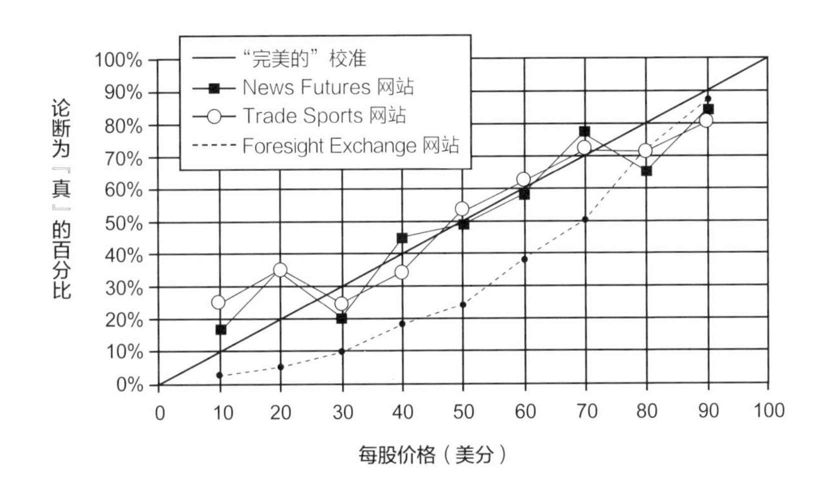

图 13.2 预测市场的表现：股价与现实

可以看到，随着股票价格的上升，论断为真的概率也上升了。Trade Sports 是一个用真钱博彩的网站，在校准方面做得最好，也就是说，事件发生的概率非常接近它的价格。News Futures 做得也不错，虽然玩家们玩的是虚拟货币，但优秀玩家可以用他们的虚拟货币对 iPod 之类的商品出价。

Foresight Exchange 和前两个网站不同，它只用虚拟货币，而且不提供任意价位买入的机会。玩家们每周只能得到 50 美元的虚拟货币，除了买入股票外，根本不能用作其他。而且对于最好的预测者，除了表扬之外也没什么奖励。

这也许是 Foresight Exchange 上每样东西的价格基本偏高的原因，也就是说，其价格高于事件为真的百分比。价格偏高的另一个原因可能和 Foresight Exchange 上的论断由普通大众提交有关。

该网站上的绝大多数论断的时长都相当长，而且很多相当奇怪。所有论断，最终只有 23% 为真。由于价格被普遍高估，因此我们可以通过简单方法把市场价格转化为概率，得到的结果和 Trade Sports 或 News Futures 一样可信。

一些公司，比如通用电气和陶氏化学公司，开始把预测市场当成有效量化工具。例如，如果一个新产品投入市场第一年有 2 500 万美元的利润，才算是一个好的投资项目，那么公司就可以设置一个论断：产品 X 在进入市场后的 12 个月里会有至少 2 500 万美元的利润。

自 2008 年金融危机以来，有人可能会怀疑这种方法是否有效，但我认为大可不必。股票市场的股票是高度相关的，一些股票的走势会影响很多其他股票，而预测谁会在真人秀节目中取胜，也许和谁会赢得下届总统大选毫不相关，因此在一系列不相关的赌博预测中，应该没有所谓“市场泡沫”或“市场恐慌”之类的事情。

而且我们还应该牢记，我们是拿预测市场和专家的预测进行比较。毫无疑问，预测市场比专家的预测强多了。请记住，第 3 章中量化的定义：量化并不意味着 100% 正确。

预测市场显然是一种功能强大的新工具，可以量化过去看似不可量化的事物。预测市场的铁杆支持者们几乎都在热情地传播这种方法，他们相信这些是完美工具，并可量化任何事物。我甚至听到某些支持者声称，要创建一个商业案例，你只需要为商业案例中的每一个单独的变量创建一个论断，然后对市场开放就行了。

考虑到以上这种情况，我必须提醒大家，预测市场不是魔术，它仅仅是聚集公众知识的一种方法。尤其在使用真实货币的情况下，会更加激励人们对其进行研究。

我们讨论过的其他方法也很好，而且你也许更喜欢，当然这要看你的需要了。表 13.2 汇总了我们迄今为止已经讨论过的各种提高判断水平的方法。

表 13.2 主观评估方法和预测市场法的比较

校准训练	当需要做很多快速、低成本的评估时，校准训练最好。当只有一个专家，并且需要立刻给出答案时，应用这种方法。在绝大多数情况下，此方法应该是首先使用的评估方法。如果信息的价值很高，可以继续使用更精准的方法
透镜模型	当有大量的同类型案例需重复评估，并且每个评估案例都可收集同样类型的数据时，可以使用透镜模型。透镜模型一旦建立，就会对同一类问题立即给出答案，而不再考虑之前的专家的作用，该模型可以借助于假设情境创建
拉希模型	可将不同专家的评估或不同测试结果标准化。和透镜模型不同，它需要真实评估（而非假想的）结果。在标准化时，所有的评估结果都会被考虑
预测市场	适用于需要长时间跟踪概率变化的情况。它需要至少两个市场玩家，因为交易至少要发生一次。如果你马上需要答案，该方法就不合适了。如果在市场中，论断的数量超过了交易量，则说明很多论断没有得到评估

第 14 章

通用的量化方法：应用信息经济学

任何需要量化的事物都可以用某种方法量化，而且得到这种方法本身，就是收获。

——吉尔伯定律

1984 年，迪堡集团（Diebold Group）汇编了 10 家大公司的 CEO 和 CFO 的资料，并在芝加哥俱乐部，给芝加哥 30 家最大的公司的 CEO 和 CIO 做了 10 家大公司的决策过程介绍，其中包括 IBM、美孚石油公司、美国电话电报公司和花旗银行等公司。

这 10 家公司中，多家公司的决策过程既一致又简单：如果一项投资属于战略投资，那么它就要接受基金投资。决策过程中根本没有考虑计算投资回报率，更不用说量化风险了。这让一些人颇为惊讶。

雷・艾匹克（Ray Epich）是信息技术业界里受人尊敬的智者之一，当时也在场。雷毕业于麻省理工学院斯隆商学院，他当时是迪堡集团的顾问，也是我以前的上司。他不仅讲故事极为引人入胜，而且和保罗・米尔、艾米丽・罗莎一样，非常善于找到专家们论断中的疑点。雷不相信这些 CEO 仅仅只基于所谓战略投资，就能做出英明的决策。

雷有相当多的反例质疑这种决策方法的“成功率”。他常常提到，米德纸品公司（Mead Paper）试图在纸张中加入树汁，结果损失了1亿美元。他还提到和当时世界上第三富有家族马蒙集团的鲍勃·普里兹柯（Bob Pritzker）的一次谈话：“我问他是如何做资本预算的，他说他的伙计们会给他打电话，然后他说行或不行就可以了。他还说他从不让那帮家伙计算什么投资回报率。”或许听到这话后，马蒙集团的员工对高层决策会持怀疑态度，当然事实可能并非他说的那样。

1988年我是永道公司的管理咨询顾问，那段时间，我注意到商业和政府部门在日常工作中很少使用定量方法，尤其信息技术行业，其他行业经常量化的事物，在信息技术行业却经常被认为是不可量化的。因此我认为需要将早已证明有效的定量方法引入信息技术界。

到了1994年，我受雇于DHS&Associates公司，也就是现在的Riverpoint公司。DHS&Associates的管理者也看到信息技术界需要定量方法解决行业问题，而且该公司鼓励顾问们提出新的解决方案。因此，同年我开始构建“应用信息经济学”方法。

虽然该方法是为解决信息技术行业的问题提出的，但它可以解决任何领域的基本量化问题，包括研究和投资组合、市场预测、军事后勤、环境政策甚至娱乐产业。

量化的通用框架和一般步骤

在本书开始时，我们讨论了适用于任何量化难题的通用框架。下面我将再次强调这5个步骤，然后用2个真实案例详细讲解在现实中如何操作。

步骤 1 定义决策和确定相关变量（见第 4 章）。

步骤 2 用这些变量对当前的不确定状态进行建模（见第 5 章和第 6 章）。

步骤 3 计算附加信息的价值（见第 7 章）。

步骤 4 量化高价值信息的不确定因素（见第 8 章和第 13 章）。

步骤 5 在不确定性适当减少之后，制定风险回报决策（见第 6 章和第 11 章讲过的风险回报决策）。返回步骤 1，处理下一个决策。

对于步骤 1 来说，我认为最好的方法是建立校准训练工作室做初始工作，我把这个阶段称为“阶段 1”。

当我计算了附加信息的价值，能确定需要量化什么以及怎样量化后，就可以进入下一个阶段。这种计算不需要太多数据。

在 Excel 中写宏，就可以快速计算信息价值。我通常利用实证量化获取信息，这里的实证量化指随机抽样、调查或者控制实验等。每次我完成了某种类型的实证量化后，都会更新模型，再次计算信息价值，看看是否需要做进一步的量化工作。

当我们认为继续量化已经没有经济价值后，就进入到最后一个阶段了。因为一般只有少数几个变量具有相当高的信息价值，而且简单的量化就能提高信息的不确定性，所以我们一般不需要做太多实证量化工作。

在最后一个阶段，我们可以呈现演示结果，显示如何将最后的分析结果和决策者定义的风险回报边界进行比较。这些阶段和 5 步法的对应关系如图 14.1 所示。

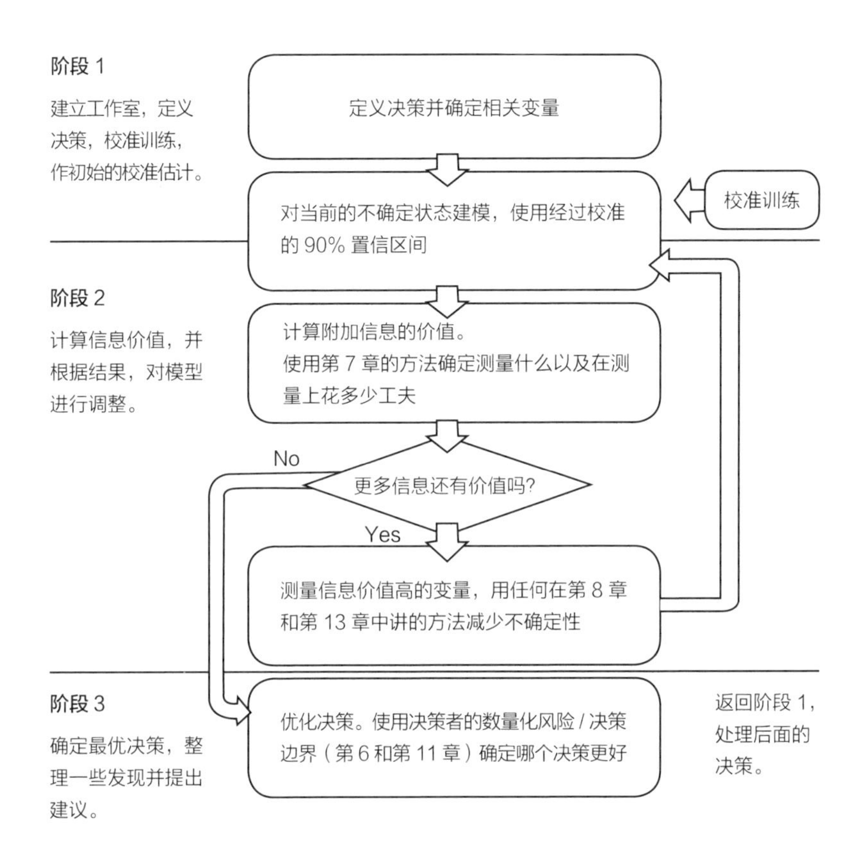

图 14.1　应用信息经济学过程的总结

在这个过程上我加了“阶段 0”，以包括所有前期计划、日程安排和准备工作。下面让我们详细谈谈每一步的工作。

阶段 0：前期准备

初始研究。做访谈和二次研究，以便分析师可以更快地理解量化难题的本质。

确定专家。一般来说找4～5名专家作评估，但我有时会找20名专家。

工作室计划。计划4～6个半天，和专家一起作集体研究。

阶段1：决策建模

定义量化难题。在开第一次工作室会议时，专家们要确定分析的具体难题是什么。例如，决策者所要作的决策是否是某项具体投资应不应该继续下去？如果是对一项投资、项目、承诺或其他创新工作进行决策，我们就需要和决策者一起找出投资边界。

决策模型的细节。在第二次会议之前，在Excel中列出所有在决策中比较重要、需要分析的因素。例如如果是为了支持某个具体大项目的投资决策，就要列出该项目的所有收益和成本，并把它们加入现金流，计算投资收益率。

初步的校准估计。在接下来的工作中，需要对专家进行校准训练，并对决策模型中的各个变量赋值。除非这个值可以确切地知道，否则它们都不是固定的，而是由经过校准的评估者们估计的，并且都以90%的置信区间或其他概率分布表示。

阶段2：计算信息价值

分析信息价值（VIA）。此时我们要进行计算，得到决策中的每一个不确定的变量的信息价值和阈值。本书前面讨论的多种方法都是很好的计算方法。

初步设计量化方法。根据VIA的计算结果，我们意识到大多数变量不需要在初始校准估计后再做进一步量化。通常只有几个变量具有较高的信息价值。我们根据这些信息来选择量化方法。量化成本不仅要明显少于完全信息的期望值（EVPI），而且也应该能减少不确定性。VIA 还能告诉我们量化的阈值，也就是超过这个点，决策就会改变。量化重点在于减少相关阈值的不确定性。

量化方法。要减少前一步骤所确定的待量化变量的不确定性，可以使用分解、随机抽样、主观贝叶斯、控制实验、透镜模型以及各种可能的组合方法。

更新决策模型。根据量化中的发现更改决策模型中的变量值，分解后的变量也要在决策模型中有所体现。例如，一项不确定的成本可以分解为多项成本，而每一个成本都有各自的 90% 置信区间。

信息分析的最终价值。以上 4 步可以重复进行，只要 VIA 显示信息价值高于量化的成本，量化就可以继续。不过通常重复一两次就够了，因为之后量化的成本可能就高于信息价值了。

阶段 3：决策优化和最终报告

完全的风险 / 收益分析。最后用蒙特卡洛模型计算各种可能结果的概率，做决策时要站在整个组织的高度比较风险和收益。

确定后续指标。通常有一些变量仍然具有一定的信息价值，但继续量化已经不太实际，或者经济上得不偿失。这时可以对它们进行跟踪，因为多做一些了解有助于修正工作当中的某些行为。

决策优化。真正的决策很少是简单的“是与非”或者“行与不行”的选择问题。即使是这种决策，也有多种方法提高决策水平。既然我们已经建立了详细的风险收益模型，就可以制定减少风险的战略，也可以修正投资，我们可以使用"如果……那么……会如何"的分析法来提高回报。

最终的报告和陈述。最终的报告包括决策模型概述、VIA 分析结果、使用的量化手段、投资边界和未来行动，以及进一步决策的建议或分析。

以上这些文字看起来像是一个大摘要，但它确实高度概括了本书迄今为止所讲的全部内容，是本书的巅峰总结。接下来，我将为大家介绍两个例子，在这两个例子中，我们所要量化的对象都是绝大多数人认为不可量化的事物。

饮水监控系统为公众健康带来多少利益?

美国环境保护署的安全饮水信息系统（The Safe Drinking Waters Information System，以下简称 SDWIS）是跟踪美国饮水安全的中央系统，它可保证对危害健康的行为做出快速反应。如果 SDWIS 项目的主管杰夫·布莱恩（Jeff Bryan）想要申请更多的投入资金，那么他将不得不做出一个令人信服的相关商业分析报告。其中，他最关注的是 SDWIS 最终能为公众健康带来多少利益，不过他不知道该如何用较少的资金将数据量化。

马克·戴（Mark Day）是环境信息办公室的信息副主管和首席技术官，他建议布莱恩用应用信息经济学量化 SDWIS 的价值。马克是应用信息经济学方法的先锋，他说他的办公室可以为 SDWIS 项目的量化承担一半成本。

阶段 0

在阶段 0，我们选定 12 个人，杰夫·布莱恩是"核心团队"的成员，我们根据他的推荐确定其他专家，他们代表了美国环境保护署在 SDWIS 方面的专业水平，也充分了解其价值。我们计划用 5 个半天召开工作室会议。

阶段 1

从第 1 次会议可以看出，显然美国环境保护署的管理者并没有真正对 SDWIS 做过整体分析。我们所需要解决的问题是，证明对 SDWIS 采取 3 项具体的改进措施是合理的。这 3 项措施分别是：

◎ 对一个异常跟踪系统进行工程再造。

◎ 在互联网上开通网站，以便各州都可以访问该应用系统。

◎ 将原来的数据库现代化。

这三项措施的初步投资和后期的维护费用大约分别需要 100 万、200 万和 50 万美元。我们要明确的是哪些措施是合理的以及哪个应该优先改进。

我们先需要制作一个电子表格，把这每一项措施当作一个商业案例，并在电子表格中分别呈现每个措施的好处。我们的难题是如何比较每个案例的成本以及其对公共健康的收益。管理和预算办公室已经要求美国环境保护署公布它想实施的每项政策的成本和收益。

接下来两次工作室会议的重点是 SDWIS 如何提高公众健康。我们可以用电子表格建立一个模型，利用模型把对 SDWIS 的改进措施和公众健康的经济价值联系起来。该模型一共确定了 99 个独立变量，其结构如图 14.2 所示。

图中每个框代表了电子表格中的多个变量。例如，对于各州可通过

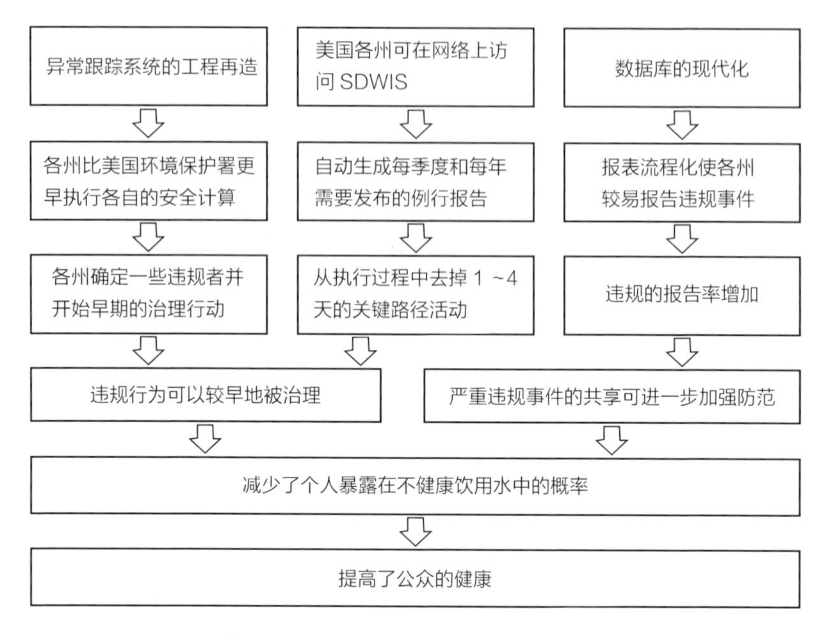

图 14.2　对 SDWIS 的改进所获收益总览

网站访问的案例来说，我们要估计某些活动花费多长时间，这些活动可缩减多少开支以及纠正违反水安全管理条例的行为的速度可提高多少。

在最后两个工作室会议中，我们对所有专家都做了校准训练，然后询问他们对模型中每个变量的初始估计。校准训练的结果显示，专家们都被很好地校准了，也就是说，他们回答的 90% 置信区间的正确率是 90%。模型中的每一个变量都有某种程度的不确定性，而且一些变量的范围相当宽。例如，报告违规事件的频率提高的一个好处是，无须报告所有的水污染事件。但违规事件报告率究竟会提高多少，其不确定性相当高，因此专家们对违规事件报告的频率提高的 90% 置信区间的估计是 5% ～ 55%。

电子表格计算了每种措施的投资回报率。这时候我们已经有了一个详细模型，该模型显示了专家们当前的不确定状态。

阶段 2

在阶段 2，我们要分析信息价值（VIA）。虽然很多变量的不确定性很高，但只有一个变量值得量化，那就是新的安全饮用水政策的平均健康效果。SDWIS 的目的就是更好地跟踪污染，并更快更有效地治理。虽然单个政策每年最多花费 10 亿美元，就达到了其公众健康效益的上限，但也有可能即使增加开支，效益也降低，换句话说，这些政策的经济效益相当不确定，经过校准的评估者实际上会考虑到净效益可能是负的情况。

如果强制执行政策却没有任何净价值，那么又快又好地强制执行政策就没有任何益处，我要做的就是减少饮用水政策的净经济效益的不确定性。但是潜在的公众健康收益非常大，与之相比，升级 SDWIS 的费用简直太少了。因此，我们只要能把不确定性减少到饮用水政策的净经济效益为正就行了，这就是我们减少不确定性的标准。由于以前对水利政策的经济分析方法很多，因此我们在详细看过迄今为止的所有方法之后，决定以简单的基于本能的贝叶斯方法开始。

经过校准的评估者认为水利政策的净收益可能为负，原因是在看过几份经济分析报告后，他们发现有一项具体的水利政策对经济产生了负面影响。进一步的分析发现，这份报告只看到人们为治理污染耗费的时间及金钱，而并未看到其带来的益处。但是大多数人应该会同意，带病上班比损失几天工资更糟糕。其他一些经济分析法也都认为有病不治是最糟糕的，宁可短期内损失收益，也要治好病。治理污染耗费的损失就好比治病，短期看可能是损失，但从长远看，其收益应该更大。

我们对每项水利政策的消耗和收益作了非常详细的分解，然后对似乎最不能产生效益的政策，估计了它的净效益的 90% 置信区间。显然，水务政策对经济的净影响基本上不可能是负的。我们更新了模型，然后再在此基础上继续分析进一步获取的信息价值，结果显示 SDWIS 不需要再作任何改进了。

阶段 3

在阶段 3，我们对 3 项投资中的每一个都做了蒙特卡洛模型。由于水利政策的经济效益的不确定性减少了，因此每项投资的效果看起来都相当不错。不过，还可以继续提高，例如对异常跟踪系统的工程再造项目提高异常报告的频率，就具有非常高的回报潜力，但其为负回报的可能性仍然有 12%。其他两项改进措施的负回报的可能小于 1%。最终我们分析出所有 3 个项目都是可接受的，但程度不同，其中对异常跟踪系统的工程再造风险最高，投资回报率最低。

一些后续的指标也确定了。州用户的采用率和新系统究竟能多快地安装实施，是新增的 2 个不确定因素，因此进一步量化仍然有价值，但价值很低。我们建议美国环境保护署推迟异常跟踪系统的工程再造项目，而加速其他 2 个投资项目的进度。

做完了这 2 个项目之后，再考虑是否做异常跟踪系统的工程再造项目。因为其他 2 个项目的实际采用率可以作为参考，万一采用率很低，就可以取消异常跟踪系统的工程再造项目。虽然这种可能性很小，但还是有可能的。

结 语

马克·戴得到了他希望从应用信息经济学中得到的一些东西。他说:“大家都知道我们可以通过一系列对公众有益的事件来跟踪投资效益,但从未量化过。要是有人真的能将二者建立定量的联系,我相信人们会相当惊讶。”他还对量化分析在决策过程中的作用做了点评:“我发现令人惊讶的结果是,对于‘应该做什么’持完全不同观点的人,最后达成一致意见的程度相当高。

在大家的观点很难一致的情况下,能取得共识让人非常意外。”对于马克来说,使用应用信息经济学是量化过程当中的一个重要组成部分。马克说:“在使用应用信息经济学之前,没有人能理解信息价值的概念,也不知道该找什么。他们不得不试着量化每一个东西或因素,但还是不得要领,所以等于白忙。然而变量数量的增加如此迅速,很快就完全压倒了人们的量化能力,因为人们不知道什么才是真正重要的。”

和马克不同,在项目开始前,杰夫·布莱恩丝毫没有体验过应用信息经济学,而且他也是校准训练的质疑者。他说:“我是带着怀疑的态度参与这个应用信息经济学分析过程的,我之前认为它没用。经过了整个过程后,我看到了人们对评估的反应,看到了校准的价值,也发现应用信息经济学确实很有用。”

对布莱恩来说,也许他认为最有价值的就是看到了信息系统和项目目标之间的具体联系。“这幅图(图 14.2)显示了 SDWIS 如何和公众健康建立联系以及如何计算效益。

我认为不是仅仅定义难题就能得出这种美妙的结果,我以前确实没搞清楚,而应用信息经济学方法将项目和收益更好地联系起来了。这幅图我看了不知道多少遍。”最后，而且也是最重要的是，布莱恩完全言听计从：“我们遵循结果的每一个建议，包括建议的内容和日程安排。”我之所以在书中展示这个例子，有以下两点原因：

◎ 对于如何量化像公众健康这种“无形之物”，这是一个具体实例。我看到过很多信息技术从业者，把要量化的事物看成是不可量化的，因此他们轻易地放弃了量化，而且也没有计算投资回报率。

◎ 这个例子很好地展示了什么是不需要量化的。在 99 个变量中，只有 1 个变量需要减少不确定性，而对于其他 98 个变量来说，最初的校准估计值就足够了。

一般来说，无须分析信息价值的量化也许是价值很低的量化，比如量化成本和生产力的提高，而更需要量化的事物，比如公众健康，可能人们很容易忽视，因为根本没想过要量化。

海军陆战队的燃油需求有多大？

2004 年秋天，我受邀用应用信息经济学方法解决一个难题，它和我过去在商界以及政府中遇到的难题极为不同。美国海军研究办公室和海军陆战队想预测伊拉克战场燃油需求量，因为仅仅是海军陆战队的地面部队，在伊拉克战争中每天就要用几十万加仑燃油，而航空部队用量是地面部队的 3 倍。为了保证人员安全，又绝不能出现燃油耗尽的情况，所以供应多少才恰到好处是个量化难题。

不幸的是，人们不可能精确预测遥远战场上的需求量。由于不确定性如此之高，而且燃油用尽之险是绝不能冒的，因此物流计划运输燃油应该为最大估计用量的 3 ～ 4 倍。

五级准尉特里·昆尼南（Terry Kunnenian）是一个 27 岁的海军陆战队老兵，他在海军陆战队总部负责散装燃油计划。他说："虽然我们在削减不必要的燃油消耗，但在伊拉克自由行动中，我们发现所有的传统工作都做得不够到位。"路易斯·托雷斯（Luis Torres）是海军研究办公室燃油研究的领导，他也看到了同样的问题。托雷斯说："这全都可归因于这个全面减少燃油消耗的政策，因为我们使用的方法在评估过程中有内在错误，所以就出了问题。"

为了保证绝对安全而运输的附加燃油，是后勤供给的一项巨大负担。燃油仓库零星分布在陆地上，为了把燃油从一个仓库运输到更远的仓库，陆战队需要每天护航保驾，这更让陆战队多了几分危险。

如果海军陆战队可以减少燃油需求的不确定性，那么就不需要储备这么多燃油了，同时也能确保不提高燃油耗尽的概率。当时海军陆战队使用的是一个相当简单的预测模型，该模型把所有部队的所有设备，按类型分类加总，然后再减去由于维护、运输、作战等原因损失的设备，最后再确定未来 60 天里，哪些部队可能处于作战状态，而哪些部队处于防守状态。

一般来说，如果一支部队处于作战状态，那么它就必须来回移动，并且消耗更多燃油。当部队进行作战时，燃油的消耗率一般会增加。海军陆战队会根据部队的设备类型和状态，计算出一个部队在各种情况下每小时的燃油消耗量，然后再算出一天的消耗量，再算出所有部队 60 天的消耗量。

这种方法的准确度和精度不是很高，因为人们对燃油的估算可能会由于两个或更多因素的不同而差异很大。虽然我以前也从未接触过，但和其他量化难题一样，我还是用应用信息经济学方法解决了这一个问题。

阶段 0

在阶段 0 和阶段 1，我们重新查阅了以前对军队燃油需求的几项相关研究。我发现在这些研究中，没有任何关于统计方法的记录，不过这些研究提供了解决问题的背景资料，我们选定了好几个物流专家参与了工作室会议，其中包括五级准尉昆尼南和路易斯·托雷斯。我们在 3 个星期内安排了 6 个半天的工作室会议。

阶段 1

第一次工作室会议的任务是定义预测难题。当时我们只清楚海军陆战队想解决地面部队的总体燃油供应问题，开始，我画了一些图，这些图直观地展示了燃油的去向。显然，大多数燃油没有进入坦克的油箱，甚至没有进入一般的武装车辆的油箱。不可否认，M1 艾布拉姆斯主战坦克每开 1/3 英里就要消耗 1 加仑燃油，但远征部队只有 58 辆 M1，却有 1 000 多辆卡车和 1 300 多辆悍马，作战期间，卡车消耗的燃油甚至是坦克的 8 倍。

在进一步的讨论中，我们按照燃油去处分类，建立了 3 个子模型，最大的子模型是护送模型。在护送任务中，大多数卡车和悍马平均一天来回 2 次，这耗掉了绝大部分燃油。另一个子模型是战斗模型，武装的战斗车辆比如 M1 坦克和轻型装甲车，在战斗中耗油较多。第 3 个模型是针对所有的发电机、泵和管理车辆建立的，它们的消耗量比较稳定，也比较低，对于这组设备，我们用现有的模型就行了。

我对专家们作了校准训练，结果很好。这次专家们对所有的数量做出了范围估计，而以前他们只会给出一个具体值。例如，之前对于 7 吨重的卡车每小时耗油量，他们给出的是 9.9 加仑，现在他们给出的 90% 的置信区间是 7.8 ～ 12 加仑，因为我们必须考虑护送距离以及路途条件对燃油消耗的影响。对于战斗装甲车，我们必须对它们 60 天内作战的时间做出估计。

所有变量总共只有 52 个，几乎所有的变量我们都用 90% 置信区间表示。在某种程度上，这和我以前分析的任何商业案例都不太像。在商业案例中我们想得到的是投资回报，而这里我们想得到的是一定时期内的燃油总消耗量。基于这些变量的范围，我们使用了蒙特卡洛模型，得到了各种可能结果的分布情况。

阶段 2

在阶段 2，我们用 Excel 宏计算了信息价值。在这里，信息价值主要看这些信息对燃油消耗量的不确定性减少情况。护送线路的具体信息，包括距离和路况，在当时具有最大的信息价值；其次就是作战状态下战斗车辆的耗油量。我们设计了多种方法，对这些变量进行了量化。

我们基于陆战一师的战地后勤指挥官的判断，选择了透镜模型减少作战时燃油消耗的不确定性。这些指挥官都有在伊拉克自由行动中的战斗经验，他们认为有几个因素对战斗车辆燃油消耗量有重大影响，包括和敌人接触的概率、对作战地区的熟悉程度、地形是城区还是沙漠等。我对他们都做了校准训练，然后创建了 40 个虚拟战斗情境，让他们每人对上述每一个变量都给出估值，并且给出不同情境下，不同类型车辆燃油消耗量的 90% 置信区间。汇集所有回答之后，我在 Excel 中运行了回归模型，得到了每种类型车辆的燃油消耗公式。

对于护送模型中的路况变量，我们决定在加利福尼亚的 29 棕榈村作一系列道路实验。流量表是一种可以安装在卡车的输油管道上量化耗油量的装置，在这项研究之前，团队中的所有人对燃油流量表一无所知。我告诉这些顾问："有人做燃油流量表，我们要做的就是找到谁做了这个。"他们在谷歌上用很短的时间就找到了一家数字燃油流量表供应商，这家厂商还教了我们用法。我们 3 个人花了 2 周时间，做道路测试和透镜模型以及用 Excel 建立相关列表。

我们在 2 种类型的 3 辆卡车上安装了 GPS 和燃油流量表。一开始我们觉得可能需要更大的样本量，但后来决定先看看量化结果的方差有多大。GPS 和燃油流量表可分别记录卡车的位置和燃油流量，每秒钟可以记好几次。当车辆行驶时，这些信息会连续不断地传入一台车载笔记本电脑。我们测试了不同路况，包括铺好的路、越野路、水平路、山路、高速路以及不同海拔的道路。测试完后，我们已经有了各种路况下的 500 000 个燃油消耗数据了。

我们运用回归模型分析了这些数据，结果令人感到惊讶：第一，在所有变量中，不确定性最高的是路况。不同路况耗油量差别很大，尤其是铺好的路和越野路，耗油量差距最大。第二，因为战场情势图完全可以由卫星和无人监测飞机制作好，所以关于路况的不确定性导致的误差完全可以避免。表 14.1 对路况变量的差异做了汇总。

对战斗模型的分析发现，影响战斗车辆耗油量最大因素并不是和敌人接触的概率，而是该战斗部队以前是否到过某区域。当坦克指挥官对所在的环境不熟悉时，他们就会让耗油量巨大的发动机不停地运转，以便随时旋转炮塔和躲避危险，无论危险多小都会如此，因为一旦发动机停止，就没法立刻启动了。

当部队不熟悉环境时，他们会选择更远但更熟悉的道路行进，因此，消耗更多的燃油。和道路量化类似，他们事先应该知道一个作战部队是否去过某区域，而是否熟悉环境这一因素对燃油日消耗估计的误差可以减少大约 3 000 加仑。相比之下，与敌人接触这一因素，只能减少 2 400 加仑，在众多相关因素之中，它的影响排倒数第 4，比在护送路途上新增一个停靠站的影响大不了多少。

表 14.1　海军陆战队远征部队各种路况变量的差异汇总

路况变量	日耗油量的差异（加仑）
从铺好的路变为越野路	10 303
平均时速提高 5 英里	4 685
爬升 10 米	6 422
平均海拔提高 100 米	751
温度提高 10 摄氏度	1 075
路途增加 10 英里	8 320
路途上新增一个停靠站	1 980

阶段 3

在阶段 3，我们为物流计划人员创建了一个电子表格，这个表格纳入了所有变量，与之前的方法相比，该表格计算出的结果的误差比之前减少了一半。根据海军陆战队自己的燃油成本数据，每支陆战队远征部队每年至少可以节约 5 000 万美元。

结　语

这个研究基本上改变了海军陆战队之前计算燃油量的方法。甚至连海军陆战队物流部门中最有经验的计划员都说，他们对结果感到很惊讶。五级准尉昆尼南说：“让我惊讶的是大部分燃油居然消耗在了后勤补给线路上，这是物流人员花上 100 年可能也想不到的事情。”托雷斯说：“我最惊讶的就是我们可以节约这么多燃油。这个研究让我们解放了车辆，因为不需要把这么多油移来移去，现在车辆可以用来运送军火了。”

正如 SDWIS 的案例一样，这也是一个我们不必量化那么多变量的例子。团队中的计算机编程顾问告诉我说，他们过去从来没有给汽车上过油，现在却卷起袖子钻到卡车下面上润滑油，并为卡车装上燃油流量表和全球定位系统。研究结果告诉我们量化燃油消耗并不难，我们坚信如果团队可以群策群力、集思广益，那么完全有可能做到这一点。这和以前海军研究办公室做的研究形成了鲜明对比。他们的研究充斥着各种高深的概念和远景，但却没有任何实际量化工作，也没有提供任何新信息。

在这里，我想给量化怀疑论者上最后一课：我们作这个量化也意味着重视人们的安全。在这个项目中，我们不需要直接计算此次量化给海军陆战队员带来的安全价值，虽然我们可以用支付意愿法或其他方法算出来，但移动减少了燃油意味着减少了的护送任务，因此，陆战队员也就会面临更少的路边炸弹和伏击的危险。通过正确的量化方法，我已经拯救了有些人的生命。

抽象问题：如何量化行业标准的价值?

我量化过的一个比较抽象的问题可能是标准的价值——不仅仅是对一个组织而言，而是对整个行业而言。在保险行业，各方必须定期进行对话，共享数据。州和联邦机构之间也是如此。如果他们都用不同的方式处理数据，仅仅在日常沟通方面就会产生大量的附加成本。

处理数据的标准不是偶然发展起来的。它们是由行业协会专门制定的。以下案例中的客户是非营利行业协会 ACORD（合作运营研究与发展协会）。ACORD 拥有数百个成员组织，包括保险公司、经纪人、金融服务机构和行业咨询机构。ACORD 促进了保险和相关行业开放数据标准的开发。由于标准的价值往往随着其被更广泛地采用而增加，ACORD 也是行业中这些标准的积极倡导者。ACORD 的主席格雷格・玛西亚格（Greg Maciag）找到我，想知道他如何才能帮助其成员衡量 ACORD 标准的价值。格雷格・玛西亚格和 ACORD 的成员们意识到，在整个行业中使用相同的标准是有价值的，但他们需要对其进行量化。

阶段 0

与我们大多数项目不同，这项举措将涉及几个独立的组织——每个组织都是 ACORD 成员中的志愿者，代表一些大型保险公司。在阶段 0，我们招募了几家保险和再保险公司。每个组织都派出一名成员代表他们参加一系列的应用信息经济学建模研讨会。

阶段 1

2012 年春天，HDR 公司与行业代表进行了几次半天的现场和远程（通过 WebEx）研讨会。和往常一样，第一个目标是明确通过量化标准的价值，能够定义什么是具体的决策。在第一个研讨会中，保险公司决定从项目经理的角度对决策建模，因为项目经理会对给定的项目提出采用相关标准的理由。

将标准投入应用的繁重工作是在保险公司和其他组织正在进行的软件项目中完成的。这些软件项目不一定符合相关标准，因此需要让主要的现有应用程序（例如，一份新的报告、电子签名等）遵守新的规定。在每家保险公司的多个业务流程中，每年可能实施数次这样的项目。在整个行业范围内，每年大概有数千次这样的项目实施。

这些项目的实施是为了跟上不断变化的业务需求，即使没有使用 ACORD 标准，也需要这么做。在一些情况下，初次提议的 ACORD 标准尚未被采用，甚至在成员组织内部，也会产生关于是否在特定项目中使用 ACORD 标准的争论。通常在软件行业，初始成本更明显，而长期收益似乎抽象且难以量化——这意味着后者常常被完全忽略。ACORD 及其成员中的支持者面临的挑战是量化标准的好处，以便大家在决定是否实施标准时充分知情。

在研讨会中，这些标准的几个潜在好处也得以辨别出来。其中许多与减小行业参与者之间的沟通摩擦有关。但大多数都与简单地利用他人已经完成的工作有关，比如客户的数据模型、各种交易信息等。标准带来的收益包括以下 5 点。

降低交易成本 交易可以是货币的，也可以是非货币的，外部组织通过使用公共标准，在某种程度上促进了交易。

降低流程中的错误率 在不同数据格式之间进行切换会造成数据输入的一些错误，确定标准就能消除这个错误的来源。

代码可重复利用 在一个组织中使用的标准越广泛，新的实施就越有可能构建在现有的代码之上。

提高实施的速度 使用已经开发的标准，可以节省新系统的数据和流程设计时间，这加快了产生商业效益的速率。

改进商业智能 在不需要开发独特的、非标准的方法时，可以更快地设计和完成某些报告。根据这些报告做出的决策也会更快更准确。这类似于其他信息价值的计算。

这些好处中的每一种都被分解成多个变量，每一个变量都需要估计。我们总共确定了 45 个个体变量。然后，要求每一位参与的成员确定一些正在考虑的标准，以便在现实中实施。我们为 5 家不同的保险公司创建了 5 个不同的决策模型，每个决策模型都有自己的一套估计方法。

参会的专家均参加了校准培训且表现优异。他们需要估计的大多数变量都是极不确定的，但是，他们凭借他们校准技能，就能使用各种概率（包括没有效益的概率）来恰当表达它们的不确定性。例如，对于那些对商业智能的好处持怀疑态度的成员，他们不仅提供了商业智能对减少决策错误的概率范围，还对商业智能是否会带来好处设定了二元概率——有时没有好处的概率低至 5%。

阶段 2

我们分别对每个标准的实施项目进行了信息价值分析。当然，研究结果因项目而异，但也有些一致的发现。个别个案的信息价值从不超过4万美元。但是，由于这些通常都是每年实施数次的项目，因此从个别案例中得出业务流程，就可以推断出行业的大致信息价值。表14.2显示了整个保险行业的完全信息期望值的计算结果（显示了保守估计的90%置信区间的下限）。

表 14.2 整个保险行业的信息价值结果

变量	整个行业的 EVPI 的估计
ACORD 标准缩短的项目时间	>4 亿美元
初次采用 ACORD 标准的项目的额外时间	>1.5 亿美元
初次采用 ACORD 标准的项目的附加成本	>10 万美元
ACORD 标准对产出报告的效率提升	>40 万美元
其他所有变量（总计 41 个）	>70 万美元

这对参与的保险公司的成员来说意义重大。在实施项目中增加标准的附加开发成本通常在几十万美元的范围内。但它们直接影响了商业流程或者业务线可能产生的数亿美元的营业收入，而且在规模相似的前提下，增加标准后成本更低。如果某个特性能够略微提高这一流程的效率，而相关标准确立后就可以让其加速几个月。甚至仅仅只是几个星期，其影响将是工作本身的许多倍。

标准实施的最大成本并不是开发人员的劳动，而是在第一次确立标准时造成项目的延迟。在那之后的加速获益有望弥补第一次实施中商业收益的延迟。

作为 VIA 的结果，我们对 ACORD 成员进行了一次调查，以减小关于标准对实施项目交付时间影响的不确定性。尽管使用 ACORD 标准产出报告的效率也是一种相对较高的信息价值，但人们认为，如果给评估者更多的时间查询现有数据，可以很容易准确地知道这个数值。然而，标准对实施项目时间的影响的不确定性，不仅是所有案例研究中普遍存在的不确定性，也是许多成员认为很难获得更多数据的问题所在。

通过书面调查、网络调查和在 ACORD 年度会议上进行的实时自动回复调查，我们总共收集了 149 份调查回复。这项调查确定：①在采用标准之前和之后，谁对实施项目的持续时间有比较完整的记录；②对实施计划的影响的估计。对于那些声称拥有过去的项目持续时间的完整记录的组织，我们以不同的方式处理估计值。我们将那些没有掌握完整数据的成员与那些掌握了更完整数据的成员进行一致性比较。

简单比较一下两组（如第 9 章的实验中所解释的那样），就会发现没有详细记录的人给出的答案至少与那些有详细记录的人一致。一名成员提供了一组与主观回忆一致的真实数据，从数据中可以看到确定标准后平均节省了 23% 的时间，而调查对象中一半的人说他们节省了 50% 或更多的时间。

阶段 3

这个项目的交付成果更像美国海军陆战队的系统，而不像美国环保局的安全饮用水信息系统（SDWIS）。我们的目标不是对单一投资提出建议，而是开发一个可重复使用的工具，ACORD成员可使用它来评估在提议的某项实施过程中确定标准的价值。我们在Excel中使用内置的蒙特卡洛模型创建了一个可以填空的工具，项目经理可以填入他们自己对每个价值领域的几个参数的估计值，我们将它称为集成价值（VOI）工具。

我们并没有将既往调查用作对所有个案的一种估计。既往调查提供了一个基准，用户可以使用该基准作为默认值，以此作为新一次估计的基础，也可以完全忽略它。所有估计均基于用户校准结果或每个变量建议的经验来源。

我们使用第6章和第7章中提到的工具的自动化版本，估计了建议使用的标准的风险以及进一步量化的建议。接下来，项目经理可以向他或她的领导展示采用标准的案例。鉴于他们是保险行业的高管，他们应当可以理解对收益、成本和风险的概率分析。

结　语

使用我们分析的少数案例中的小样本估计法，并将其外推到整个行业，我们估计ACORD标准为该行业带来的年产值远远超过10亿美元。在ACORD的生命周期内，收益肯定在数十亿美元的范围内。这是ACORD需要的关键数字。格雷格·玛西亚格指出："行业标准为整个行业节省了数十亿美元，我并不感到惊讶，但能够被权威地证实，还是很不错的。这是一项伟大的成就。但HDR公司走得更远，因为大量的行业数据不容易被公司高管内部化。他们对自己的公司如何实现成本节省更感兴趣。"

这个过程本身对 ACORD 成员也很有用。玛西亚格补充说："应用信息经济学的流程真的让人大开眼界。它不仅为我们提供了量化可观察结果的工具，也为我们提供了一种更内省地审视人们如何进行观察和计算的方法。"

在校准的估计后创建概率模型，这种有经验的量化似乎在这个行业中产生了特别良好的共鸣。玛西亚格还说："事实证明，这是一项卓越的生活技能，它帮助我们减小不确定性和更好地管控风险。这一切都归结于如何看待你眼前的信息，但前提是需要正确地运用工具来观察它。"

在写作本章的时候，我们也正在向更多的 ACORD 成员推广集成价值这个概念。

一些虽未讨论但可能出现的量化难题

在本书中，我们讲了好几个量化例子，包括绩效、安全、市场预测、信息价值以及健康和幸福，我也介绍了一些基本的实证量化手段，包括随机抽样、实验和回归分析。信息量或许有点大，但是，对绝大多数人来说，这些不过是我们学到的一些例子，我想让大家看到如何从头到尾解决一个难题，并且看到有效结果。下面我将介绍一些我们还没有讨论过但有可能出现的量化难题。

对于以下每一个难题，我不会详细介绍每一步，因为通用的量化步骤都适用。建议你对每一个量化难题都作概念澄清工作，且你仍需要从最初的不确定性、信息价值、分解到选择一种测量仪器，进行从头到尾的思考。不管怎样，我已经提供给你足够的信息，你可以开始自己的量化之路了。

质 量

有一次一个质量协会的成员问我要怎么量化质量。她还说，在协会每个月的质量会议上经常会出现这个争论。我觉得这很奇怪，因为“质量管理之父”W. 爱德华兹·戴明（W. Edwards Deming）把质量当成数量，而她本应该很熟悉戴明，可她居然不知道戴明是个统计学家。

戴明到处宣扬说，如果你没有一个量化程序，就不会有质量程序。对于戴明来说，质量就是期望实现的一致性，可惜他没有定义“期望”。在他看来，制造业中的质量量化，就是量化不同类型瑕疵发生的频率，以及把期望的规范产品当成平均值，量化产品的方差。

我认为戴明的质量观，构成了质量量化的基础，不过其本身还有所不足。我认为质量的完整定义应该不止如此。一个低成本产品也许非常合乎制造商的期望，但有可能被顾客看成是低质量的。如果顾客认为这个产品质量不高，为什么制造商却认为它高呢？所以任何对质量的描述，都应该包括对顾客的调查。

记住陈述偏好和显示偏好的区别对我们会有帮助。在调查中顾客所说的偏好与他们作出购买决定时的偏好也许并不一样。检验质量的最终标准应该是客户愿意为产品付出的超额款项。这个“超额款项”也可以比作花费的广告费，因为一般而言，被看成是高质量的产品，人们愿意付更多的钱，因此可以拿出一部分钱做广告，然后提价弥补。也许高质量的产品会有更多的回头客和更多口碑效应。

过程、部门或功能

像“某某的价值是什么”这种问题，一般都属于量化问题。量化价值的困难在于缺乏量化的明确理由。有时，首席信息官会问我该如何量化信息技术的价值，我就问他:“为什么? 难道你不想用信息技术了吗? ”商业或政府中所有的量化难题，都是关于不同选择之间的比较。如果你想计算信息技术的价值，你就要假想没有信息技术时的成本和收益情况，并和有了信息技术之后的情况进行比较。所以，除非你真觉得没有信息技术也行，否则这个问题根本没必要回答。

不过，也许首席信息官真的想知道，自从他接手以来，信息技术的价值是否提高了。在这种情况下，他应该把关注点放在计算自他上任以来的具体决策和创新的净收益上，而这也可以看成是财务方面的量化，量化方法我们之前已经讨论过。如果一个首席信息官想找到反对把整个部门外包出去的理由，那么他的问题就不是有关信息技术本身的价值，他的真正目的是想比较将其留在公司的价值和外包的价值。

所有的关于价值的问题最终都包含了不同方案的选择。如果你明确了真正要量化的事物，那么价值权衡将容易得多。

创 新

和其他事物一样，真正的创新定能用某种方法观察到。量化创新和量化其他难题一样，最大的困难可能在于明确量化的是什么。你会根据对一项创新的不同量化结果，而作出不同的决策吗? 除非根据这些结果至少可以影响一些真正的决策，如评估研究成就以便发奖金，或者判断是否终结一个项目，否则，量化就没有任何商业价值。

如果你确定这项量化至少可以影响一个决策，那么我建议你使用以下 3 种方法量化。第一种方法是基于主观的估值方法。把拉希模型和人的判断相结合，可以控制判断偏差。在研究过程中，我们还可以使用盲测，且只量化创造性成果，例如广告、标识、研究论文、建筑计划或团队其他任何的创造性成果。如果你想基于各种创意评估研究质量，那么这种方法或许有用。

另一种量化方法是基于其他指标，比如工作成果以论文或专利的形式发表时，你就可用相关标准来衡量了。文献计量学领域用交叉引用的方法来研究文章的价值，如果一个人写了真正有重大突破的东西，那么一般来说他的文章会被很多其他研究者引用。在这种情况下，计算一个研究者的论文被引用的次数，可能比计算作者发表文章的数量更有意义。

同样的方法也可用于专利，因为专利申请要参考以前的相似专利，并讨论它们的相似与不同之处。科学计量学就是量化科学产量的学科，它通常是以整个公司或国家为单位作比较，你可以借鉴其中的方法。

21 世纪以来，已经有好几种软件工具声称可以量化创新。仔细研究发现，这些工具大多是用第 12 章提到的评估法为基础而设计的，我也常发现对这些工具感兴趣的人，甚至都不能做好量化过程中最重要的第 1 步：你希望通过量化解决的决策问题是什么？本书第 12 章提供了足够的信息，让你防范任何感觉良好，但不能证明提高决策有效性的方法。

正如美国广告大师大卫·奥格威[①]（David Ogilvy）所说："如果产品卖不出去，说明广告没有创造性。"即使产品有创造性，但也与商业无关。在量化过程中，我们不妨多思考这样的问题：如果我们的目标就是解决

① 1911—1999 年，现代广告教皇，1949 年创办奥美广告公司，10 年后成为全球最大的 5 家广告代理商之一。

量化难题，那么这项量化工作在经济上会产生多大收益呢？汤姆·贝克韦尔量化学术研究者绩效的方法好吗？比利·宾量化棒球运动员绩效的方法如何呢？

信息可用性

本书中，我至少 4 次量化了信息可用性，信息可用性的提高，意味着你可以花费较少的时间搜寻信息，且丢失信息的情况也会减少一些。

信息之所以丢失，或许因为你不想再用它，或许因为你想重新收集。重新收集信息的成本可以通过简单的量化得到。如果选择不再用此信息，那么决策中用到的信息就会减少，决策出错的概率会更大，这又是另一项成本。开始量化之前，对于文档搜索时间、重新收集信息的频率以及不再用这些信息的概率，都需要经过校准的评估者给出数量化的范围。

灵活性

术语“灵活性”（Flexibility）本身的意思很宽泛也很模糊，它可以描述很多事情。在这里我想举 3 个案例，以此说明客户是如何定义和量化灵活性的。由于他们给出的回答各不相同，因此有必要谈得细一点。为了澄清概念，这 3 类客户给“灵活性”下的定义是：

案例 1 对于意外的网络不可用情况，其平均解决时间减少的百分比。

案例 2 新产品平均开发时间减少的百分比。

案例 3 在有需求的情况下增加新软件包的能力[①]。

① 以前的 IT 系统一般有好几个客户系统，它们与计算机为基础的应用系统是分开的。

这 3 个定义都和信息技术开发有关。和过去一样，我们以现金流的方式，计算上述每个案例价值，这样就可以计算净现值和投资回报率了：

案例 1 5 年投资回报率的每年的现金价值 = 目前每年当机的小时数 ×1 小时当机的平均成本 × 新系统减少的当机时间百分比

案例 2 7 年投资回报率的每年的现金价值 = 每年开发的新产品数量 × 新产品推向市场的百分比 × 当前开发新产品的时间 ×（新产品早推出一个月的额外毛利 + 开发的成本）× 花费时间减少的百分比

案例 3 5 年净现值的每年的现金价值 = 每年的新应用系统数量 × 和标准软件包相比，客户应用新系统增加的平均维护的净现值 + 和标准软件包相比，开发客户系统的短期附加成本

上述每个例子都是重大决策，完全信息的期望值高达几十万到几百万美元。和过去一样，最关键的量化难题往往不像客户事先认为的那样。综合分析后，我们最终决定量化以下难题：

案例 1 我们选择了 5 次当机，每次分别对 30 个人作了当机调查。这样客户完全有能力确定是否受当机事件的影响。如果受影响，也可以确定没有生产的实际时间是多长。

案例 2 我们把产品开发分成了 9 种具体活动，并让经过校准的评估者估计每种活动占总体时间的百分比，然后给这些

评估者进一步的信息，让他们评估每种活动减少的时间百分比。

案例 3 我们确定了未来两年有可能实施的具体的客户应用系统，并针对每个系统，计算了开发和维护一个等价的客户软件包的成本。

在上述每一个案例中，量化成本都低于 20 000 美元，仅仅是完全信息的期望值的 0.5% ～ 1%。在每个案例中，初始的不确定性都减少了至少 40%。对信息价值的分析显示，再作进一步的量化工作已经没有价值。

量化之后，从案例 1 和案例 3 中，我们都找到了后续投资开发的项目，而案例 2 显示投资风险较高，我们只有先作定点部署，待不确定性进一步缩小后，才能进一步投资。

期权理论的灵活性

1997 年，诺贝尔经济学奖被颁发给了罗伯特· C. 默顿（Robert C. Merton）和迈伦·斯科尔斯（Myron Scholes），因为他们提出了计算金融期权价值的布莱克 - 斯科尔斯公式。金融中的看涨期权（Call Option）给了期权购买者在未来一个时间点、以执行价格购买其他一些金融产品的权力。

与此类似，看跌期权（Put Option）给了期权购买者以执行价格卖出的权力。例如，如果你拥有一份看涨期权，那么你就可以在一个月后以 100 美元的价格买入某公司的股票，而那时股价是 130 美元，那你就可以行使期权，以 100 美元买进、再以 130 美元卖出，立即获得 30 美元的利润。但问题是，你不知道一个月后股价到底是多少，因此你并不知道你的期权到时候是否有价值。在布莱克 - 斯科尔斯公式提出前，人们并不十分清楚这样一份期权的价值。

和其他大多数经济学理论相比，期权论在商业界获得了更多注意。期权理论不仅可以应用于期权买卖，而且也可以应用于公司的内部决策。

很多管理者把商业决策看成期权估值问题，并试图通过公式计算。虽然这种方法在某些情况下可能有用，但它确实被滥用了，并不是每种决策都能用它计算。在现实中，绝大多数问题根本不必用布莱克 - 斯科尔斯公式解决，而传统的决策理论就能解决好。

例如，你对一个新的软件平台使用蒙特卡洛模型，而该平台恰好给你提供了可以作改变的期权，如果未来的条件使得这种改变有利，蒙特卡洛模型就会显示有期权比没期权好。

这里并不涉及布莱克 - 斯科尔斯公式，但却是绝大多数真实的难题所面临的情况。在股票期权中使用布莱克 - 斯科尔斯公式或许是合适的，但只有当你把布莱克 - 斯科尔斯公式中的每一个变量一对一地转化为你难题中的相应变量才行。如果在具体的商业决策中，没有与之对应的变量，那么布莱克 - 斯科尔斯公式可能并不能解决问题。

现在我们已知道，布莱克 - 斯科尔斯公式的一些假设条件是错误的，这导致了很多金融灾难。期权理论假定市场波动符合正态分布，而我在《风险管理的失败》一书中说过，如果我们假设市场的波动是正态分布，就会低估异常事件的发生频率，而我们对异常事件导致的波动幅度，也会低估好几个等级。

全书总结

如果你认为你正在与某些不可能量化的东西打交道，那么就想想本书中的一些实例吧。以下建议，可能会让你的量化难题变得很简单：

◎ 如果要量化的事物真的很重要，那么你就可以定义它；如果认为它肯定存在，那么你必然早就以某种方式观察过它。

◎ 如果它很重要，但又不确定，那么你出错就会付出代价，而且确实存在犯错的可能性。

◎ 你可以让经过校准的评估者，量化当前的不确定性。

◎ 通过量化“阈值”，你可以计算附加信息的价值。阈值会影响你对目前不确定性的看法。

◎ 一旦你知道量化某物是值得的，就可以着手量化了，并确定在量化工作上应该作多少努力。

◎ 使用随机抽样、控制实验，甚至仅仅提高专家判断的精确性，都会减少不确定性。

我想埃拉托色尼、费米和艾米丽不会被任何量化难题所吓倒。从他们的行动中可以看出，他们抓住了本书关于量化的关键要素。也许，量化当前的不确定性、计算信息本身的价值以及信息价值如何影响量化等内容，他们从未接触过。虽然他们不知道我们讨论过的某些方法，但我觉得他们仍能找到其他减少不确定性的方法。

我希望埃拉托色尼、费米、艾米丽的例子以及本书的其他实践方法和案例，至少可以让你对“很多事物是不可量化的”这一观念持怀疑态度。

致 谢

很多人都对本书作出了贡献，他们或者提出建议和评论，或者提供了有趣的量化方法。在此，我对他们表示感谢（排名不分先后）：

弗里曼・戴森
皮特・蒂皮特
巴里・努斯鲍姆
斯基普・贝利
詹姆斯・兰迪
查克・麦凯
雷・吉尔伯特
亨利・谢弗
利奥・钱皮恩
汤姆・贝克韦尔
比尔・比弗
戴维・托德・威尔森
埃米尔・塞文 - 施瑞伯
布鲁斯・劳
鲍勃・克里曼
迈克尔・霍奇森
莫西・克拉维茨

帕特・普伦基特
阿特・科因恩
特里・坤尼曼
路易斯・托雷斯
马克・戴
雷・艾匹克
多米尼克・舒尔特
杰夫・布莱恩
皮特・沙伊
贝蒂・科尔森
阿卡古德・拉马普拉萨德
朱莉安娜・黑尔
詹姆斯・汉密特
罗布・多纳特
迈克尔・布朗
塞巴斯蒂安・乔治乌
吉姆・弗莱奇克

罗宾・道斯
杰伊・爱德华・拉索
里德・奥格利亚
琳达・罗莎
麦克・麦克谢伊
罗宾・汉森
玛丽・伦茨
安德鲁・奥斯瓦尔德
乔治・埃伯施塔特
格雷特
哈里・爱普斯坦
里克・梅尔博斯
山姆・萨维奇
贡特尔・埃森巴赫
约翰・巴拉特
杰克・斯坦纳
迈克尔・戈登 - 史密斯

埃里克·希尔斯
汤姆·维尔迪尔
格雷格·马西亚格
巴雷特·汤普森
理查德·赛森
基思·谢泼德
艾克·路德林
道格·萨缪尔森
克里斯·麦蒂
乔琳·曼宁

特别感谢里弗波音特集团有限公司（RiverPoint Group LLC）的多米尼克·希尔特（Dominic Schilt）先生，早在 1995 年，他就看到了这种方法带来的机遇，并从那时起就给予我大量的支持。我还要感谢我博客的所有读者，他们为本书的各个版本都提出了宝贵建议。我还要特别感谢哈伯德决策研究公司的同事们，他们在关键的时候作出了重要贡献。

附　录

How To Measure Anything

第 5 章校准测试题答案

编号	问题	答案
1	纽约和洛杉矶之间的空间距离是多少英里（1 英里 = 1 609.344 米）?	2 451
2	艾萨克・牛顿爵士在哪一年发布了万有引力定律?	1685
3	一张典型的名片有几英寸长?	3.5
4	作为军事通信系统的互联网是在哪一年建立的?	1969
5	莎士比亚出生于哪一年?	1564
6	1938 年，英国蒸汽机车创造的新速度纪录（每小时英里数）?	126
7	一个正方形能被同样直径的圆盖住百分之多少的面积?	78.5%
8	卓别林死的时候多少岁?	88
9	本书第一版重几磅（1 磅 =453.5924 克）?	1.23
10	美国情景剧《盖里甘的岛》首次播出是哪天?	1964.9.26
	是非题	**答案**
1	古罗马是被古希腊征服的。	错
2	不存在三峰骆驼。	对
3	1 加仑（1 加仑 = 3.785 升）石油比 1 加仑水轻。	对
4	从地球上看，火星总比金星远。	错
5	波士顿红袜队赢得了第一届世界系列赛的冠军。	对
6	拿破仑出生于科西嘉岛。	对
7	M 是 3 个最常用的字母之一。	错
8	2002 年，台式电脑的均价低于 1 500 美元。	对
9	林登・B. 约翰逊在成为副总统之前是州长。	错
10	1 千克比 1 磅重。	对

附加的校准测试题及答案

校准测试题 A：范围估计

编号	问题	下限（值比它高的概率是 95%）	上限（值比它低的概率是 95%）
1	美国内华达州科罗拉多河上的胡佛水坝高多少英尺?		
2	20 美元的钞票有几英寸长?		
3	铝在美国的回收率是多少?		
4	美国摇滚乐之王艾尔维斯・普雷斯利是哪一年出生的?		
5	空气中氧气的质量占多少百分比?		
6	新奥尔良的纬度是多少?		
7	1913 年美军有多少架飞机?		
8	欧洲第一台印刷机是哪年发明的?		
9	2001 年美国家庭的耗电量中，厨房用具的耗电占多少百分比?		
10	珠穆朗玛峰高多少英里?		
11	伊拉克和伊朗的边界长多少公里?		
12	尼罗河长多少英里?		
13	哈佛大学是哪年建立的?		
14	波音 747 大型喷气式飞机的翼展是多少英尺?		
15	一个古罗马军团有多少士兵?		
16	深海区（超过 6 500 英尺深）的平均温度是多少摄氏度?		
17	航天飞机运载器长多少英尺?		
18	法国著名作家儒勒・凡尔纳哪一年出版了《海底两万里》?		
19	曲棍球场上的球门宽多少英尺?		
20	古罗马竞技场可以容纳多少名观众?		

校准测试题 A 答案

编号	答案
1	738
2	6.1875 英寸
3	45%
4	1935
5	21%
6	31
7	23
8	1450
9	26.7%
10	5.5
11	1 458
12	4 160
13	1636
14	196
15	6 000
16	3.9℃
17	122
18	1870
19	12
20	50 000

校准测试题 B：范围估计

编号	问题	下限（值比它高的概率是 95%）	上限（值比它低的概率是 95%）
1	海盗 1 号是哪年登陆火星的?		
2	最年轻的太空飞行者多少岁?		
3	伊利诺伊州的摩天大楼希尔斯大厦高多少米?		
4	百年灵轨道 3 号热气球是第一个不间断环游地球的热气球，它的最高升空高度是多少英里?		
5	平均而言，软件开发项目资金有多少用在系统设计上?		
6	苏联切尔诺贝利核电站事故后，有多少人永久地撤离了?		
7	最大的飞艇长多少英尺?		
8	从旧金山到夏威夷的檀香山有多少英里?		
9	最快的猎鹰，俯冲时速度可达每小时多少英里?		
10	DNA 的双螺旋结构是哪一年发现的?		
11	足球场宽度是多少码?		
12	从 1996 年到 1997 年，互联网主机增加了百分之多少?		
13	8 盎司橙汁中含有多少卡路里的热量?		
14	要在海平面上突破声障，速度得达到每小时多少英里?		
15	南非黑人运动领袖纳尔逊・曼德拉在监狱里待了多少年?		
16	发达国家每人每天平均摄入多少卡路里?		
17	1994 年联合国有多少国家?		
18	非营利性民间环保组织奥杜邦学会哪一年在美国成立?		
19	世界上最高的瀑布委内瑞拉的安赫尔瀑布高多少英尺?		
20	泰坦尼克号沉没的海有多少英里深?		

校准测试题 B 答案

编号	答案
1	1976
2	26
3	443
4	6.9
5	20%
6	135 000
7	803
8	2 394
9	150
10	1953
11	53.3
12	70%
13	120
14	760
15	26
16	3 300
17	184
18	1905
19	3 212
20	2.5

校准测试题 C

判断题	回答（真 / 假）	你对回答正确的信心（圈一个）
1	从芝加哥到旧金山的林肯高速公路是美国第一条柏油公路。	50% 60% 70% 80% 90% 100%
2	铁的密度高于黄金。	50% 60% 70% 80% 90% 100%
3	美国家庭中的微波炉比电话多。	50% 60% 70% 80% 90% 100%
4	“陶立克体”（Doric）是建筑术语，用于描述房顶形状。	50% 60% 70% 80% 90% 100%
5	世界旅游组织预测，2020 年欧洲仍然是最受欢迎的旅游地区。	50% 60% 70% 80% 90% 100%
6	德国是第二个制造原子武器的国家。	50% 60% 70% 80% 90% 100%
7	冰球可以放进高尔夫球洞里。	50% 60% 70% 80% 90% 100%
8	苏族是密西西比平原上的一个印第安部落。	50% 60% 70% 80% 90% 100%
9	对于物理学家来说，“等离子”（Plasma）是一种岩石类型。	50% 60% 70% 80% 90% 100%
10	英法百年战争确实超过了一个世纪。	50% 60% 70% 80% 90% 100%
11	地球上大半的淡水都在南极冰川中。	50% 60% 70% 80% 90% 100%
12	奥斯卡学院奖是 100 多年前开始颁发的。	50% 60% 70% 80% 90% 100%
13	世界上亿万富翁的人数少于 200。	50% 60% 70% 80% 90% 100%
14	在 Excel 中，“^” 的意思是“乘方”。	50% 60% 70% 80% 90% 100%
15	飞机机长的平均年薪超过 150 000 美元。	50% 60% 70% 80% 90% 100%
16	1997 年，比尔·盖茨拥有的财富超过 100 亿美元。	50% 60% 70% 80% 90% 100%
17	到了 11 世纪，欧洲战争开始使用大炮。	50% 60% 70% 80% 90% 100%
18	安克雷奇（Anchorage）是阿拉斯加州的首府。	50% 60% 70% 80% 90% 100%
19	华盛顿、杰斐逊、林肯和格兰特，是头像刻在罗斯摩尔山上的 4 位美国总统。	50% 60% 70% 80% 90% 100%
20	约翰－威立国际出版公司（John Wiley & Sons, Inc.）不是最大的图书出版商。	50% 60% 70% 80% 90% 100%

校准测试题 C 答案

题号	答案
1	假
2	假
3	假
4	假
5	真
6	假
7	真
8	真
9	假
10	真
11	真
12	假
13	假
14	真
15	假
16	真
17	假
18	假
19	假
20	真

校准测试题 D

判断题	回答（真/假）	你对回答正确的信心（圈一个）
1	木星上的“大红斑”比地球还大。	50% 60% 70% 80% 90% 100%
2	布鲁克林道奇队（美国一支棒球队）的名字是“电车道奇”（Trolley Dodger）的缩写。	50% 60% 70% 80% 90% 100%
3	“超音速”快于“亚音速”。	50% 60% 70% 80% 90% 100%
4	“多边形”是三维的，多面体是二维的。	50% 60% 70% 80% 90% 100%
5	1 瓦特的电动机的功率是 1 马力。	50% 60% 70% 80% 90% 100%
6	芝加哥的人口多于波士顿。	50% 60% 70% 80% 90% 100%
7	2005 年，沃尔玛的销量下降到了 1 000 亿美元以下。	50% 60% 70% 80% 90% 100%
8	便利贴是由 3M 公司发明的。	50% 60% 70% 80% 90% 100%
9	阿尔弗雷德·诺贝尔（Alfred Nobel）把他的财富捐给了诺贝尔和平奖，他是靠石油和炸药挣钱的。	50% 60% 70% 80% 90% 100%
10	BTU 是热量单位。	50% 60% 70% 80% 90% 100%
11	第一届印第安纳波利斯 500 英里汽车速度赛冠军的平均时速低于 100 英里。	50% 60% 70% 80% 90% 100%
12	微软的员工多于 IBM 的。	50% 60% 70% 80% 90% 100%
13	罗马尼亚与匈牙利接壤。	50% 60% 70% 80% 90% 100%
14	爱达荷州的面积比伊拉克大。	50% 60% 70% 80% 90% 100%
15	卡萨布兰卡在非洲。	50% 60% 70% 80% 90% 100%
16	人造塑料发明于 19 世纪。	50% 60% 70% 80% 90% 100%
17	岩羚羊是阿尔卑斯山地区的动物。	50% 60% 70% 80% 90% 100%
18	金字塔的底座是正方形的。	50% 60% 70% 80% 90% 100%
19	巨石阵位于英国的主岛上。	50% 60% 70% 80% 90% 100%
20	每隔 3 个月或更短的时间，CPU 的功能就会提高一倍。	50% 60% 70% 80% 90% 100%

校准测试题 D 答案

题号	答案
1	真
2	真
3	真
4	假
5	假
6	真
7	假
8	真
9	真
10	真
11	真
12	假
13	真
14	假
15	真
16	真
17	真
18	真
19	真
20	假

校准测试题 E：范围估计

编号	问题	下限（值比它高的概率是 95%）	上限（值比它低的概率是 95%）
1	南京长江大桥的江面桥长多少米?		
2	100 元人民币长多少厘米?		
3	中国台湾的垃圾回收率是多少?		
4	邓丽君是哪一年出生的?		
5	地球上海洋面积占多少百分比?		
6	哈尔滨的纬度是多少?		
7	2010 年中国空军有多少架飞机?		
8	明朝是哪一年建立的?		
9	2007 年，中国照明用电在总发电量中的百分比是多少?		
10	泰山高多少米?		
11	中国和越南的边界长多少公里?		
12	松花江长多少公里?		
13	黄巾起义是哪一年?		
14	水立方长多少米?		
15	渤海海水多少年循环一次?		
16	根据 2009 年的勘探数据，新疆煤炭储量是 2.19 万亿吨，占全中国已探明总储量的百分之多少?		
17	中国研制的歼 10 战斗机的最大时速是多少?		
18	清代大贪官和珅是哪一年倒台的?		
19	国际标准足球场的宽度是多少米?		
20	国家体育场鸟巢可以容纳大约多少观众?		

注：校准测试题 E 是编者为方便中国读者测试而设计。

校准测试题 E 答案

编号	答案
1	1 577
2	15.5
3	50%
4	1953
5	70.8%
6	46
7	3 425
8	1368
9	10%
10	1 545
11	1 350
12	1 900
13	184
14	177
15	45
16	40%
17	2.2 马赫（约 2630 公里）
18	1799
19	68
20	91 000

校准测试题 F：判断题

判断题	回答（真 / 假）	你对回答正确的信心（圈一个）
1	中国第一条自行设计的铁路是由詹天佑主持修建、于 1909 年通车的京张铁路。	50% 60% 70% 80% 90% 100%
2	钨的密度稍高于黄金。	50% 60% 70% 80% 90% 100%
3	截至 2010 年，中国的汽车保有量已经超过了 1 亿辆。	50% 60% 70% 80% 90% 100%
4	“七月流火”源自《诗经》，用来形容七月份很热。	50% 60% 70% 80% 90% 100%
5	平遥古镇在山西省。	50% 60% 70% 80% 90% 100%
6	2008 年日本的死亡人数多于其出生人数。	50% 60% 70% 80% 90% 100%
7	标准的排球比标准的足球稍大一些。	50% 60% 70% 80% 90% 100%
8	良渚文化是中国新石器文化遗址之一，在长江下游的太湖地区。	50% 60% 70% 80% 90% 100%
9	总体而言，爱因斯坦是支持量子力学的。	50% 60% 70% 80% 90% 100%
10	南京是明朝前 50 多年的首都，在这之后，明朝迁都至北京。	50% 60% 70% 80% 90% 100%
11	青藏高原比巴西高原的面积大。	50% 60% 70% 80% 90% 100%
12	诺贝尔奖项中包括数学奖。	50% 60% 70% 80% 90% 100%
13	2010 年中国最赚钱的企业是中国工商银行。	50% 60% 70% 80% 90% 100%
14	昆仑关大捷是中国在抗日战争中取得的一次重大胜利，发生在我国西北地区。	50% 60% 70% 80% 90% 100%
15	截至 2010 年，华人首富是李嘉诚，身价超过 300 亿美元。	50% 60% 70% 80% 90% 100%
16	战国四大名将是白起、廉颇、王翦、李牧。	50% 60% 70% 80% 90% 100%
17	苏武牧羊是在今天的贝加尔湖附近。	50% 60% 70% 80% 90% 100%
18	三亚是海南省的首府。	50% 60% 70% 80% 90% 100%
19	中国四大名绣是苏绣、湘绣、蜀绣、汴绣。	50% 60% 70% 80% 90% 100%

注：校准测试题 F 是编者为方便中国读者测试而设计。

测试题 F 答案

题号	答案
1	真
2	真（钨的密度是 19.35 克 / 立方厘米，黄金的密度是 19.32 克 / 立方厘米）
3	假（2011 年 8 月才超过）
4	假（确实来自《诗经》，但原意是天气转凉）
5	真
6	真（当年日本死亡人数比出生人数多 53 000 人）
7	假
8	真（良渚文化距今约 4200—5300 年）
9	假（爱因斯坦虽然对量子力学做出过基础性贡献，但他后来转向反对）
10	真（南京为明朝首都的时间是 1368—1421 年）
11	假(青藏高原最高,而且有 240 万平方公里,但巴西高原的面积是 500 万平方公里)
12	假
13	真（年利润 1293 亿元）
14	假（的确是大捷，但发生在广西宾阳县）
15	假（李嘉诚的确是华人首富，但当年的身价是 210 亿美元）
16	真
17	真
18	假
19	假（是苏绣、湘绣、蜀绣、粤绣）

做了这几份试题之后，你感觉如何？你还没有被校准吗？那就到本书同名网站上做更多题吧。